U0667689

邓志伟 著

弗洛姆新人道主义
伦理思想研究

Erich Fromm

人民出版社

序

唐凯麟

在 20 世纪西方马克思主义伦理学家当中,著作传播之广,思想影响之大,恐怕当数法兰克福学派的弗洛姆。他的著作被翻译成几十种文字,印数达千万册,其理论成为 20 世纪的一大"显学",甚至德国《明镜》周刊提出:"弗洛姆著作出版上的成功表明他的思想已经成为时代精神。"个中缘由,固然与弗洛姆清新流畅、简明易懂、真挚朴实富于情感的表达方式有关,但更重要的是,他在吸收东西方文明成果的基础上,对人类和个体命运的深切关注,以及他的思维所触及的范围几乎涵盖了社会的经济、政治、文化、教育以及个体的心理、情感、行为和品格,等等。当然,最为突出的还是他对马克思主义的阐释和宣扬。他在《在幻想锁链的彼岸》中曾经说过这样的话:"在这本书中,我要论述的仅仅是马克思和弗洛伊德……马克思是一位具有世界历史意义的人物,就这点而言,弗洛伊德是不能与马克思相提并论的。关于这个事实,我们无需再作任何解释……在我看来,马克思所思考的深度和广度都远远超过了弗洛伊德。"在《马克思关于人的概念》一书中,他又指出:"马克思决不是狂信之徒和机会主义者,他象征着西方人性的精华,他是一个不屈不挠地追求真理的人,他深入到现实的本质而从不满足于虚假的表面现象;他是大无畏的、刚正不阿的;他深切地关心着人和人的命运;他毫无自私自利之心,无虚荣或权力欲;他始终是生气勃勃奋发向上的,并且把生命的活力带进每一个他所涉猎的领域。他代表了西方传统的精华:他坚信理性和人的进步。"可见,弗洛姆的思想是值得我们探讨的,而他对伦理学理论所作出的杰出贡献尤其值得我们重视。他的新人道主义伦理学建立在精神分析学基础上,综合运用了马克思的理论和方法,对现代社会尤其是资本主义社会进行了猛烈批判,他以人格的全面发展为目标,倡导建立健全的社会,提出了许多新的观点和思想,发前人之所未发,新颖独到,极富启发性。然而,过去学术界除了一些论文探讨弗洛姆的伦理观之外,对其伦理思想体系仍然缺乏深入、系统的研究,这是令人遗憾的。

邓志伟同志的这部著作,可以说是对弗洛姆的人道主义伦理思想进行认真系统研究的一种有价值的尝试。作者在选择这一课题之后,进行了较为充分的准备和深入的思考,阅读并收集了该课题的大量国内成果及较多国外研究成果,并和国际弗洛姆协会取得联系,得到了该协会领导的支持和帮助,获得了不少珍贵资料,正是在这个基础上写成了本书。

本书是在邓志伟同志的博士论文基础上修改而成的。作者在攻读博士学位期间,虚心求教,认真听取老师的指导意见,同时刻苦钻研,大胆创新。作者认为,弗洛姆虽然是世界著名的精神分析学家,但是,他把道德价值置于首位,批判和否定了弗洛伊德的性本能理论,提出推动人行为背后的动力是社会和文化的因素;他指出现代社会出现了极端异化的人,甚至达到了"人死了"的严重状况,究其原因是由于现代社会尤其是资本主义社会在各个领域都已极端异化,这就是造成"异化人"的罪魁祸首。同时,个人也出现自身的道德问题。因此,弗洛姆以社会批判为武器,以精神分析为理论基础,在回答和剖析人性是什么、人格是什么的过程中,在对当代资本主义社会的"特殊病症问题"作出诊断后,提出一种新人道主义伦理学理论体系。他的伦理学理论鲜明地反对主观主义、相对主义和权威主义的伦理学,力图建立起一种具有普遍有效的客观主义的规范体系,这种规范体系以人本身作为规定善恶的标准,以人的健康成长和人格的充分发展为价值目标。对此,邓志伟同志提出,弗洛姆的伦理学理论体系是一个以创制型人格的发展为理想和目标的有机整体,这一整体由人道主义伦理学的人性论、人格论、社会总体异化论、社会总体道德变革论以及自我实现论等方面构成。作者认为,根据这种结构来看弗洛姆的伦理思想,才可以理解弗洛姆自己反复强调的其论著之间的逻辑联系。的确,弗洛姆的人道主义伦理思想是一以贯之的,他批判《逃避自由》的非创制型人格,对《人心》、《人的破坏性剖析》,对《精神分析与宗教》、《精神分析与禅宗》、《精神分析的危机》、《爱的艺术》、《占有还是生存》等问题的探讨,其目的就是呼唤《自为的人》,建立《健全的社会》。应该说,作者对弗洛姆伦理思想体系的内在脉络的这种探讨是很有见地的,也是值得重视的。

本书另一个重要特点或优点是:作者力求将弗洛姆的伦理思想放在资本主义迅猛发展的背景下,在西方伦理学史发展的全景上、在弗洛伊德主义的发展史中,在与弗洛伊德、马克思、马尔库塞、赖希等人的伦理思想进行对比研究的视阈里,再客观公正地评价弗洛姆的伦理思想,揭示其重要的理论贡献。为此,作者不仅要熟悉和掌握弗洛伊德和马克思的伦理思想,而且还必须熟悉新弗洛伊德主义的观点,并对这些思想作出分析与评价、比较与鉴别,只有这样才能较为公正地将弗洛姆与弗洛伊德和马克思,以及其他思想家的思想联系起来进行判断,阐明其伦理思想的理论贡献和历史局限。我以为,能做到这一点是难能可贵的。

当然，作者在著作中提出的各种观点只是一些探索性的尝试，其中虽不乏有见解、有价值的思想闪光，但我同样认为书中还有一些美中不足之处。例如，作者对弗洛姆的新人道主义伦理思想的影响尚未作出较为详细的说明。实际上，弗洛姆的思想对后来的法兰克福学派以及马斯洛、萨特等人的思想都产生过一定的影响。另外，作者还可以对弗洛姆的"创制型人格的发展"与马克思的"人的全面自由的发展"的关系作出更进一步深入的研究。

总的来说，本书文笔流畅，逻辑严谨，材料丰富，表述规范，论证深入，作者的许多见解能够启发思路，引起讨论，有利于推动弗洛姆伦理思想研究的深入。我祝愿她在今后的学术研究中，再接再厉，更上一层楼。

是为序。

2010 年 11 月于长沙岳麓山下

目　录

绪　论

在已经过去的这个光彩夺目而又剧烈震荡的 20 世纪,人类不仅以科学知识的高度积累、生产力的迅速发展、社会财富的巨大增加,奇迹般地改变了世界,而且进入了一个前所未有的矛盾冲突和变革阶段。科学哲学家 R. S. 科恩把这个时代的标志概括为"伟大的革命,巨大的战争,大规模的经济危机,和人类生活与文化的机械化的执著的趋向"。① 伟大的时代孕育伟大的思想和思想家。德裔美籍新人道主义伦理学家埃利希·弗洛姆(Erich Fromm,1900—1980),不仅"以其深邃的理论洞见和犀利洒脱的义风闻名于世,而且以他对诸社会科学领域的博览广辟与独特颖悟而享有当代西方少有人能与之比肩的地位"②,成为 20 世纪人类思想领域的一颗巨星。

弗洛姆被誉为美国最具影响力和最受欢迎的精神分析学家,他以卓越的研究和著作确立了自己在新弗洛伊德学者(Neo-freudian)中的领导地位。对弗洛姆颇有研究的美国社会学家和教

---

① 〔美〕R. S. 科恩(Robert S. Cohen)著:《当代哲学思潮的比较研究:辩证唯物论与卡尔纳普的逻辑经验论》,陈荷清、范岱年译,社会科学文献出版社 1988 年版,第 7 页。

② 〔美〕埃利希·弗洛姆著:《自为的人》,万俊人译,国际文化出版公司 1988 年版,《前言》第 1 页。

育学家 E. Z. 弗雷登伯格指出:"在那些尝试去建构比弗洛伊德更能解决当代生活问题的理论体系当中,没有哪位学者的理论,能比弗洛姆的理论更具有创造力和影响力。"①弗洛姆还是"弗洛伊德主义的马克思主义"的主要代表人物和法兰克福学派第一代核心组的成员。虽然由于学术观点和研究方法等方面的冲突,他受到法兰克福学派的有意排挤和回避,因而当人们谈到该学派时,讨论的主要是霍克海默尔、阿多诺、马尔库塞和哈贝马斯等人的思想。但是,事实上,在新弗洛伊德主义、弗洛伊德主义的马克思主义和法兰克福学派中,弗洛姆对伦理学的贡献是十分突出的。他毕生关注当代世界各种社会制度和文化体系,特别是 20 世纪西方社会中的各种现实问题、矛盾和危机,在其学术生涯中始终以法兰克福学派的社会批判理论为基础,致力于把弗洛伊德的精神分析学说和马克思主义结合起来,创立新人道主义伦理学,倡导建立以人的全面自由的发展(创制型人格)为终极目标的健全社会。他的伦理思想具有极为重要的理论价值和现实意义,至今仍然绽放着独特而璀璨的光芒。

第一节　弗洛姆生平及其著作②

1900 年 3 月 23 日,弗洛姆诞生于德国法兰克福市莱茵河畔一个正统犹太人家庭。其父母的前辈不少是受人尊敬的

---

① Edgar Z. Friedenberg, Neo-Freudianism & Erich Fromm Commentary: A Jewish Review 34, 1962, p. 305.

② 本节内容主要参考 Rainer Funk 的 *Erich Fromm: The Courage To Be Human* 和 *Erich Fromm: His Life and Ideas: an illustrated biography*。

拉比①。弗洛姆的曾祖父是 19 世纪德国南部著名犹太学者和拉比,祖父也是法兰克福附近巴特洪堡市(Bad Homburg)的拉比。父亲纳夫塔里·弗洛姆(Naphtali Fromm)在祖父家 10 个孩子中排行第 9,是第一个没有做拉比的人,成了一名酒商。虽然没有实现成为拉比的理想,但是,他热爱宗教音乐,拥有渊博的宗教知识,积极投身到法兰克福正统犹太社区的工作中。弗洛姆的母亲名卢莎(Rosa),娘家姓克劳斯(Krause),外祖父经营一家雪茄厂,外祖父的兄弟也是塔木德②学校的著名学者。弗洛姆的犹太家族传统是把学习和研究置于挣钱之上,所以,这种价值观对弗洛姆的一生都有着深刻的影响。

弗洛姆的一生大致可以划分为三个阶段:孤独好奇、好学进取的年少时代和求学阶段(1900—1929);孜孜以求、综合创新的法兰克福研究所时期(1930—1939);另立门户、爱好和平的后法兰克福学派时期(坚定的弗洛伊德主义的马克思主义者,1939—1980)。当然,这三个时期并不是截然分开的,而是有其连贯性和延续性。

---

① 拉比是希伯来语"rabbi"的音译,原意为老师,是犹太教负责执行教规、律法并主持宗教仪式者的称谓。古代原指精通经典律法的学者。2—6 世纪曾作为口传律法汇编者的称呼。后在犹太教社团中,指受过正规宗教教育,熟习《圣经》和口传律法而担仕犹太教会精神领袖或宗教导师的人。拉比在犹太教各派内的职责是主持礼拜,参加婚礼、受诫礼、丧礼、割礼等;讲解教义,劝导信徒,督察青少年宗教教育;出席律法裁判庭,审理私人身份法案件等。

② 塔木德是希伯来文 Talmūdh 的音译,原意为"教学",犹太教口传律法的汇编,故又称《托拉》,为该教仅次于《圣经》的典籍。主体部分成书于 2 世纪末至 6 世纪初,为公元前 2 世纪至公元 5 世纪间犹太教有关律法条例、传统习俗、祭祀礼仪的论著和注疏的汇集。

一、孤独好奇、好学进取的年少时代和求学阶段（1900—1929）

弗洛姆年少时期的经历有些特别，这些早期生活经历影响了他的一生，也是他后来综合弗洛伊德的精神分析学和马克思主义的理论和方法的主要原因。

虽然是家中的独生子，父母十分溺爱他，但是在弗洛姆的记忆中，童年生活却并不十分美好。父亲有些神经质、强迫症和焦虑症状，谨小慎微却又性情暴躁，经常以一种病态的情绪影响孩子。母亲是一个没有受过正规教育的家庭妇女，情绪低落，郁郁寡欢，有些自恋症状和占有欲。她希望儿子成为杰出的钢琴家，因此，弗洛姆从小就被迫学习钢琴。从 6 岁开始，弗洛姆就读于法兰克福以西的莱辛街（Lessingstrasse）沃勒学校（Wohlerschule），一直到 18 岁高中毕业。这所学校有超过 20% 的犹太学生。除了上学之外，弗洛姆只和家人及亲戚接触，很少有非犹太人的朋友和玩伴。父母特殊的性格以及他们对孩子心灵成长的忽略，反而使柔弱、敏感而孤独的小弗洛姆有着强烈的好奇心，尤其对人的行为和性格背后那些奇怪而神秘的根源产生了强烈的兴趣。在他的记忆中还有一件印象最深的事情。在他 12 岁时，他们家的一位朋友，25 岁美丽而迷人的女画家，非常热爱她那位其貌不扬、寡居的父亲，在父亲去世不久后竟然自杀了，遗嘱中她提出要和他的父亲一起合葬。这件事对弗洛姆的冲击很大，这一切何以可能？他百思不得其解。

也是在 12 岁的时候，弗洛姆发现了榜样的力量，因此，在后来的生活中，他都在寻找这种楷模。那年，父亲店里请了一个名为奥斯华德·索斯曼的帮手，他诚实、正直，总是鼓励他人。他对弗洛姆的成长十分关心，给他介绍社会主义思想，带他到法兰克福博物馆参观，和他严肃地谈论政治。可惜 2 年之后索斯曼应征入伍。

1914年,第一次世界大战爆发。战争原本对一个孩子来说并不重要,然而,两个老师的不同表现令他终生难忘。暑假前,英语老师给学生布置了背诵英国国歌的作业,开学后,不少学生由于受反英情绪的影响,同时也是出于调皮,拒绝学习敌国国歌。那位老师面带讥笑,平静地对这些抗议者说:"不要自欺欺人,到目前为止,英国还没有打过败仗。"在疯狂的仇恨情绪中,这种清醒而现实的声音、平静而理性的方式以及所表达的寓意,使弗洛姆深感惊讶——这是一个敢于公开反对战争、展示自主和独立精神的令人尊敬和爱戴的老师。不过,另一位老师的言行却让他迷惑。一位拉丁文老师在战争爆发前曾说,他最喜欢的格言是,如果你希望和平,你就应当准备战争。然而,当战火燃起的时候,他却显得特别兴奋,甚至有些欣喜若狂。弗洛姆便开始怀疑这位老师的言行以及他的所谓"备战能维护和平"的言论的合理性。

战争在继续,他的一些叔伯、表兄和老同学相继在战争中死去,官方关于战争很快结束并即将取得胜利的预言被证明并不正确。那么,战争为何会发生?千百万人为何愿意去送死或者去杀死别国的民众?成长中的弗洛姆逐渐陷入了迷惑、怀疑和寻找中,他希望能找到这一切的答案。

1916年,弗洛姆认识了如先知般身体力行博爱精神的拉比N. A. 诺贝尔(Nehemia Anton Nobel)博士,并加入了他组织的青年团体。弗洛姆把同学及好友列奥·洛文塔尔①和恩斯特·西蒙②

---

① 列奥·洛文塔尔(Leo Lowernthal, 1900—1993),法兰克福学派第一代理论家、文化史学家。
② 恩斯特·西蒙(Ernst Simon, 1899—1988),著名的犹太教育家和宗教哲学家。

也介绍进了该团体。

1918 年,弗洛姆以优异的成绩考入法兰克福大学。但是,他只在该校学习了两个学期法学,便转到了海德堡大学学习心理学、哲学和社会学。在此期间,他遇到了另外几位良师:导师阿尔弗雷德·韦伯①——正直诚实,有着卓越胆识的人道主义者;哲学老师,存在主义哲学家、神学家、精神病学家卡尔·西奥多·雅斯贝尔斯(Karl Theodor Jaspers,1883—1969)和新康德主义弗赖堡学派的主要代表亨里希·李凯尔特(Heinrich John Rickert,1863—1936);有着渊博的犹太教知识、赞同社会主义革命的塔木德老师S. B. 拉宾科夫(Salmon Baruch Rabinkov);心理学专家 G. 格罗代克(Georg Groddeck,1866—1934),等等。

1919 年年底,弗洛姆和拉比 G. 沙尔兹博格(Georg Salzberger)一起成立了法兰克福犹太人教育协会(后来更名为犹太人免费教育研究所),目的在于改变当时犹太社区中人们对犹太教和犹太历史普遍无知的状况。

大学期间,由于对精神分析学的共同爱好,弗洛姆与第一任妻子弗里达·赖希曼(Frieda Reichman,1889—1957)交往并恋爱。赖希曼比弗洛姆年长 11 岁,出生在德国的卡尔斯鲁厄,毕业于德国哥尼斯堡大学医学专业,后来还接受了病理学和精神分析的训练。通过与她交往,弗洛姆发现了影响他一生的弗洛伊德的精神分析学。在精神分析学方面,她是弗洛姆的老师。1923 年,他们俩共同借钱在海德堡购买了一栋房子用以开设心理分析诊所(1924—1928)。他们还经常去拜访心理学专家 G. 格罗代克,格罗

---

① A. 韦伯(Alfred Weber,1868—1958),德国著名的社会学家、经济学家和文化理论家,是 M. 韦伯(Max Weber)的弟弟。

代克在巴登巴登温泉开设了第一家接受住院病人的心身治疗诊所。在巴登巴登,他们认识了同样来拜访格罗代克的卡伦·霍妮(Karen Horney,1885—1952)和桑多尔·费伦齐①。1926 年 6 月 16 日,弗洛姆和赖希曼结婚。同年,他们一起放弃了犹太教。这段婚姻仅仅维持了 5 年,两人于 1931 年分居,最后在 20 世纪 40 年代初离婚。离婚后,两人仍然是好朋友,直到赖希曼去世。

在海德堡大学,弗洛姆广泛学习法律、历史、社会学、心理学和哲学,并对政治和经济产生浓厚的兴趣。在此期间,他接触到马克思的学说,如同找到了知己一般,如饥似渴地钻研起来。1920 年到 1921 年,弗洛姆最终转到了国家经济系(社会学系还没有成立)。1922 年,他在导师阿尔弗雷德·韦伯和塔木德老师拉宾科夫的帮助下,完成了博士论文《犹太律法对三个离散犹太人社区保持凝聚力的贡献》,并获得了哲学博士学位。

1925 年到 1927 年,弗洛姆在赖希曼的资助下到慕尼黑跟随威廉·维腾伯格(Wilhelm Wittenberg)专门学习精神分析学和心理学,后来又师从卡尔·兰道尔(Karl Landauer,1887—1945)博士,这两位导师均接受过弗洛伊德的面授。1927 年,他正式在精神分析刊物《意象》(*Imago*)上发表文章《安息日》(*Der Sabbath*)。1928 年到 1929 年,他在柏林精神分析研究所和卡尔·亚伯拉罕研究所分别接受汉斯·萨克斯(Hanns Sachs,1881—1947)和特奥多尔·莱克(Theodor Reik,1888—1969)的指导。

通过接受严格的理论指导和实践训练,弗洛姆成为一名精神分析学者和专家。不过,作为一个接受过正统宗教、法学、社会学

---

① 桑多尔·费伦齐(Sandor Ferenczi,1873—1933),匈牙利心理学家,精神分析的代表人物之一。

和精神分析训练的专家,弗洛姆在心理分析方面有自己独特的见解和洞见,他强调心理分析的社会学应用必须关注社会学的研究对象,尤其是社会化的个体以及他们的行为、思想和情感等。1929年,弗洛姆和妻子赖希曼以及卡尔·兰道尔等人在法兰克福市成立了"南德精神分析研究协会",该团体的主题便是弗洛姆提出的"精神分析和社会学"。

二、孜孜以求、综合创新的法兰克福研究所时期(1930—1939)

1930年,弗洛姆在柏林开设私人精神分析诊所,正式开始临床实践,成为一名职业精神分析家。同时,经好朋友洛文塔尔介绍,他接受马克思·霍克海默尔的邀请,成为法兰克福大学社会研究所的成员和讲师。霍克海默尔希望在研究所进行精神分析的跨学科研究,而弗洛姆正是兰道尔向他推荐的人选。弗洛姆在研究所主要负责精神分析和社会心理学领域的研究。他开设了"精神分析和社会学"课程,讲授精神分析与马克思的社会方法和理论的结合等。同年,他出版了第一部专著《基督的教义》,通过运用社会心理学调查研究方法,阐述了基督教教义的变化以及宗教的社会、心理功能的精神分析等。

在20世纪30年代初,弗洛姆是法兰克福社会研究所新思想的主要源泉,他的社会心理学理论和方法为该所的跨学科研究奠定了基础。甚至由于他创造性地分析了小资产阶级和权威主义与法西斯的关系,使研究所能够在希特勒上台前的1932年就提早转移到瑞士的日内瓦,之后转移到巴黎,最终转移到纽约。

1933年秋天,经霍妮推荐,弗洛姆接受了美国芝加哥精神分析研究所的邀请,赴美讲学。到达芝加哥后,他广泛联系当地及波士顿、费城、纽约等地的心理学家、政治学家、社会学家,为在美国成立社会研究所做准备。1934年,为了逃避纳粹的迫害,霍克海默尔移居美国,进一步密切了与这些专家的联系。5月,弗洛姆也来到纽约。6月,马尔库塞和洛文塔尔也相继到达。1934年夏天,在他们三个人的帮助下,霍克海默尔在哥伦比亚大学重建了社会研究所。

当弗洛姆到达纽约的时候,肺结核病重新发作(1932年首次发作),他因此不得不离开纽约,到新墨西哥州的一家疗养院养病。这时,他和霍妮相恋了。霍妮比弗洛姆年长15岁,是柏林大学的医学博士和精神分析学家。他们俩对弗洛伊德的性本能理论都持批判态度。他们的恋情持续到1943年。在纽约,他们共同结识了克拉拉·汤普森、哈里·斯塔克·沙利文、威廉·西沃伯格等,后来他们都成了弗洛姆最好的朋友和同事。

1934年到1939年,弗洛姆的病情时好时坏,可怕的病情使他无法长期待在纽约为研究所工作,只能前往高海拔的疗养院或海边疗养。1935年到1939年,他成为哥伦比亚大学的客座教授。尽管病情不断反复,弗洛姆仍然尽心尽力地为研究所工作,对社会批判理论作出了较大贡献。1932年到1939年,他在德国和法国、美国、奥地利等国的《社会研究杂志》和《意象》等刊物上发表《分析的社会心理学方法和功能》、《弗洛伊德疗法的社会心理分析批判》等论文和评论46篇。而且,他投入大量的时间和精力不断开展创造性的研究工作,研究权威主义的品格、资产阶级的品格、工人和雇员的品格,等等。1938年6月,他把领导法兰克福学派其他成员经过三年努力、共同研究工人和雇员品格的成果交给了纽约出版商。但是,由于霍克海默尔对此研究持不同看法,拒绝为书稿付费,因此,该成果一直没有出版。

1938年7月初,弗洛姆在霍妮的陪伴下到欧洲旅行。9月,在瑞士,他的肺结核严重发作。弗洛姆本想通过霍克海默尔的帮助离开笼罩着战争阴影的欧洲,但是,最终只得在达沃斯待了几个月。由于有了新药物,他的结核病得以彻底根治。1939年2月初,他顺利回到纽约。然而,此时他在研究所的地位已岌岌可危。这些年,由于他放弃了弗洛伊德理论中的性本能和力比多理论,而以马克思的社会理论和研究方法进行批判和修正,因此,霍克海默尔、阿多诺以及马尔库塞对他表示了公开的不满并进行了严厉的批判。在他们看来,有性本能和力比多理论为基础的弗洛伊德的心理学才是真正的革命的心理学。所以,弗洛姆被他们宣布为非弗洛伊德主义者,或非弗洛伊德的修正主义者。① 但是,弗洛姆毫不妥协地坚持自己的观点,同时还和霍妮、沙利文等人有发展精神分析的社会文化学派的趋势。分歧不断加深,同时,阿多诺已全面介入研究所的事务。在他们的排挤下,弗洛姆毅然递交辞呈,愤然离去。也是从这一年开始,弗洛姆正式开始用英语发表文章。

三、另立门户、爱好和平的后法兰克福学派时期（1939—1980）

离开社会研究所以后,弗洛姆与美国的科学界广泛接触。1940年5月6日,弗洛姆当选为纽约科学院委员。5月25日,他成为美国公民。同时,他被哥伦比亚大学精神分析研究院聘任为

---

① 研究弗洛姆的冯克博士也有另一种解释。他认为,很多迹象显示霍氏在停留美国时期已经放弃他的马克思主义想法,转向（或转回）了资产阶级信仰。放弃马克思主义的原因是因为他怕被人认作是一名左派或马克思主义者,这在当时的美国是不合时宜的（这也是为什么霍氏等人后期用"批评理论"来代替"马克思主义",用"异化社会"来取代"资本主义社会"）。

助理教授。1941年，经过反复修改完善的《逃避自由》一书终于在纽约出版，此书引起极大反响，一版再版①，他由此成为一名名闻遐迩的社会精神分析学家。

弗洛姆不仅热心精神分析的治疗和研究，而且也热爱教学事业。除了在哥伦比亚大学任教以外，1941年到1949年，他还是纽约社会研究新学校的老师，佛蒙特州普林顿大学的客座教授，还兼任过密西根大学教授。

1941年，弗洛姆和霍妮以及纽约华盛顿病理学学校的成员们一起，共同创建了美国精神分析促进协会。1943年4月，由于弗洛姆和霍妮的关系破裂，他和汤普森等人离开了美国精神分析促进协会，和沙利文、赖希曼、戴维·里奥奇等人一起组建了华盛顿精神病学学校纽约分校，该校后来更名为威廉·阿兰森·怀特精神病学、精神分析和心理学研究所。直到1950年，弗洛姆在此专门负责培训工作，并且是教学督导。

1944年7月24日，弗洛姆和亨利·古兰德（Henny Gurland，1900—1952）结婚。她出生于德国亚琛，曾是德国社会民主党的成员和该党报纸的摄影家，为躲避纳粹的迫害，她逃到布鲁塞尔，再到巴黎，随后和法兰克福社会研究所成员 W. 本雅明（Walter Benjamin，1892—1940）一起在西班牙边境被抓，并亲眼目睹了本雅明的自杀，最后她逃到美国。弗洛姆是她的第三任丈夫，弗洛姆对待继子非常好。亨利患有关节炎，经常要承担无法忍受的痛苦。

---

① 此书与 F. A. 哈耶克的《通往奴役之路》、K. R. 波普尔的《开放社会及其敌人》一道，被一些人并称为剖析极权主义的三大经典。然而由于弗洛姆是用精神分析的方法和批判理论的武器进行剖析，它的批判适用领域早已不止特定的极权主义社会，而是适用于任何一个社会。

为了照顾妻子,在1948年至1949年间,弗洛姆几乎拒绝了全部的演讲邀请。在医生的建议下,1950年6月6日,他们迁往墨西哥。但是,墨西哥城的气候也没能挽救她,两年后她去世了。

1947年,《自为的人》(*Man for Himself*)出版,此书从心理学角度探讨伦理学问题,因此,以其内容的新颖和精辟成为弗洛姆伦理思想的代表作,一经问世便引起强烈反响,仅在出版后的近20年中就一版再版,可以说每年重印一次。1948年到1949年,他曾担任纽约大学精神分析兼职教授、耶鲁大学客座教授。1951年,他正式成为墨西哥国立自治大学医学院教授,直到1965年退休。

亨利去世1年多后,弗洛姆于1953年12月18日与安妮斯·弗里曼(Annis Freman,1902—1985)结婚,并相伴余生。弗里曼出生于美国匹兹堡,高挑而迷人,对国际政治、多种文化等均有兴趣,并且十分熟悉印度文化和西方传统。第一任丈夫去世后,她与弗洛姆交往相恋。他们的爱情与日俱增,彼此爱恋,直到弗洛姆去世。这次婚姻对弗洛姆撰写《爱的艺术》有极其重要的影响。此书出版后被翻译成50多种语言,销售达几千万册。

1950年到1973年,弗洛姆一直住在墨西哥。当时的墨西哥对精神分析几乎没有了解,所以弗洛姆做的是开创性的工作:开办首届精神分析培训班,培训精神分析工作者。通过他的邀请,纽约等地数十名心理学专家陆续来此讲学。通过弗洛姆及其同仁5年的不懈努力,1956年,第一批培训班学员毕业,墨西哥精神分析协会也随之成立。

尽管长期住在墨西哥,但他仍然往返于墨西哥和美国之间,而且非常关注资本主义社会的经济发展与人的异化问题。1955年,《健全的社会》一书出版。此书从各个方面对资本主义社会的病症进行了剖析,并设计了通向理想社会的方案。该书同《逃避自由》、

《自为的人》一起,构成了作者批判现代异化社会和异化人的三部曲。在亨利·古兰德去世后,他重新承担了美国威廉·阿兰森·怀特研究所和纽约社会研究新学校的部分教学任务,兼任美国密歇根州立大学心理学教授、纽约大学文理学院心理学客座教授等。

1962 年,他和一些志同道合的精神分析协会负责人一起,在荷兰的阿姆斯特丹组建了一个非正统精神分析组织——精神分析协会国际联盟,该联盟包括弗洛姆负责的墨西哥精神分析协会以及德国精神分析协会、澳大利亚精神分析协会、纽约威廉·阿兰森·怀特研究所等。

弗洛姆不仅是一位观察敏锐、视角独特的人道主义理论家,而且还是一个情系和平、胸怀天下的社会活动家。20 世纪 50 年代初,为了推动和平运动,他和美国总统竞选人阿德莱·史蒂文森多次见面,同时,与美国教友会的代表、美国社会主义政党的代表不断有通信联系。60 年代初,他和阿尔贝特·史怀泽(Albert Schweitzer,1875—1965)有通信往来。弗洛姆对当时美苏两国的军备竞赛、资本主义社会的现实状况、美国侵越战争十分关注,他与同样关心人类命运的和平主义者一道,共同创立了美国和平团体——明智的核政策国家委员会,该团体以维护和平、尊重生命、反对战争、反对军备竞赛为宗旨。这一团体在后来的数年中,对美国的反战浪潮起到了极大的推动作用。1962 年,弗洛姆赴莫斯科参加和平会议。在美国麦卡锡主义暴行结束后,弗洛姆加入了美国社会党,并为该党的论坛撰稿。他发现该党放弃了马克思主义,而被资产阶级同化,所以又退出了该党。

随着发表的论著、演讲以及参与的社会活动越来越多,弗洛姆声名远播,影响越来越大。为了表彰弗洛姆对和平事业作出的杰出贡献,1963 年 10 月,芝加哥授予弗洛姆该市和平奖。

20 世纪 60 年代,他还到东欧讲课、游历,参加了南斯拉夫举行的理论研讨会,和前南斯拉夫、捷克斯洛伐克、波兰等社会主义国家的人道主义马克思主义理论家联系。他还在墨西哥组织了国际社会主义人道主义研究会,并出版了论文集。同时,他撰写并出版了《马克思关于人的概念》一书,力图澄清人们对马克思主义的无知和错误认识。不仅如此,作为一名观察家和评论家,他还经常在报纸、电台和电视上阐发自己的主张。他在电台的演讲鼓舞人心,深受听众喜爱。可以说,他已经成为社会改革的推动力量,因此,当时的美国联邦调查局收集的弗洛姆档案就达 600 多页。

弗洛姆孜孜不倦地工作,由于操劳过度,身体突发疾病。1966年年底,他参与创立的"明智核政策全国委员会"邀请他在纽约麦迪逊花园广场作演讲,在纽约,他的心脏病突然发作,为此,他休息了近一年。1968 年,他又积极参加了民主党参议员尤根·麦卡锡竞选总统候选人的提名运动,并为此紧张写作《希望的革命》一书。尼克松当选后,弗洛姆停止了政治和国际社会活动,专门从事研究和写作,同时作为评论家,接受电视台和电台的采访。1974年,他在瑞士洛迦诺定居。

1979 年,德国多特蒙德市授予他内利——萨克斯文化奖,奖励他对文化事件作出的卓越贡献。1980 年 3 月 18 日,埃利希·弗洛姆因心脏病发作在瑞士去世。他的故乡法兰克福市拟在其80 华诞时授予其该市最高荣誉奖——歌德奖。病故后,其遗孀安妮斯·弗洛姆代为领奖。

四、弗洛姆的主要著作

弗洛姆虽然已经离去,但是作为一个伟大的思想家和理论家,他给世人留下了巨大的精神财富。他的著作在全球范围内广泛传播,在东西方千百万读者心中产生着震荡和共鸣。从20世纪20年代末期开始,他便勤耕不辍,即使后来反复被病痛折磨,他也在不断地阅读、学习和写作,毕生的辛劳和心血凝结在其留下的230多篇论文、评论和20多部著作中。他的多部著作被译成多种文字,几乎本本都是畅销书,其书印数共达数千万册。德国《明镜》周刊甚至认为:"弗洛姆著作出版上的成功表明他的思想已经成为时代精神"。①

弗洛姆的主要著作有《论基督教的起源》(1931)、《逃避自由》(1941)、《自为的人》(1947)、《精神分析与宗教》(1950)、《被遗忘的语言》(1951)、《现代人及其未来》(1955)、《健全的社会》(1955)、《爱的艺术》(1956)、《弗洛伊德的使命》(1959)、《精神分析与禅宗》(1960,合著)、《人能占优势吗?》(1961)、《马克思关于人的概念》(1961)、《在幻想锁链的彼岸》(1962)、《基督的教义及其他有关宗教、心理学和文化论文》(1963)、《人心》(1964)、《社会主义的人道主义》(1965,主编)、《精神分析与宗教》(1967)、《与弗洛姆的对话》(1966,合著)、《你们将会像神一样》(1966)、《希望的革命》(1968)、《人的本质》(1968,合编)、《精神分析的危机》(1970)、《墨西哥村庄中的社会品格》(1970,合著)、《人的破坏性之剖析》(1973)、《占有还是存在》(1976)、《弗洛伊德思想的贡献与局限》(1980),等等。

第二节　研究弗洛姆新人道主义伦理思想的意义

虽然弗洛姆在心理学界的影响和地位远甚于其在伦理学界的

---

① 　转引自张伟:《弗洛姆思想研究》,重庆出版社1996年版,《前言》第2页。

影响和地位,但是对于弗洛姆本人而言,伦理学的重要性远远超过心理学。他研究精神分析心理学的目的就是为了了解真实的人性,希望通过制定合乎人性的伦理规范来矫治现代社会尤其是资本主义社会中被扭曲的人格,拯救异化的社会,真正促使人格全面健康自由地发展和实现。然而,由于他通过综合弗洛伊德的微观心理学和马克思的社会理论而建立新人道主义伦理学,同时,在美国这个排斥马克思主义的国家引介马克思的思想,这两大贡献却使他在法兰克福学派和美国知识界的地位非常尴尬。尤其是法兰克福学派,由于他离开了正统的弗洛伊德思想——放弃了性本能和力比多理论而以马克思的社会理论和研究方法来进行补充和修正,因而将其视为异端和修正主义而对他进行有意排挤,甚至他在离开社会研究所之后仍然受到了猛烈批判。例如,霍克海默尔坚持认为"生物学上的唯物主义"是反对修正主义的心理分析理论的核心。"没有力比多的心理学,在一定意义上就不成其为心理学"①,而弗洛姆却回复到了弗洛伊德之前的心理学,并且把文化和社会也心理化了。第一个公开指出法兰克福社会研究所与弗洛姆等修正主义不同的是阿多诺。他认为,弗洛姆与弗洛伊德的决裂对法兰克福学派的政治和知识分子方针路线是一个很重要的威胁。② 针对弗洛姆发表的文章《分析疗法的社会限制》,阿多诺在《心理分析中的社会科学和社会学倾向》一文中对其进行了批判,认为新弗洛伊德主义企图将心理分析和社会分析结合起来是一个

---

① 转引自[美]马丁·杰伊著:《法兰克福学派史》,单世联译,广东人民出版社1996年版,第121页。

② Cf. Neil Mclaughlin, Origin myths in the sciences: Fromm, the Frankfurt School and the emergence of critical theory, Canadian Journal Sociology, 1999, 24(1), p. 118.

错误的方向，"抛弃弗洛伊德所称的本能论就等于承认了文化乃是通过强化对性欲、特别是死亡冲动的限制而成为导致压抑、负罪感及自我惩罚需要的工具。"①这种修正主义所自吹的对弗洛伊德的社会学修正其实是为了缓和各种社会矛盾，最终将导致顺从主义，这些尤其体现在他们不断增强的道德主义中。阿多诺甚至还愤怒地指出，在尼采对道德的心理学根源进行批判之后，道德规范一直受到怀疑的今天，弗洛姆把道德规范绝对化的做法是无法原谅的。20世纪50年代，马尔库塞接受并继续着阿多诺对弗洛姆的批判，认为弗洛姆放弃了弗洛伊德最大胆、最有启发意义的假设（死亡本能、原始部落、弑父娶母等），而且抹平了个人与社会、本能欲望与意识之间的冲突，因此，倒退到了前弗洛伊德的意识心理学，成了墨守成规的顺从主义者而非批判者。尤其是"弗洛姆的很多著作都是为了批判严重阻碍着创制性发展的'市场经济'及其意识形态而写作的。但是关键就在这里：这些批判性的见解并没有导致对创制性标准（这正是被批判文化的价值标准）和更高的自我作重新评价"。② 马尔库塞那种从"正统"弗洛伊德主义出发对弗洛姆的批判，再加上激进马克思主义者对弗洛姆的批判，使得弗洛姆看起来很狼狈，虽然弗洛姆对这些批判也曾进行反击，他和马尔库塞在杂志《争鸣》（Dissent）上交锋数次，但是，由于马尔库塞在激进运动中的威望，使弗洛姆失去了"左派"的地位。撰写《法兰克福学派史》的作者马丁·杰伊曾这样形容弗洛姆与马尔

---

① 转引自[美]马丁·杰伊著：《法兰克福学派史》，单世联译，广东人民出版社1996年版，第122—123页。

② [美]H.马尔库塞著：《爱欲与文明》，黄永译，上海译文出版社1987年版，第195页。

库塞的论战:"较小的差异被认为比更大范围的一致更重要"。①

　　同样,弗洛姆在美国的学术地位也很尴尬。他虽然以引介青年马克思而著名,却很少有人视他为"马克思主义者",这当然和美国的泛左翼知识圈不承认弗洛姆是左派密切相关,同样也因为马克思主义在美国"不合时宜"。欧洲左翼知识分子移民美国后,虽然感到了一点自由气氛,然而随着第二次世界大战后冷战开始,白色恐怖与肃清左派的活动也在美国展开,学院中的左派或不愿表态的左派(很多人因斯大林主义早已放弃左派立场)也不怎么好过。到了 20 世纪 60 年代初,美国国内与国外的环境都比较安定,学术界才开始变得较为开放。就在此时(1961),弗洛姆出版了《马克思关于人的概念》一书。该书以及他后来主编并撰写导论的《社会主义的人道主义》,是美国社会青年马克思思潮流行的主要原因。大卫·麦格劳林(David McLellan)这样描述弗洛姆对 20 世纪 60 年代新左派的影响:若说马克思主义对早期新左派有什么影响的话,那么,它是透过"异化"这个形式来进行的,而异化这个概念则是从弗洛姆所诠释的青年马克思而来。② 可见弗洛姆在当时的影响是巨大的。此时,欧洲的左派拒斥了斯大林主义后,开始对青年马克思产生浓厚的兴趣,并逐渐发展为一个声势浩大的围绕着"异化"概念的青年马克思运动,这个思想运动不但存在于欧洲泛左翼的圈子中,也存在于欧洲的共产党内。当时与之共鸣或至少应和这个思想运动的,包括了现象学派的马克思主义,存在主义的马克思主义,波兰等东欧国家和苏联的马克思主义的人

---

　　① ［美］马丁·杰伊著:《法兰克福学派史》,单世联译,广东人民出版社1996 年版,第 131 页。

　　② 参见卡维波:《期待另一个弗洛姆》,初稿原载于中国台湾《当代》杂志,1991 年 1 月第 57 期。

道主义,英国早期的"新左评论"派以及南斯拉夫的"实践派"等。弗洛姆其实就是这个欧洲思潮的美国代表人物,弗洛姆举出的旗帜是"人道主义的马克思主义"或"马克思的人道主义"。虽然弗洛姆此时在美国读者的心目中是受欢迎的,但是因为马尔库塞的影响,弗洛姆仍被左派排斥。

现在重新评价弗洛伊德的本能理论,会发现它从根本上来说并不科学。如果以性本能来解释道德、文化乃至一切,就会感到更片面和狭隘,最终将无法得出合理的理论结论。因此,像霍克海默尔、阿多诺和马尔库塞那些捍卫本能理论的思想家,对弗洛姆的批判本身就是错误的。弗洛姆因为放弃了本能理论,而成为了一名伟大的思想家。但是,正因为法兰克福学派对弗洛姆不公允的看法和偏见,虽然弗洛姆对法兰克福学派的理论建设有着极其重要的贡献,然而他在法兰克福学派中的学术地位一直被有意贬低。所以,无论如何,弗洛姆对法兰克福学派的贡献或重要性,以及他在西方马克思主义中的地位都有待平反或重新评估;而弗洛姆与新左派在思想上的关联,以及他对20世纪60年代美国社会进步文化的贡献,应当进一步加以研究。同样,在西方伦理思想的研究方面,他的地位也没有得到足够的重视,尽管有些现代西方伦理学史的著作和论文提及并探讨了弗洛姆的思想,然而,中西方伦理学界至今仍无专门而系统地研究其伦理思想的论著问世,这与弗洛姆对伦理学实际作出的理论贡献是很不相称的,也不利于我们对现代西方伦埋学尤其是精神分析伦理学的了解和把握。事实上,弗洛姆建立了新人道主义伦理学体系,该理论体系以精神分析学作为其理论基础,从马克思主义中汲取科学知识和方法,在更广泛的社会文化背景上进行道德心理分析,这是为伦理学研究开辟的崭新领域。他的伦理学理论围绕着创制型人格的发展这一核心目标展开,主要包括人性论、人格论、社会总体异化论、总体道德变革论(含自我实现论)等方面的内容。他的理论既是对精神分析伦理学体系的创造和贡献,也是对马克思主义伦理学理论的继承和发展。研究他的伦理学理论,不仅可以使我们更好地了解精神分析伦理学的发展和现状,同时也可以使我们在发展马克思主义伦理学时,了解并合理利用心理学和精神分析的成果。而以往我们的伦理学研究较少关注道德心理的方面。实际上,在我们加强社会主义道德建设尤其是个人品德建设的过程中,个体的道德心理是我们必须关注的一个重要方面。

同时,弗洛姆突破了传统的理论科学和应用科学的严明分界,对两者进行了相互增益的综合。他的伦理学研究创造性地运用了多种社会心理学研究方法,这些研究方法是对伦理学研究方法的有益补充。

首先,他在研究中自始至终贯彻经验观察和理论研究相结合的方法。在执教和研究的同时,他还是一名执业的精神病医生,在几十年中获得了对人类行为进行批判性观察的第一手资料,并以这些事实作为理论思维的基础。而且只要事实能提供正确的依据,他便认真修正相关的假设和臆测理论。他力图通过此种研究途径,认识支配个人生活和社会生活的规律,并在此基础上建立伦理规范。这种经验观察和理论研究相结合的方法与 J. 杜威所主张的"不断修正的假设"和马克思的"理论联系实际"是相通的。的确,建立在经验观察基础上的思考,能够尽可能地保证结论的正确性,而且对人类行为的内驱力的科学认识,也能有效地指导和推动人们的行动。

其次,他在研究中较好地坚持了总体性和动力学等辩证的方法。在西方马克思主义阵营中,总体性方法的创始人是 C. 卢卡奇。这种方法反对只考察事物的局部和某一方面,提倡考察事物在相互作用中各个方面的总体联系;不局限于某一特定时刻,而将现在、过去和将来结合在一起,考察一个历史过程的总体。动力学的方法即非静止地、孤立地考察主体和客体,而是考察主客体相互作用的总体运动,即透过过去或现在行为的表面,通过各种方式观察和了解产生过去的行为模式的力量是什么,这些力量怎样变化,从而在某种程度上预测未来的结果,使人们在有限的选择范围内作出选择。弗洛姆忠实地遵循这两种辩证方法,提出总体人性论,宣传总体异化论,倡导总体道德变革论。另外,他还经常使用成对的矛盾范畴,如权威主义伦理学与人道主义伦理学、普遍伦理和社会内在伦理、自爱与自私、创造与破坏、创制性与非创制性、进步与退化,等等。因此,可以说,弗洛姆的思想是辩证思维的结果。

再次,弗洛姆继承德国理性主义伦理学传统,在 20 世纪西方非理性主义伦理学甚至反理性主义、相对主义伦理学的喧嚣中毅然举起理性主义的大旗,对非理性主义、权威主义、主观主义和相对主义进行了猛烈地批判,宣扬人道主义、普遍主义、客观主义的伦理学。弗洛姆非常关注一个普遍性的问题,即在纳粹和法西斯主义的影响以及现代资本主义社会的发展过程中,人们的行为越来越多地受到外在权威和个人非理性因素的支配,越来越成为被动的人,人的理性作用无法彰显。因此,他重新论证了理性在人性中的重要作用,强调了人的理性必须控制欲望,重新确立理性至高无上的地位;并且系统论证了作为客观主义和规范伦理学的新人道主义伦理学的巨大作用。

最为重要的是,弗洛姆的伦理学理论是对人道主义伦理学理论的发展和创新。弗洛姆的论著丰硕,然而,人道主义始终是其伦理思想的核心和主旨。弗洛姆深受德国文化和犹太文化的影响,同时又亲身体验到纳粹政权和法西斯政权对人的生活和精神造成的危害;被迫移居美国后,他密切关注美国资本主义社会的科技与经济发展等对人造成的人性扭曲和人格病态,同时还清醒地意识到两次世界大战及美苏两大阵营核军备竞赛对人类生存造成的威胁,对人类和个体的命运深感忧虑。因此,在他的学术生涯中,有两个问题是他苦苦思索、反复追问并力求解答的:人的行为背后的驱动力到底是什么? 为什么现代社会中人的异化如此严重? 他的一生都在寻找问题的答案,他的论著也是对这些问题作出的回答。从他的20世纪30年代初在法兰克福大学社会研究所的研究论文到1980年3月18日他去世前的最后一次谈话,从1941年出版的惊世之作《逃避自由》到1976年出版的《占有还是生存》,他的思想没有出现前后的跳跃和修正,他的目标始终是在寻找问题的答案,始终在关注"孤立无援的现代人"在异化的泥沼中苦苦挣扎、在无孔不入的权力与意识形态的绞杀下精神撕裂、人格畸变的命运。为了寻找个人与社会健全发展的必由之路,他用自己的心灵和智慧,面对着颠簸沉浮的人类文明世界,发出"荒原上的呼唤"。他的伦理学理论强调,人性根植于人类生存矛盾之中,是人的自然属性和社会属性的统一。人在解决生存矛盾的过程中,产生了独特的精神需要,并且在满足精神需要的方式中展现出善恶两种潜能。人性具有普遍性,但在不同的社会文化环境下表现为不同的人格。人格由气质和品格组成,品格主要分为创制型和非创制型两种。个人的人格既受社会文化(主要是社会品格)的塑造,又是个人努力的结果。创制型人格是新人道主义伦理学的理想。然而现代社会已经从"上帝死了"逐渐沦落为"人死了"的状况,人已经达到了非人的状态,现代社会中普遍存在着以非创制性的品格、重占有的生存方式和逃避自由的心理机制为主要特征的非创制型人格。这种非人的异化状况不仅是个人对自己不负责任、漠不关心造成的，更重要的是病态的现代工业社会所造成的。现代工业社会，尤其是资本主义社会，在经济、政治、教育、宗教和科技等各个领域都已经异化，从而导致了普遍而严重的人格病态。因此，必须实施总体道德变革的方案，即以人道主义为总原则，在社会各个领域进行道德变革以消除各种异化，促进人的心理变革和道德更新，并且还必须从塑造理想人格的内在机制出发，个人对自身负责，挖掘人的潜能，最终塑造创制型人格，促进人的全面自由的发展。

弗洛姆继承法兰克福学派的社会批判理论，对当代资本主义社会造成的人性异化和人格病态进行了深刻的剖析和批判，创造性地提出病态的人是由病态的社会所造成的；判断一个社会是否健全，不是看个人是否适应社会，而是看社会能否满足人的基本精神需要，能否有利于人的全面发展。最可贵的是他在深刻剖析资本主义社会消费异化的非人道现象的基础上，积极探索人道主义消费伦理，明确提出人道主义消费原则；在尖锐批判资本主义导致人的贪欲增长和技术社会带来的人的主体性丧失和核战争的危险的基础上，积极探索构建世界和平的伦理对策；在揭露现代社会宗教异化对人格造成的危害的基础上，积极探索建立反对权威、反对偶像崇拜的人道主义宗教的具体对策，等等。他的理论是他对人类命运所作的思考，充分体现了他作为现代人道主义伦理学家关心人、关注人的人生境界的思想。他犹如为万民立言、见不平则鸣、洞悉人类现实并力图带领人类走出异化社会的"先知"，在别人感觉舒适和安逸的地方，看到了奴役和操纵的身影；在别人认为先进和合理的地方，看到了压迫和剥削的痕迹，并且采取他认为最合适的话语方式表达着他对人类现实与未来的判断和渴望。

众所周知，除了学术的建设之外，思想史研究的一个重要社会功能是传播具有强烈社会功用的理论和观点。从这个角度来看，弗洛姆所关注的现代社会人格病态问题，他所批判和揭露的种种社会现实问题，其中一些仍然是当前社会主义现代化建设所亟待解决的。虽然他批判的是资本主义发展所导致的人格异化甚至人格死亡，而我们所处的是社会主义初级阶段，随着生产力的发展和社会主义经济体制的进一步完善，社会主义精神文明建设取得了巨大成就，但是，不容否认的是，我们的社会出现了弗洛姆提出和批判的种种现象。所以，研究弗洛姆的伦理学理论，对于清除畸形发展观对人的影响同样具有极为重要的现实意义。

　　麦金太尔在批评当代伦理学研究的弊端时指出："当代哲学家在著述和讲授两方面都以一种固执的非历史的态度对待道德哲学。我们现在仍然过多地把过去的道德哲学家看做是对某一相对不变的课题的一次讨论的贡献者，把柏拉图、休谟和密尔既看做是同一时代的人，又把他们全看做我们的同代人。这致使将这些著述家从他们思想和生活的文化和社会环境里分离出来，所以，他们的思想史虚假地相对独立于文化的其他部分。"①本书在阐述弗洛姆的伦理思想时，试图摆脱这种偏颇和不足，把弗洛姆放在当代资本主义迅猛发展的历史背景之下进行考察。20世纪人类生活的重大变化和重大事件，可以说都是史无前例的，弗洛姆伦理思想的形成，受到时空环境变迁的影响，我们必须以历史推移的眼光来审视并了解他的理论。同时还要联系西方伦理学的发展历史，把弗洛姆放在历史发展的长河上进行纵向研究，因为他的伦理思想，不仅深受当代思想家及当代的实际环境所影响，也受前代思想家和

---

① ［美］A.麦金太尔（Alasdair MacIntyre）著：《德性之后》，龚群译，中国社会科学出版社1995年版，第15页。

前代的历史所影响。这种影响在他的著作里随处可见,因此,他的伦理思想应当是西方伦理思想史上理论发展的一个必然环节。同时,可以看到,弗洛姆的伦理思想主要是在继承西方人道主义传统、弗洛伊德和马克思的伦理思想的基础上形成的,而且他的伦理思想与法兰克福学派的其他思想家如马尔库塞等人的伦理思想也有一些异同,因此,本书力求把弗洛姆的伦理思想与弗洛伊德、马克思、马尔库塞等人的伦理思想以及中国传统儒家伦理思想中的某些内容进行对比研究,从而挖掘出弗洛姆思想的深刻内涵和现代意义与价值。

第一章　弗洛姆新人道主义
伦理思想的成因

　　弗洛姆是 20 世纪杰出的新人道主义伦理学家,他终生以拯世救人为己任,以促进人的全面自由的发展为理论宗旨。他深刻反思了两次世界大战的爆发,纳粹主义和法西斯主义的肆虐以及以美国为代表的当代发达资本主义社会的严重病症和生活于其中的现代西方人的人格现状,苦苦追寻现代病态人格形成及其普遍蔓延的原因,积极探求塑造健康人格的对策良方,深切关注并积极参与世界和平运动,为建立一个以创制型人格的发展为目标的健全社会而奔走呼号。弗洛姆伦理思想的成因是错综复杂的,正如他自己所说:"如果一个人问自己:我是怎么对那些在一生中占有重要地位的思想领域发生兴趣的? 他会发现,要简单地回答这个问题并不容易。或许他天生爱好某些问题,或许他是受了某些老师的影响和当时各种思想和个人经历的影响,才走上了他感兴趣的道路的……说实在的,如果有人想要确切地知道在所有这些因素中哪个更重要的话,那么,没有一部详细的史料性的自传恐怕难以找到答案。"①归纳而言,他的伦理思想打上了时代及文化传统的深刻烙印,既有着广泛的理论渊源,也与他的生活经历和时代背景密切相关。

---

　　①　Erich Fromm, Beyond the chains of illusion: my encounter with Marx and Freud, New York: Simon and Schuster, 1962, p. 3.

第一节　新人道主义伦理思想
形成的理论渊源

一个杰出的思想家总是站在前人的肩膀上进行思考和创作，弗洛姆同样如此，他的伦理思想是多种思想的交融和各种文化观念的碰撞所发出的火花。在他的著作中，既引证了前代思想家和一些佛教哲学家的论述，也有不少当代理论家的思想观点，其中主要包括赫拉克利特、柏拉图、亚里士多德、T. 阿奎那、T. 霍布斯、B. 斯宾诺莎、G. W. 莱布尼兹、B. 帕斯卡、I. 康德、G. W. F. 黑格尔、F. W. 尼采、W. 狄尔泰、E. 胡塞尔、J. 杜威、W. 詹姆斯、M. 海德格尔、J. P. 萨特、A. 伽缪、R. 尼布尔等。他还明确地陈述了其思想的具体源流："预言的犹太教、马克思、母系氏族制、佛教和弗洛伊德对我都有关键性的影响。它们不仅构成了我的思想，还影响了我的全部思想的发展。"[1]

总的说来，人道主义传统，K. 马克思与 S. 弗洛伊德的伦理思想，法兰克福学派的社会批判理论，犹太教与禅宗等宗教伦理，存在主义和 J. J. 巴赫芬的思想等是弗洛姆伦理思想的主要来源。虽然这些思想的最终根源是人道主义，可以说，人道主义与这些思想的关系应当是包含关系，而不是并列关系。但是本书出于详细阐述的需要，特别把人道主义传统从中抽离出来，作为弗洛姆伦理思想的首要来源。

---

[1]　Erich Fromm, For the love of life, New York：Free Pr. ,1986, p. 105.

一、人道主义传统

对于"人道主义"(humanism)一词的理解,不同的百科全书有着不尽相同的说法。美国《哲学百科全书》上写着:人道主义是 14 世纪后半期发源于意大利的哲学和文学运动,并且扩展到欧洲其他国家,成为近代文化的组成要素。人道主义也指任何承认人的价值或尊严,以人作为万物的尺度,或以某种方式把人性及其范围、利益作为内容的哲学。[①]《法国百科全书》和美国《哲学百科全书》的说法大致相同,认为人道主义是文艺复兴以来在西方持续了几个世纪的思想,其基本意义是指人与其他被创造物的不同之处,这种差异恰恰是人所具有的特征——文化修养。德国《迈耶尔百科词典》中的人道主义条目也持类似看法,并特别指出,人道主义要求重新发展并且维护希腊语、拉丁语的语言、科学、文学和文化。如果仅就"人道主义"(humanism)一词的首次使用而言,自然可以这么说,但是,如果就人道主义的内涵而言,这种说法有些简单。应当说,《中国大百科全书》之说较为恰当,人道主义是"关于人的本质、使命、地位、价值和个性发展等的思潮和理论"。[②] 从伦理学的角度而言,人道主义是人们关于伦理学和道德实践的重要问题,即关于人的地位、权利、能力、价值和尊严等所坚持的一种主张。它是随着人类进入文明时期萌发的,在人类发展的历史长河中曾经有过多种形态,每种形态都有其历史的根源,都有其现实的合理性,都是历史的产物。但是,

---

[①] 转引自靳辉明、罗文东:《人道主义与现代化》,安徽人民出版社 1997 年版,第 36 页。

[②] 参见中国大百科全书总编辑委员会《哲学》编辑委员会:《中国大百科全书》,中国大百科全书出版社 1987 年版,第 696 页。

在西方伦理学史上作为一种时代的思潮和理论,则是在15世纪文艺复兴以后逐渐形成的,最初表现在文学艺术领域,后来逐渐渗透到其他领域。不同时代和流派的西方伦理学家们对人道主义的理解不尽相同,综合各种不同的语义,一般而言,人道主义主要包括以下几方面的内涵:"人类相对于自然万物具有无与伦比的认识上和实践上的优势;人类是自然万物的目的和中心,自然万物只是相对于人类才具有意义和价值;人类享有某些不可剥夺的和不容侵犯的天赋权利"①;人之为人的人格是不可转让的,人的尊严是不可践踏的;人是目的,不能把人总是当做手段或工具;每个人都有自由发展其个性和追求幸福的权利。人道主义在西方伦理学史上的不同时期有其不同的特征和表现形式。从其根本宗旨来看,在其演变过程中经历了四个阶段:远古的人本主义的人道主义、文艺复兴时期的反神本主义的人道主义、近代的主体性原则的人道主义和现当代的社会批判的人道主义。

古希腊罗马时期的人道主义(如柏拉图和亚里士多德等)的表现形式是人本主义,以强调人类对于自然万物的优越性、中心性和目的性为宗旨。换言之,此时各家各派的伦理学家都承认,人的一切道德活动都是为了人的德性完善和生活幸福;人优越于其他一切生物,是其他一切非神圣事物的目的和中心。智者派代表普罗泰戈拉提出的"人是万物的尺度"是西方伦理学史上第一个明确被表述的人道主义命题。

---

①　参见杨方:《第四条思路——西方伦理学若干问题宏观综合研究》,湖南大学出版社2003年版,第96页。

　　文艺复兴时期的人道主义①以向在神的名义下宰制人的教会争取人的权利、地位和尊严为宗旨，它的口号就是：我是人，人的一切特性我无所不有。此时的人道主义思想主要是反对中世纪神学抬高神、贬低人的观点，肯定人的价值，强调人的高贵；反对中世纪神学的禁欲主义和来世观念，要求享受人世的欢乐，注重现世生活的意义；反对中世纪的宗教桎梏和封建等级观念，要求人的个性解放和自由平等；反对中世纪教会的经院哲学和蒙昧主义，推崇人的经验和理性，提倡认识自然，造福人生。②

　　近代的人道主义③以全面论证人在存在、认识和实践等方面的主体性为特色。可以说，绝大多数近代伦理学家都是人道主义者。他们如同远古伦理学一样强调人类相对于自然万物的优越性、中心性、目的性和至上性，但他们更加重视人类在认知和实践中展现出来的自觉性、主动性、创造性和超越性（合称主体性）。康德是其中的杰出代表。他阐发的三个命题：人在其本身就是目的，人通过知性（理智）为自然立法，人通过理性为自身立法，是近代人道主义存在论、认识论和实践论中的三大醒目标志。④

　　而在现代西方伦理学中，人道主义依然有其重要的价值和地位。它是以抗议机械文明和技术统治对人的个性、自由和价值的

---

　　①　主要代表有佩脱拉克（F. Petrurca, 1304—1374）、薄伽丘（Gio-vanni Boccaccio, 1313—1375）、瓦拉（Lorenzovalla, 1407—1457）、彭波纳齐（Pietro Pomponnazzi, 1462—1525）、皮科（Giovanni Picodella Mirandola, 1463—1494）、爱拉斯谟（Desi-derius Erasmus, 1465—1536）等。

　　②　参见中国大百科全书总编辑委员会《哲学》编辑委员会：《中国大百科全书》，中国大百科全书出版社 1987 年版，第 711—712 页。

　　③　主要代表人物有 J. 洛克、B. 斯宾诺莎、J. J. 卢梭和 I. 康德等。

　　④　参见杨方：《第四条思路——西方伦理学若干问题宏观综合研究》，湖南大学出版社 2003 年版，第 98 页。

剥夺、消解为特色。现代人道主义有各种类型,其中包括不少经过
伦理学家改造而成的各式各样的新人道主义。这些新人道主义各
有其特点,比如,K.雅斯贝尔斯的以超越存在追求自由为特征的
新人道主义,萨特的以自由主体伦理学为特征的新人道主义,还有
新托马斯主义代表人物 J.马里坦的完整的人道主义。弗洛姆的
新人道主义则是以创制型人格的发展为目标。弗洛姆所继承的人
道主义传统,主要包括亚里士多德的追求善就是追求幸福,斯宾诺
莎的善恶以是否与人的本性一致为标准,弗洛伊德的追求欲望的
满足是人之本性以及德国伦理学家 A.史怀泽的"敬畏生命"和马
克思的人的解放的理论,都无情地揭露和批判了现代文明和工业
社会尤其是资本主义社会导致人性异化和人格扭曲的现状,建立
起旨在以人为中心的符合人性的行为规范和价值准则,以求创制
型人格的完善和人的潜能的自我实现的规范的人道主义伦理学。

二、马克思与弗洛伊德的伦理思想

　　弗洛姆被称为新弗洛伊德主义者,他的思想之"新"体现在马
克思主义和弗洛伊德主义的结合上。虽然当代的心理学家中有不
少著名人物,例如,G.W.奥尔波特、R.梅、C.罗杰斯和 A.H.马斯
洛,他们分别提出了取代弗洛伊德心理学的观点和理论,然而,弗
洛姆是其中更为优秀的典型人物,他不仅以马克思的理论补充和
发展了弗洛伊德的心理学理论,而且在此基础上提出了新人道主
义伦理学。弗洛姆多次承认,自己的思想(包括伦理思想)深受弗
洛伊德和马克思学说的影响,是二者的结晶。

　　他把弗洛伊德和马克思学说的共同基础概括为以下四点:
(1)批判精神。马克思和弗洛伊德都对某些陈旧的思想和理论体
系持坚定的怀疑态度。在马克思看来,人们的思考绝大部分都是

幻想;人的思想是以特定社会所发展的思想为模式的,而社会思想又取决于该社会的特定结构和作用方式。而弗洛伊德同样以批判精神进行思考,他的整个精神分析方法就是"怀疑的艺术"。(2)真理的力量。马克思和弗洛伊德都相信真理能使人获得自由的解放力量。马克思提出,真理是导致社会变革的有力武器,因为真理能揭示幻想和意识形态掩盖下的现实。为了实现自身的政治理想,他提出了建立在科学地分析历史和社会现实的基础上的口号。其中最突出的例子是《共产党宣言》,这一宣言以简洁的形式对历史和经济对人类的影响以及阶级关系作出了透彻而卓越的分析。①而弗洛伊德则认为,真理是导致个人变革的有力武器。精神分析的实质和目的就是帮助病人理性地认识自己,认识被各种幻想掩盖的非理性现实,变无意识为意识,从而获得自己的理性力量。如果病人能认识意识背后所掩盖的无意识,变无意识为意识,那么他就能获得摆脱自己的非理性的力量,获得改造自己的理性力量。理性和真理使精神分析方法在各种治疗方法中都是独一无二的。(3)人道主义。马克思和弗洛伊德继承了人道主义传统,相信每个人都体现了全部的人性,他们对于解放人类都有着毫不动摇的决心。马克思从青年到老年都以人道主义作为批判资本主义的武器之一,并以人道主义作为共产主义社会的基本特征,极力反对使人隶属于经济而遭受摧残的社会制度,认为只有社会成为以人为目的的社会,个人才能得到发展并成为完善的人。他的全面发展的人的理想是人道主义传统的一部分。弗洛伊德反对社会的习惯势力,捍卫人的自然欲望的权力,他的理性控制欲望并使欲望升华

---

　　① Cf. Erich Fromm, Beyond the chains of illusion: my encounter with Marx and Freud, New York: Simon and Schuster, 1962, p. 15.

的理想,也是人道主义思想传统的一部分。(4)辩证的动力学研究方法。马克思和弗洛伊德都是历史上第一个在各自领域运用辩证动力学研究方法的人。马克思认为社会是一个错综复杂的结构,具有各种矛盾的却又可以被认识的力量,认识这些社会力量能使人们了解过去,并在某种程度上预测未来。弗洛伊德则发现,个人作为精神实体,是许多矛盾而又充满能量的力量组合的结构,科学的任务就是认识这些力量的本质、强度和方向,以便了解过去,预先对未来作出选择。弗洛姆断言,上述四方面中最重要的是人道主义和人性思想。他在建立新人道主义伦理学理论时正是继承了这些共同遗产。

此外,弗洛姆还分别从弗洛伊德和马克思的伦理思想中汲取了更重要的内容和方法。在他看来,弗洛伊德的理论体系既有贡献,又有局限。弗洛伊德的最大贡献在于挖掘了人类意识深层的潜意识动机,深化了对人类自然本性的认识;而其最大的局限性则是过于重视人的生物性,忽视了人的社会性。对于弗洛伊德的社会心理学的空白与无知,马克思主义是最好的补充。马克思在理论高度上超越了弗洛伊德,他在看待社会发展问题上的眼界非常开阔,看到了人的心理动力性,他把人与世界、人与人、人与自然的关系放在首位,因而对人类的本性揭示得更为深刻。当然,马克思主义也有其自身的局限,即忽视个体的心理特点,对于人的潜意识和品格结构未加考虑。对于这一空白,弗洛伊德的精神分析是最好的补充。弗洛姆在接受二者的基础上,试图把它们综合起来,创立一种客观有效的科学的人道主义伦理学体系,用以探讨和解释人的种种问题。他综合的方式大致有三种:一是理论的综合,例如,将人的生物本能论同人的社会关系本质论综合成新的人性论;二是方法的综合,兼用社会心理分析方法和经济分析、阶级分析方法来研究和解释特定的社会现象;三是范畴的综合,将精神分析学的个体道德心理学范畴与社会群体相结合,建构精神分析的伦理学范畴等。

弗洛姆在其学术生涯中始终关注当代世界中的各种矛盾和危机,为寻找医治社会弊病的对策良方,他邀游在各种思想和学说之中。他认为,正是在弗洛伊德和马克思的体系中,他找到了答案,即在批评地继承两位思想家的理论和方法后,最终达到的一种思想的综合。①

三、法兰克福学派的社会批判理论

法兰克福学派以"社会批判理论"著称于世。社会批判理论是对现代社会尤其是现代资本主义社会进行多学科分析批判而形成的哲学—社会学理论。"社会批判"是法兰克福大学社会研究所的第二任所长②霍克海默尔为该所的成员确定的研究方向。1931 年,他在就任所长时所作的题为《社会哲学的现状和社会研究所的任务》的演说中,明确提出社会研究所的任务是建立一种社会哲学,它不满足于对资本主义社会进行经济学和历史学的实证性分析,而是以"整个人类的全部物质文化和精神文化"为对象而揭示和阐释"作为社会成员的人的命运",对整个资本主义社会进行总体性的哲学批判和社会学批判。为此,研究所吸收了大批倾向于马克思主义的青年理论家,如阿多诺、马尔库塞、弗洛姆、本

---

①　Cf. Erich Fromm, Beyond the chains of illusion: my encounter with Marx and Freud, New York: Simon and Schuster, 1962, p. 9.

②　第一任所长由属于奥地利马克思主义传统的历史学家 C. 格律伯格(Carl Crunberg, 1861—1940)担任。

雅明等人,构成了法兰克福学派的强大阵营。研究所还吸收了西方各种非马克思主义的思想,如狄尔泰的历史哲学和生命哲学,韦伯的文化哲学,新康德主义的批判哲学等。不过,他们主要还是吸收存在主义关于人的存在状态、人的异化的观点,并用于解释现代社会,同时也吸收了弗洛伊德精神分析学的观点,把它与马克思主义结合起来,建立与社会科学、人文科学紧密结合的社会哲学。

霍克海默尔于1937年发表《传统理论和批判的理论》一文,把法兰克福学派的理论明确地概括为批判理论。他还详细阐述了社会批判理论的特征,指出它是一种与建立在自然科学基础上、以实证主义为主体的传统理论根本不同的理论。传统理论以经验事实为对象,把具体的客观事实、对事实概念的运用都看成是外在于理论思维的、纯客观的,而理论只是尽可能接近事实、有效地描述事实,并对之进行安排、整理。这种离开理论与人来思考客体的研究方法导致理论与实际、价值与研究、认识与行动的分离,人也陷入消极无为的境地。而批判理论以人为对象,运用辩证方法,关心人与自然、人与人之间的关系,并提供价值判断。它通常也以发生的各类事实为基础,但并未忽视作为主体的人的作用。批判理论与传统理论的不同还表现在,传统理论对现存社会持一种非批判的肯定态度,总是把自己置于现存社会秩序"之内",把现存社会秩序当做固定不变的既定事实接受下来,从而自觉不自觉地维护着现存社会秩序。因此这是一种"服从主义"的理论。相反,批判理论对现存社会持无情批判的否定态度,力图站在现存社会秩序"之外",拒绝承认现存社会秩序的合法性,并努力揭示现存社会的基本矛盾,从而自觉以改造现存社会秩序为己任。因此,"批判理论"首先是对社会矛盾的否定和批判的"立场",其次才是一种特定的理论,"(批判理论)不仅仅是人类当下事业中显示其价值的一种研究假说,而是创造出一个满足人类需求和力量的世界之历史性努力的根本成分。……该理论的目的绝非仅仅是增长知识本身。它的目标在于把人从奴役中解放出来"。①

霍克海默尔的阐述表明了批判理论的特征:它是揭示和批判现存社会矛盾和危机的、非实证主义的、强调人的主体性和创造性思维的理论。霍克海默尔的观点对法兰克福学派成员们的学术方向具有决定性的影响。尽管成员们的观点有较大的差异和分歧,但对霍克海默尔所阐发的这一基本立场都共同信守,坚定不移。

法兰克福学派的社会批判理论又可以分为意识形态批判、技术理性批判、大众文化批判、品格结构及心理机制批判、现代社会机制批判等不同方面。而弗洛姆是品格结构与心理机制批判的一个重要代表人物。一方面,他的批判理论主要是以精神分析学为基础进行的,从而与马尔库塞等人一起奠定了法兰克福学派的一个基本特点:以"心理批判"、"心理革命"来补充、扩大社会批判和社会革命,即以弗洛伊德理论来"补充"、"修正"马克思的理论。另一方面,他又从"社会批判"的立场出发,批判地改造了弗洛伊德的心理分析理论,强调"理解个体的无意识必须以批判地分析他那个社会为前提"。② 从而把心理分析学从原来的"个体心理学"改造成"社会心理学"。他的伦理学说也始终与"社会批判"紧密结合,致力于揭露和批判社会的异化和人的异化,揭示那些阻碍人的全面发展的不利因素,并以探讨人的解放、人的自由、人的全

---

①　参见［德］M. M. 霍克海默尔著:《批判理论》,李小兵译,重庆出版社1989年版,第232页。

②　Erich Fromm,Sigmund Freud's Mission,Gloucester,Mass. :Peter Smith,1959,p.110；［美］埃利希·弗洛姆著:《弗洛伊德的使命》,尚新建译,三联书店1986年版,第129页。

面发展为人道主义伦理学的基本任务。弗洛姆还在伦理学领域中对"社会内在伦理学"和"普遍伦理学"进行了区分。可以说,"社会内在伦理学"就相当于伦理学领域中的"传统理论",而"普遍伦理学"则是伦理学领域中的"批判理论",他明确表示,他的新人道主义伦理学是后者而不是前者。

四、犹太伦理与禅宗及其他

可以说,古希腊—罗马伦理和犹太—基督教伦理,是西方伦理文化建构和演进中两大源头性伦理传统。其中,犹太—基督教伦理以一种"原罪"和"救赎"的宗教界定企图对抗人的存在困境,以拯救人的灵魂。历史上的犹太民族多灾多难,受尽迫害和歧视,流徙于世界各地。然而其文化精神中的形而上追索与救世情怀却产生了许多影响和改变世界的思想家:K. 马克思、A. 爱因斯坦、S. 弗洛伊德、B. 斯宾诺莎、H. 海涅、E. 胡塞尔、H. 柏格森、F. 卡夫卡、C. 卢卡奇、K. R. 波普尔、L. 维特根斯坦、M. M. 霍克海默尔、T. W. 阿多诺、H. 马尔库塞,等等。如果没有这些犹太人,近现代思想的天空不是陷入黑暗,至少也会黯淡无光。而弗洛姆也以其深邃的思想和深远的影响,当之无愧地跨入他们的行列。

弗洛姆出身于充满犹太传统的家庭中,从小学习塔木德。他的第一个塔木德教师是母亲的舅舅达加·路德维基·克劳斯(塔木德学校的著名学者),他晚年和弗洛姆一家生活在一起,专门指导弗洛姆的学习。后来弗洛姆又向 N. A. 诺贝尔拉比学习。诺贝尔拉比受到德国启蒙哲学和 J. W. 歌德的影响,而且他还是新康德主义马堡学派的创始人 H. 柯亨的学生和朋友。在诺贝尔拉比的影响下,弗洛姆熟悉了柯亨的主要著作《源于犹太教的理性宗教》(*Religion of Reason:Out of the Sources of Judaism*)。1919 年 5 月,弗洛姆又遇到了他另一位重要的老师 S. B. 拉宾科夫。拉宾科夫来自俄罗斯,是一个对犹太思想有着渊博知识的信奉哈西德主义①的塔木德学者,他赞同 H. 柯亨的思想和社会主义革命。1920年至 1925 年,弗洛姆几乎每天都跟随拉宾科夫学习塔木德、犹太史并和他探讨社会问题。弗洛姆说:"拉宾科夫对我的影响可能超过任何人,虽然是用不同的形式和概念来表达,他的思想仍然活在我的思想中。"②弗洛姆的博士论文内容也是研究犹太教的思想。虽然后来他出于对弗洛伊德学说的兴趣,放弃了犹太教,但他始终对犹太文化有着由衷的热爱。他深受《旧约》的故事中犹太的先知以赛亚、何亚西、阿摩司、弥迦等人的吸引。尤其是《旧约》强调人性至善至美,狮子与羊羔和平相处的性善思想,强调人在生活中要以道德规范为中心,主张世界和平大同的思想等,深深影响着他的伦理思想的形成。甚至可以说,犹太文化是其思想的动力和源泉。

不仅如此,他还研究了佛教和东方文化,并深受佛教伦理思想的影响。弗洛姆第一次接触佛教大约在 1926 年。后来,他和日本禅学大师铃木大拙交往密切,并大量阅读其禅学著作且受其影响,此后他还将禅的原理运用到精神分析学和伦理学之中。他认为,佛学的无神论思想,并不是主张在人之外或超越人之上存在某种

---

①　哈西德主义又译作"哈西德派运动",是 18 世纪在东欧出现的犹太教一虔修流派。该主义不同于传统拉比犹太教对犹太经典的过分强调,以及对犹太律法的过度维护,而是强调人的感情因素,贬低枯燥无味的经典研读。该主义认为,宗教的本质不在于礼仪和律法,虽然他们并不否认礼仪的约束力,但礼仪本身不能构成宗教;宗教意味着同上帝建立活的联系,而对此最有效的手段就是祈祷,祈祷应当全心全意。

②　Rainer Funk, Erich Fromm: his life and ideas: an illustrated biography; translated by Ian Portman and Manuela Kunkel, New York: Continuum, 2000, p.54.

精神领域。爱、理性和正义之所以是真实的，只因为人在进化过程中发展了这些能力。而且，也只有在人类展现这些能力时，这些精神领域才存在。根据这一观点，除非每个人自己赋予生命以意义，否则他的存在就毫无价值。基于这个重要前提，禅宗的基本要点就是"净性自悟"、"顿悟成佛"。强调人人都具有佛性，且佛性本有，不假外求，只要内求于心，自在解脱，就可明心见性而成佛；禅的目标在于帮助个人将内在的一切创造性和有益的行动展现出来，这就是从枷锁走向自由的方式，它使人解放了精神而避免了疯狂或颓废，从而达到"开悟"或顿悟。弗洛姆十分重视禅的心理学和伦理学意义，把它视为一种人道主义宗教，并认为禅与精神分析一样，"都是关于人性的理论和导向人的幸福的实践"[1]。精神分析可以帮助人认识无意识而了解自我，而佛学尤其是禅宗可以进一步破除我执和自我，并洞察世界不真实的一面，使现代人净化心灵，达到自如和超越的境界，从而走向精神健全、人格完善。因此，禅和精神分析应当结合起来，通过两者的相互补充和配合，更好地实现人自身的道德完善。

此外，巴赫芬等人的思想也是弗洛姆伦理思想的重要来源。在20世纪30年代初期，弗洛姆便认真研读巴赫芬、摩尔根[2]、罗伯特·布里福特[3]等人的著作，并重新思考弗洛伊德的性本能理论。巴赫芬是瑞士人类学家和法理学家，也是第一个发现母系氏

---

[1]　E. Fromm, D. T. Suzuki, and Richard De Martino, Zen Buddhism and Psychoanalysis, New York: Harper & Row, 1960, p. 77.

[2]　路易斯·亨利·摩尔根(Lewis Henry Morgan, 1818—1881)，美国民族学家、原始社会史学家，美国杰出的社会科学家之一。

[3]　罗伯特·布里福特(Robert Stephen Briffault, 1876—1948)，法国社会人类学家、小说家、史学家和外科医生。

族社会的思想家,他发现母系社会先于父系社会而存在。妇女曾是人类进化最初阶段的领袖,母系社会是由妇女统治的王国,社会生活以财产共同体、原始民主和群婚制为特征。母爱是无条件的,因此,母系氏族社会代表着无条件的人类的爱的原则,充满着团结友好的精神。巴赫芬和摩尔根的思想受到马克思和恩格斯的称赞。恩格斯曾在《家庭、私有制和国家的起源》中,以他们的人类学观点为基础,提出人类最初的形态是母系社会。弗洛姆认为,尤其是巴赫芬对他的影响极大,巴赫芬发现母系氏族社会,给了他一把读懂历史、理解父系社会的钥匙。他曾撰写《母权论及其对社会心理学的现实意义》和《母权论在今天的意义》两篇文章,提出父系社会的恋母现象是母系社会对女神崇拜的延续,是在人与自然的混沌和谐丧失之后对建立新的和谐的渴望,是对保护的追求。同时,对母亲依附的积极意义也是对生命、自由与平等的一种肯定,这种肯定感普遍存在于母系结构的社会中,只要人是自然之子,他就是母亲之子,他们就是平等的,都有同样的权利和要求。母系氏族社会体现了"无条件的人类爱的原则",这显然是与犹太—基督教和启蒙运动所倡导的博爱(人道主义)是一致的。同时,他用母权制理论否定了弗洛伊德主张的"俄狄浦斯情结"的普遍性。

弗洛姆与存在主义也有关联。1919 年,在海德堡大学学习哲学之际,他的第一位哲学老师就是著名的存在主义哲学家雅斯贝尔斯,存在主义哲学给了弗洛姆持续的影响。弗洛姆理论的主题也是存在主义式的,即异化的人,现代人的两难处境,以及他与世界的关联方式。他还以存在主义哲学来解释马克思的思想,认为马克思虽然与 S. 克尔凯郭尔等存在主义者对人的存在问题的看法相反,马克思是从人的具体形态中观察人认识人,把人看做特定社会和特定阶级的成员,但是"与许多存在主义者的思想一样,马克思的哲学也代表一种抗议,抗议人的异化,抗议人失去他自身,抗议人变成为物"。① 同时,马克思哲学的"核心问题就是现实的个人的存在问题"。②

　　总之,弗洛姆的伦理思想的理论来源是多方面的,本书仅列出以上几个主要方面。尽管这些思想产生于不同的历史时期,有着不同的社会和文化背景,但在弗洛姆看来,它们却有着一致之处:关心人的生存与发展,增进人的幸福和快乐。因此,弗洛姆对这些思想进行了创造性的综合加工,形成了自己独特的新人道主义伦理学理论。

第二节　新人道主义伦理思想形成的现实背景

　　20 世纪这个冲突不断、危机深重的多事年代,成为弗洛姆思想形成的现实背景。种种矛盾和冲突的交织,激起了弗洛姆的深切关注和反思。正如他所说:"我生活的时代是一个永不过时的社会实验室。第一次世界大战、德国和俄国革命、法西斯主义在意大利的胜利、纳粹主义在德国的逐步胜利、被引向歧途的俄国革命的失败、西班牙内战、第二次世界大战以及军备竞赛——所有这一切都为我提供了一个经验观察的场所,使我形成了一些假说,并对这些假说进行了证实或否证。"③

　　①　Erich Fromm, Marx's Concept of Man, New York: Frederick Ungar Publishing CO. ,1966,Preface(Ⅴ).

　　②　Erich Fromm, Marx's Concept of Man, New York: Frederick Ungar Publishing CO. ,1966,Preface(Ⅴ).

　　③　Erich Fromm, Beyond the chains of illusion: my encounter with Marx and Freud, New York: Simon and Schuster, 1962, p. 11.

一、两次世界大战

20世纪最为强烈而深远地影响人们内心的事件无疑是两次世界大战。战争的浩劫造成的灾难是史无前例的,弗洛姆几乎用他的一生为这段历史留下了见证,并竭尽心智、呕心沥血地呼唤全世界的团结和平。

第一次世界大战爆发的时候,弗洛姆年仅14岁。在战争爆发初期,少年的他对战争的骚动、胜利的喜悦和士兵阵亡的消息有些漠不关心。由于英语老师和拉丁文老师截然不同的表现,令他感到惊异并开始思考战争所带来的影响。随着战争的持续,弗洛姆的年龄也在增长,他对战争有了更多的迷惑,在"为祖国而战"、"为自由而战"的口号下,年复一年,各国士兵互相残杀,然而官方仍在假惺惺地保证用最快速度赢得战争的胜利。这些状况使逐渐成熟的他愈加迫切地希望了解战争的真相。

虽然第一次世界大战粉碎了人们对进步与和平所持的信念,但是希望并没有消失。战争结束后,许多人仍然相信,国际联盟可以迎来和平与理性的新时代;俄国革命结束沙皇的统治,可以建立起一个真正的社会主义国家;在资本主义国家的人民也深信,他们将朝着更加繁荣的经济体系发展。可是,世界大战再次爆发,彻底地粉碎了人们的希望。第二次世界大战爆发时,弗洛姆已近中年,这次战争对弗洛姆的影响更加深刻。他也在纳粹的迫害下,和法兰克福社会研究所的一些成员一起流亡美国。

两次世界大战对人类造成的影响极其巨大,连续不断的战争使世界各地的年轻人被迫参战,战争造成的毁灭接连不断地震撼着世界。这是一场蔑视个人生命、尊严与价值,使人被迫卷入毁灭性活动的令人毛骨悚然的世界性灾难。战争使人们看到人性正不断走向攻击和自我毁灭,从而使人普遍感到绝望。对人性和道德进步的普遍怀疑,对炸弹和原子弹的恐惧,对人类可能自我毁灭的担忧,使悲观主义、相对主义盛行。面对着给人类带来毁灭性灾难的世界大战,弗洛姆不断追问和探索人的本质问题:非人道的战争何以能爆发并持续数年之久? 千百万人何以会甘心送死或去杀害那些他国的无辜者? 人的破坏性是否为天生? 等等。同时,他还进一步追问:人格何以会产生病态? 社会是否有其病症? 何种原因导致社会的病症和人格的病态? 等等。

二、资本主义的经济增长和经济危机

第二次世界大战结束以后,西方经济逐步恢复,西方社会进入持续、稳定而繁荣的时期。科学技术空前发达,科技革命推动生产力巨大发展,物质财富空前丰裕。人的需要得到极大的满足,人的生活得到极大的改善。然而,经济增长和技术进步却带来了严重的社会后果。一方面,人对自然的无限索取给生态环境造成了严重的破坏,并影响到人的生存,人与自然失去了和谐;另一方面,人与人、人与自身的和谐也被破坏。人与人的关系变成了金钱、买卖和交换的关系。社会生活各个领域的权威化和机械化使个人不仅在生产过程中被机器所控制,而且在社会生活中被庞大的官僚机器和形形色色的传播媒介背后的“匿名权威”所控制,人变成了工具,失去了个性和自主性,失去了作为人的丰富性和完整性。从人与自身的关系来说,在资本主义经济增长的唯生产和唯消费的驱动下,在各种色彩斑斓的广告的诱惑下,人们对自身及生活的价值漠不关心,把获得金钱、获得消费品当成唯一有价值的生活的目的。

1929 年至 1933 年,正值弗洛姆青年时期,资本主义世界发生了全球性的经济危机。这次世界性经济危机的深刻严重和持续之长史无前例。危机使得消费者的购买力、企业的投资能力、银行的偿付能力以及商场的稳定性大受影响。这种不景气现象几乎持续到 1939 年左右。在危机年代,整个资本主义世界充满了激烈的阶级斗争。

经济增长和技术进步导致人格的病态,经济危机带来了人民生活的衣食不足、朝不保夕,这种状况引起了弗洛姆的关注。作为一个几十年来从事治病救人的临床心理医生,他不仅关注人的身体和心理的疾病,而且更加关注人的道德价值的建立与人格的完善。在他看来,现实社会是病态的社会,在这个社会中生活的人很多都是"异化的人"、病态的人。所以,应该进行一场社会革命,对政治、经济、文化、精神进行全面变革,建立一个以人的全面发展为核心目标的健全社会。人道主义伦理学就是建立完善的健全的社会的有效手段。

三、纳粹主义和法西斯主义的肆虐

两次世界大战固然给人类造成了无数的伤亡,然而,法西斯主义和纳粹主义的独裁统治却给人类造成了另一种浩劫。

法西斯主义是西方国家在陷入经济大恐慌的困境后的产物。它反对民主主义和自由主义,主张建立以超阶级相标榜的集权主义统治,实行全面统治和恐怖镇压;进行由政府全盘计划的经济活动,鼓吹民族沙文主义、奉行重分世界的战争政策。1920 年至1922 年,意大利爆发经济危机,法西斯主义趁机产生。墨索里尼法西斯政党在 1922 年上台执政,公开实行极端独裁的政治统治,血腥镇压劳动人民,摧残一切进步组织,推行反共反人民的侵略政策和战争政策。1920 年,希特勒提出民族社会主义,即纳粹主义。他的国家社会主义也就是德国法西斯主义。1933 年,他在德国建立了法西斯专政。到 1933 年 10 月,法西斯运动遍及 23 个国家,半年后又增至 30 个国家。在法西斯主义独裁统治之下,个人的精神、道德或生活等层面都受制于国家;而国家本身不但是目的,而且是伦理规范的实体。法西斯主义还以谎言和残暴对个人施以无情的剥削和虐待。在国际关系方面,则极端提倡对外战争和向外扩张。

纳粹主义也称为国家社会主义,是 1933 年至 1945 年间统治德国的独裁政治,即"第三帝国"。德国的纳粹党——"民族社会主义德意志工人党",在希特勒的操纵之下,由一个小资产阶级右翼政党演变为一个拥有中下层民众支持的资产阶级反动政党,并被统治阶级权势集团人物推上台执政。纳粹党上台后,在政治、经济、军事等方面实施了一系列独裁统治。尤其在社会方面,实施控制与笼络的双重政策。通过一整套社会组织网络,纳粹党对全体德国民众和整个社会生活的控制达到了历史上前所未有的程度。在意识形态方面,宣扬"种族优越论",主张种族必须绝对纯正,不可混杂,并且以生存空间的需要作为对外扩张的借口。通过推行种族主义与扩张主义的措施,对犹太人进行了灭绝人种的大屠杀。战前的欧洲有 800 万犹太人,而在战争期间,有 600 万欧洲犹太人惨遭杀害。

身为犹太后裔的弗洛姆对此有切肤之痛,他在法西斯和纳粹党的迫害下,被迫移居美国。在 1930—1940 年期间,有近 200 名精神分析学家为逃避纳粹迫害来到美国,其中大多数是犹太人。弗洛姆认真探讨了法西斯和纳粹肆虐以及民众追随的原因,认为法西斯主义和纳粹主义的独裁是非理性主义和权威主义造成的,所以唯有恢复理性主义和人道主义传统,肯定个人的目的性和最高价值,推行总体革命,建立健全的社会,才能使个人从独裁统治中解放出来,赢得人格的发展和个人生活的幸福。

四、苏联社会主义实践中的失误和两大阵营的军备竞赛

首先,苏联作为世界上第一个社会主义国家,在经济和文化建设方面取得了巨大成就,同时也出现了严重失误。高度集权的计划经济体制和官僚政治,限制了个体的自主性和积极性。同时,在20世纪30年代,推行阶级斗争扩大化,在"肃反"的名义下,许多共产党员和革命战士被无辜杀害。社会主义作为对资本主义的否定,理应将人类文明向前推进一步,但是,由于苏联执政党的独裁和形形色色的官僚主义、贪污腐败、蜕化变质等弄权行为,使广大苏联民众大失所望。对于崇尚民主政治、尊重个人自由和生命原则并坚持马克思主义、相信社会主义的弗洛姆来说,也是痛心不已。这些现象促使他认真思考社会主义的目标。他在批评斯大林式的社会主义现实时指出,它虽然创造了一种国家资本主义的新形式,而且在经济上获得了巨大成功,但是在人道上却是有害的,它全面否定了人的个性和个人的全面发展;滋生了独裁和专制,使它有悖初衷,演变成一种庸俗的、歪曲的和虚假的社会主义。为此,弗洛姆主张,用真正的人道主义的社会主义来取代这种官僚主义的假社会主义、真独裁主义。

其次,美苏两国大肆进行军备竞赛,给人类的安全带来严重威胁。自20世纪50年代起,美苏陷入了"冷战"。世界上出现了资本主义和社会主义两大阵营:以美国为首的北大西洋公约组织和以苏联为首的华沙条约组织这两大对抗的军事集团。两个超级大国为争夺世界霸权,展开了全面的军备竞赛,特别是核武器制造的竞赛。这不仅是对资源的滥用,而且使人类面临整体灭绝的威胁。弗洛姆对此深感忧虑,他认为,世界和平是人的全面发展的必要条

件。世界和平秩序不建立，人类就无法摆脱恐惧，无法达致真正的自由、幸福和全面发展。因此，他不断地撰写论文、发表演讲，通过电台向人民呼吁，希望用自己的力量唤醒民众和权威当局，共同为建立一个公正、和平、团结的世界而奋斗。

　　20世纪的这些重大事件是弗洛姆观察和研究的对象，也是孕育他的新人道主义伦理思想的胚床。正是这一连串的重大事件和社会现象，使弗洛姆意识到，西方社会的人正在承受各种各样的压力和打击，神经症和精神病患者不断增多。此外，还有越来越多的人在设法摆脱工业社会和现实造成的压力：许多人在吸毒，有的人则加入苦修行者的教派，另外一些人为了寻找宗教指导，不远万里，远渡印度。尤其令弗洛姆深感忧虑的是，在西方社会，盛行着极端的利己主义和享乐主义，这是资本主义制度赖以存在的两个重要的心理前提。面对着如此深刻的道德危机，弗洛姆呼吁：西方世界的传统价值正在崩溃，这是对人类存在的真正威胁之一。要摆脱困境、矫治人性、拯救社会，最重要的是制定一套全新的伦理准则，集中关注于实现人类的最佳状态，实现人格的最佳发展。为此，他提出了新人道主义伦理学主张。

第二章 弗洛姆新人道主义伦理学的理论基础和逻辑起点

在异彩纷呈的现代西方伦理思想史上,人道主义伦理学是其中一个强劲浩大的主流。它主要包括现象学价值伦理学、存在主义伦理学、精神分析伦理学、实用主义伦理学、新自然主义价值论等流派。① 其中不少伦理学家明确宣称自己的伦理学说是新人道主义伦理学,比如雅斯贝尔斯、萨特以及新托马斯主义代表人物马里坦等。而弗洛姆的伦理学与其他人道主义伦理学有所不同,这种不同首先体现在其理论基础和逻辑起点上。

第一节 新人道主义伦理学的理论基础

弗洛姆的新人道主义伦理学来源于人道主义伦理学的传统,这种传统的特征在于从人的物质和精神的整体上把握人,伦理行为规范建立在对人性的发现和理解的基础之上。换言之,人道主义伦理学是以关于人性的知识为起点的,而这种知识来自现代心理学的发展,尤其是精神分析心理学的发展。因此,心理学(主要是精神分析学)是新人道主义伦理学的理论基础。

---

① 参见万俊人:《现代西方伦理学史》(下卷),北京大学出版社1992年版,第3—4页。

一、弗洛姆期望建立的新型伦理学

对弗洛姆伦理学的理论基础的理解,首先必须建立在弗洛姆本人对自己的人道主义伦理学的根本特征的阐释的基础上,因为只有理解了弗洛姆何以建立这样一种伦理学而不是其他类型的伦理学,才能深入理解弗洛姆试图将其理论建立在心理学基础之上的合理性。

在西方伦理思想史上,许多伦理学家都是在考察和分析历史上不同类型的伦理学的同时,提出并确证了自己的伦理学类型。例如,在西方古典伦理学中历来就有所谓"义务论"和"目的论"伦理学之分。而在现代西方伦理学家中,法国生命伦理学家居友曾提出"生命生殖伦理学"与"义务制裁伦理学"之分,等等。这一思路延续到弗洛姆这里,则是在人道主义伦理学与权威主义伦理学、客观主义伦理学和主观主义伦理学、社会内在伦理学和普遍伦理学等几对关系的对比分析中,阐明自己所追求的人道主义伦理学的根本特征。

1. 新人道主义伦理学区别于权威主义伦理学

弗洛姆声称自己的伦理学为人道主义伦理学,是因为他的着眼点和立论的最高依据是人自身,即把人作为伦理学的主体。他说:"人道主义伦理学以人类为中心……人是'万物的尺度'。人道主义的立场是,没有什么比人的存在更高,没有什么比人的存在更具尊严。"①

应当指出的是,"人是万物的尺度"虽然是普罗泰哥拉提出的命题,是以主观主义和相对主义为其根本内容的,但弗洛姆借用这

---

① Erich Fromm, Man for himself: an inquiry into the psychology of ethics, London: Routledge & Kegan Paul, 1947, p. 13.

一表述并不是同意相对主义和主观主义。相反,他的人道主义是针对伦理学的相对主义和主观主义的。他在批判现代社会道德混乱时说:"人既失去了权威的领导,又失去了理性的指引,结果接受了相对主义立场。这种相对主义提出,价值判断和伦理规范完全是个人的体验或主观偏好,在这个领域里,不存在客观正当的陈述。"①在他看来,人因为失去了理性的引导而导致了相对主义的立场,这种相对主义使人失去价值和方向,从而更容易使人产生对国家的需要、对具有魅力气质的领导者的崇拜、对强大的机器和物质成功的狂热追求,并使之成为人的伦理规范和价值判断的源泉。针对此种相对主义的价值立场在当代西方盛行的现状以及由此出现的文化价值观的危机,弗洛姆提出,正确的伦理规范只能由理性构成,人能够依靠理性正确地辨别和评价价值判断。他还特别声明,他撰写《自为的人》(*man for himself*)的目的就在于,继承人道主义的伟大传统,重申人道主义伦理学的正确性,以说明我们对人性的认识不会导致伦理相对主义。

他指出,在相对主义伦理学之外又存在着权威主义伦理学与人道主义伦理学的对立,人道主义伦理学正是针对权威主义伦理学提出来的。当然,就对"权威主义"的分析批判而言,弗洛姆并不是唯一的,这方面的研究本是法兰克福学派主要成员们共同的批判重点所在,其基调主要是由霍克海默尔在1940年撰写的《权威国家》一书中奠定的。其后,阿多诺、马尔库塞、哈贝马斯等人曾用大量精力研究现代"权威统治"的方式等问题。但是,弗洛姆的独特之处在于,他把对"权威主义"的分析着重引入伦理学

---

① Erich Fromm, Man for himself: an inquiry into the psychology of ethics, London: Routledge & Kegan Paul, 1947, p. 5.

领域。

　　弗洛姆并非绝对地反对权威。相反,他认为,为了使每个人展现其内在的良善潜能,国家和社会必须制定有益于人民福祉的法律和规范;个人必须尊重并服从它们。社会对个人和社会两个方面都必须加以具体的约束和管理,从而促进个人与社会的共同发展。如果没有一套价值规范,不但个人无法获得健康发展,社会也无法在良性和谐的秩序中寻求发展。因此,从个人的健康发展和社会的良性运行来看都需要权威。不过,到底需要何种权威:非理性的权威或者是理性的权威? 理性权威建立在权威的拥有者与被制约者之间平等关系的基础上;权威的约束力量总是来自于其本身具有的才能;权威能够比较圆满地完成授权者所托付的使命。权威的目的不是剥削人民而是有所作为以增进人民的福祉。权威不仅允许、而且要求被约束者的监督和批评。权威的统治力量总是暂时的,如果权威的运作方式不被人民接受,它的统治力量将趋于终止。而非理性的权威以权威当局的控制和被约束者的恐惧作为基础。它不需要人民的批评,而且也严禁批评,因此权威与被约束者之间的关系的本质是不平等的。权威运作的目的不在于为人民谋福祉,而只为统治人民以维持其既有的政治势力。对理性权威与非理性权威的差别作出说明以后,弗洛姆说自己所用的"权威主义伦理学"涉及的是非理性的权威,它是极权主义和反民主主义制度的同义语。而人道主义伦理学与理性权威是相通相融的。

　　为了说明人道主义伦理学的内涵,他首先从形式和内容上批判了权威主义伦理学。他说:"就形式而言,权威主义伦理学否定人有认识善恶的能力;价值规范的制定者总是一个凌驾于人之上的权威。……就内容而言,权威伦理学对何为善、恶之问题的回答,主要是根据权威的利益来定,而不是根据人的利益来定的"。①
也就是说,在弗洛姆看来,在形式上,权威主义伦理学以权力为本
位,价值规范的制定是凌驾于人之上的权力,其心理前提是被支配
者对其力量的敬畏、依赖和软弱。在内容上,这种权威主义伦理学
不是根据人民的利益而是以权力者自身的利益为目的,以对人的
剥削和压迫为宗旨。权威主义伦理学在形式上和内容上是互不可
分的,为了权力,就需要支配、屈从;反之,只有支配他人并使之畏
惧,权威主义才能实现,所以它严禁批判与怀疑。它规定:"服从
是最大的善,不服从是最大的恶。"②"'有道德'就意味着否定自
我和服从,意味着压抑个性而不是最大限度地实现个性。"③

　　因此,在这种权威主义伦理学看来,人不是目的而仅是手段,
人没有应有的尊严。弗洛姆的伦理学就是要批判这种权威主义,
恢复人道主义的传统。他提出,应当建立以人的幸福和人的全面
发展为目标的人道主义伦理学,这种伦理学不像伦理相对主义那
样,放弃探求客观正确的行为规范,而是把伦理规范的制定建立在
人的本性之上。这种人道主义伦理学与权威主义伦理学截然对
立,它们的不同也体现在形式和内容上:"形式上,它(人道主义伦
理学)以这条原则为基础,即只有人自己(而不是凌驾于人之上的
权威)才能规定善恶的标准。内容上,它则基于这条原则,即对人

---

　　① Erich Fromm, Man for himself: an inquiry into the psychology of ethics, London: Routledge & Kegan Paul, 1947, p. 10; [美]埃利希·弗洛姆著:《为自己的人》,孙依依译,三联书店1988年版,第31页。

　　② Erich Fromm, Man for himself: an inquiry into the psychology of ethics, London: Routledge & Kegan Paul, 1947, p. 12.

　　③ Erich Fromm, Man for himself: an inquiry into the psychology of ethics, London: Routledge & Kegan Paul, 1947, p. 13.

有好处的谓之'善',对人有害处的谓之'恶';伦理价值的唯一标准是人的幸福。"①

　　也就是说,人道主义伦理学在形式上是以人为本位的,认为唯有人本身而不是凌驾于人之上的权威才能决定美德与善恶的标准。人本身既是规范的制定者,也是规范的主体;既是规范的形式渊源或调节力量,也是它们的对象。在内容上,它以人的利益为目的,并为人的幸福服务。所以,只有对人有益的才是善,反之,则为恶。

　　"对人道主义伦理学来说,善就是肯定生命,展现人的力量;美德就是人对自身的存在负责任。恶就是削弱人的力量;罪恶就是人对自己不负责任。"②弗洛姆提出,这是人道主义伦理学的首要原则。

　　可见,人道主义伦理学是以人为中心的,人是目的而不是手段。弗洛姆进一步指出,人道主义伦理学不指向相对主义,也不指向个人主义,它并不认为人通过个体自己就可以达到自我完善。相反,它认为,人只有与其同胞休戚与共、团结一致,才能获得幸福和满足。因此,它以人的团结和平等为宗旨。

　　2. 新人道主义伦理学是"普遍伦理学"而非"社会内在伦理学"

　　弗洛姆秉承了"批判理论"的基本立场之后,根据伦理规范与

---

　　①　Erich Fromm, Man for himself: an inquiry into the psychology of ethics, London: Routledge & Kegan Paul, 1947, pp. 12 - 13;[美]埃利希·弗洛姆著:《为自己的人》,孙依依译,三联书店1988年版,第33页。

　　②　Erich Fromm, Man for himself: an inquiry into the psychology of ethics, London: Routledge & Kegan Paul, 1947, p. 20;[美]埃利希·弗洛姆著:《为自己的人》,孙依依译,三联书店1988年版,第39页。

个人或特定社会的关系把伦理学又划分为"社会内在伦理学"与"普遍伦理学",这是将"传统理论"和"批判理论"引入伦理学的关键。他明确宣称新人道主义是一种"普遍伦理学"而非"社会内在伦理学",因为后者相当于权威主义伦理学。他说:"'社会内在的'伦理学是指任何文化中的这样一些规范,它们所包含的禁律和要求只是某个特定社会为发挥作用和维持生存所必需。社会成员服从这些准则是该社会生存所必需的,因为这些准则对于该社会特定的生产方式和生活方式必不可少。社会组织必须以这种方式致力于塑造其成员的品格结构,亦即使他们自愿去做那些在现实环境下他们应当做的事。……任何社会都以遵从该社会准则、信守该社会的'美德'为其重大利益,因为该社会的生存有赖于这种遵从和信守。"①

可见,"社会内在伦理学"总是首先把伦理道德看做是社会维持其现存秩序的一种功能和手段,它所关注的主要问题是如何使个人与社会一致协调,并把这种一致协调当做道德与否的标准,从而为仅仅适用于特定社会的特殊利益蒙上普遍适用的光环。显然,这种伦理学必须是以顺从为美德的。因此,"社会内在伦理学"的基本特点就在于,它以"社会"作为道德的标准,是一种"服从"社会的伦理学。

一般而言,不同的社会形态往往具有不同的道德体系。按照马克思历史唯物主义的观点,在一个社会形态中占统治地位的道德必然是统治阶级的道德,统治阶级按照其特定的阶级利益需要

---

① Erich Fromm, Man for himself: an inquiry into the psychology of ethics, London: Routledge & Kegan Paul, 1947, p. 241;参见[美]埃利希·弗洛姆著:《为自己的人》,孙依依译,三联书店1988年版,第217—218页。

而建构其道德体系,并将其作为全社会应当遵守的道德来推行。弗洛姆所说的"社会内在伦理学"正是阶级社会中统治阶级的道德。在这种"社会内在伦理学"中,只见"社会"不见"个人",把"个人"淹没于"社会"之中。

而"普遍伦理学"则与此迥然不同。弗洛姆说:"'普遍伦理学'是指那些以人的成长和发展为目标的行为规范。……普遍伦理这一概念的例子可以从'爱邻如己'或'不许杀人'这样的规范中看到。的确,所有伟大文化的伦理体系,对于什么是人的发展所必需的东西,怎样的规范来自于人性并且对于人的成长是必不可少的条件方面,都表现出令人惊异的相似性。"[1]

可见,在"普遍伦理学"中,道德和社会是为人服务的,不是根据个人是否符合和遵从现有的道德来裁判善恶,而是根据社会是否促进人的解放和全面发展来确立道德。"精神健康不能由个人对其社会的'适应'来规定;相反,精神健康要由社会对人性需要的适应,以及社会在促进或妨碍精神健康发展中所起的作用来规定。一个人是否在精神上健康,这并不是个人的问题,而是取决于个人所处的社会结构。"[2]

虽然弗洛姆在此处借用的是心理分析学上"精神健康"的标准,实质上,他所说的正是"普遍伦理学"所坚持的道德标准,即不是根据个人是否适应于社会,而是根据社会是否适应人的需要。因为在弗洛姆看来,人并不只是社会的一个成员,而且还是人类的

---

① Erich Fromm, Man for himself: an inquiry into the psychology of ethics, London:Routledge & Kegan Paul, 1947, pp. 240 - 241.

② Erich Fromm, The sane society, London:Routledge, 1991, p. 72;[美]埃利希·弗洛姆著:《健全的社会》,欧阳谦译,中国文联出版公司 1988 年版,第 70 页。

一个成员。因此,人不能仅仅站在特定社会的立场上来审度自己的行为是否符合社会所设定的标准,而且必须超越特定社会的善恶标准,站在更高的人类的立场来审度自己所处的社会本身是否道德,它所设定的种种价值标准是否合乎人性,是否以人的发展和完善为目标。显然,这种普遍的伦理学关心的不是如何使个人与"社会"相一致、相协调,而是主张个人必须对社会保持一定的距离和清醒的批判意识,用他的话来说:"一个人凭良心行事的能力,取决于他在多大程度上超越了他自己社会的局限,而成为一个世界公民。"①

由此可见,弗洛姆的伦理学包括两个前提:其一,社会本身可能是不道德的,因此社会本身不一定能成为判断是否道德的仲裁者;其二,存在某种超社会、超历史的全人类共同的道德价值标准,只有这样的标准才能成为一切"个人"的最高道德标准。这两个前提相互关联,但又以后者为根本。正因为社会具有这种不确定性,因而我们不能完全站在社会的角度来看问题。同时,由于存在这样一种"个人"的最高道德标准,因而站在社会之外来对"社会"的标准进行评价也是有可能的。

"社会内在伦理学"与"普遍伦理学"之间究竟是什么关系呢?在弗洛姆看来,这两种伦理学是相互冲突的,而且这种冲突在人类历史的发展过程中始终存在并且不可避免。但是他坚信,随着社会的进步,社会将变为真正的人的社会,社会伦理与普遍伦理的冲突将减小并趋于消失。弗洛姆还将弗洛伊德和马克思的理论作了比较。弗洛伊德在其后期理论中不仅具有一种极端的"反社会"

---

① Erich Fromm, Beyond the chains of illusion:my encounter with Marx and Freud,New York:Simon and Schuster,1962,p. 128.

性质,而且对"人性"也充满了一种悲观主义的态度;而马克思却与之相反,他对人的可完善性和进步抱有乐观的态度和信心,相信历史是人自我实现的过程,不管特定的社会可以产生什么样的罪恶,社会总是人自我创造和发展的条件。弗洛姆认为,自己的人道主义伦理学在这方面与马克思的乐观主义的社会观有相同之处,而与弗洛伊德的反社会的观点和悲观主义相反。人道主义伦理学的最高理想和最终目的,就是要使"社会内在伦理学"全面体现出"普遍伦理学"的原则;使"社会的人"能最大限度地实现和发展"普遍的人"的全部潜力,这个过程就是人的解放、人的自由、人的全面发展的过程。

当然,弗洛姆把普遍伦理的要求同社会伦理完全对立起来的做法是欠妥的。他在论述"社会内在伦理学"和"普遍伦理学"时,将道德促进人的成长和发展的作用从特定社会的道德作用中游离出来的做法也是不当的。应当说,在阶级社会,道德维护社会的存在和秩序是必然的,在特定的社会生产和文明条件下只能形成特定的道德。虽然站在未来的立场来看,这种道德可能阻碍人的发展和解放,但人的成长和发展总是在具体的特定的社会中进行的,因而总是通过特定的道德来实现的。

3. 新人道主义伦理学是客观主义伦理学而非主观主义伦理学

弗洛姆提出,人道主义伦理学包含不同的派别,其中还有主观主义伦理学和客观主义伦理学之分。主观主义伦理学主张,价值判断没有客观的正当性,除了个人的武断、偏好或者憎恶之外,价值判断什么都不是。在这些持伦理主观主义的思想家看来,道德标准是主观的。伦理学与科学不同,科学的研究对象是客观世界,伦理学研究的对象则超出了纯事实的范围。伦理判断与事实判断有本质区别,事实判断断定的是客观事物,伦理判断断定的却是人的意愿和情感。在这种意义上,价值被认为是一种可期望的善,其中,欲望成了价值的检验标准。这种伦理学说与那种主张伦理规范应当普遍化、并且适合于全体人的客观主义伦理学是不相融的。他以伦理快乐主义为例,分析和批判了主观主义伦理学。伦理快乐主义认为,"快乐对人有益,痛苦对人有害;它提供了一种据以评价欲望的原则;只有满足后能引起快乐的欲望才是有价值的;否则则是无价值的。……但快乐并不能成为价值的标准。因为有些人喜欢服从而非自由,有些人的快乐来源于憎恨而非爱,来源于剥削而非创制性的工作。这种客观上极为有害的快乐现象是典型的精神病品格,而且,精神分析学已对它作了广泛的研究。"①

　　弗洛姆明确宣称他的人道主义伦理学是客观主义的,它并不是随着人类的意志、偏好和愿望而存在的道德"事实",而是有客观的规范,要知道这一规范,就要探讨"人性"。因为,"人性"这个概念对每个人来说是统一的。伦理学研究人的伦理行为和事实,这些伦理事实的属性和功能是客观的,它本身就有好坏之分,与人的感情与意愿没有关系。断定某事物的善与恶,必须依据对象的客观属性和功能,而不能单凭主观意愿作随意选择。他说,人生活的目的是根据人的本性法则展现他的力量。他提出,他的观点来自人道主义传统。他引证了亚里士多德、斯宾诺莎、H. 斯宾塞(Herbert Spencer,1820—1903)和杜威的观点,来表明他们和自己观点的一致性。他指出,亚里士多德把"德性"归结为人运用其特有的功能和能力,幸福就是运用这种能力的结果,认为自由、理性、能动的人就是善者,就是幸福者;斯宾诺莎则把"德性"看做是人

---

　　① Erich Fromm, Man for himself: an inquiry into the psychology of ethics, London: Routledge & Kegan Paul, 1947, p. 15.

积极运用自己的力量表现出最富有人性的状态,使人成为真正的自我;杜威则强调客观正当的价值命题只有依靠人的理性力量才能实现,人生活的目的就是依据人的本性和品格而成长和发展,应当把手段和目的之间的联系作为价值规范正当性的经验基础,那种把手段和目的相分离的理论是毫无用处的。所以,在以往伦理学家们的观点的基础上,弗洛姆提出,新人道主义伦理学是建立在对人的本性认识基础上的一套客观有效的伦理规范。

综上所述,通过以上几对关系的分析对比,弗洛姆旗帜鲜明地阐释了自己所追求的人道主义伦理学理论的优越性和进步性,重申了人道主义伦理学的正确性,宣扬了自己奉行的新人道主义是现代伦理学最基本的原理和原则,并且从其社会批判的立场出发,深入批判了权威主义伦理学、主观主义伦理学、社会内在伦理学等的观点和主张,进而批判西方社会现实,在理论与现实批判的结合中,确立其新人道主义伦理思想,以帮助拯救处于异化中的西方人与西方社会。简言之,他试图建立的新人道主义伦理学是一种以人本身作为规定善恶的标准、以人为最高价值并以人的健康成长和人格的充分发展为目标的客观主义的、普遍有效的规范体系。

二、新人道主义伦理学奠定在精神分析心理学的基础上

那么,如何使人道主义规范体系能够做到客观合理、普遍有效呢? 弗洛姆提出,这就需要将其建立在"理论性的'人的科学'"的基础上。这种"理论性的'人的科学'"就是弗洛伊德开创的心理分析理论。在弗洛姆看来,伦理学是一门人生艺术的应用科学,应用科学主要关心的是可以实践应用的规范,这些规范是应当执行的,而这种"应当"就来自理论科学所发现的"事实和原则"。弗洛姆认为,弗洛伊德创立的精神分析是对人进行研究的科学方法,因

而自己在精神分析心理学基础上建立起来的伦理学理论就是一种客观正当的规范。

弗洛伊德创立的精神分析，又称为心理分析，起初是一种探讨精神病因和治疗精神病的理论和方法。弗洛伊德将无意识和性本能作为精神分析学研究的主要对象，并认为无意识虽然不为人知，但在人的心理活动中却有着巨大的作用，是一般人格的主宰；而性本能则是人的活动的内趋力。到 20 世纪 20 年代之后，精神分析不仅成为现代西方心理学中的一个重要派别，而且扩展到其他社会科学领域。

弗洛姆认为，精神分析是科学的方法，尤其是弗洛伊德对无意识的发现，是关于人的科学的重要理论。心理学尤其是精神分析学是伦理学得以科学化的理论基础。所以，虽然他与正统的弗洛伊德精神分析学派进行了长期的斗争，但他从未放弃过精神分析，并声称自己的全部工作都是以他认为是弗洛伊德的最重要的发现作为自己的理论基础。

在他看来，心理学原本就是和伦理学紧密相连的。心理学不能保持价值中立，如果为了把心理学建成一门自然科学，而把心理学与哲学和伦理学截然分开，是非常错误的。因为如果不从整体上观察人（包括人寻求生存意义的答案的需要，以及发现他应该按此生活的伦理规范的需要），就不能理解人格。实际上，弗洛伊德的"心理人"和古典经济学上的"经济人"都是不切实际的构想。如果不理解道德上的冲突和价值的本质，也就不可能理解人在情感及精神上的紊乱和病症。心理学的进步突出体现在恢复人道主义伦理学的伟大传统，即从人的物质与精神的统一整体中把握人和人格。而且伦理学和心理学作为以"人"为研究对象的科学，二者本身就有一种天然的联系。伦理学研究人的道德行为，而这些道德行为产生于人的心理机制,因而心理学的研究能为伦理学对行为动机等方面的分析提供有力的依据。事实上,历史上那些伟大的人道主义思想家,既是伦理学家,也是心理学家,例如,亚里士多德、斯宾诺莎等都是如此。对于亚里士多德来说,"德性"即人运用其所特有的功能和能力;人的生活是在追求善的过程中用实现真正自我的方式进行的,人追求善的目的是获得幸福,这种幸福也是人的能动性和运用能力的结果。因此,弗洛姆指出,正因为我们对人的本性和人的功能的理解,我们就能够得出客观的价值命题,这种价值是以人为中心,或是人道主义的。而斯宾诺莎也指出,每一个自在的事物都在努力保持其存在,而人、人的功能及其目的与其他事物并无不同,人也是为了保护自身及维护其生存而存在的。因此,绝对遵循德性而行动,就是在寻求自己的利益的基础上,以理性为指导而行动、生活、保持自我的存在。"所谓善是指我们所确知的任何事物足以成为帮助我们愈益接近我们所建立的人性模型的工具而言。反之,所谓恶是指我们所确知的足以阻碍我们达到这个模型的一切事物而言。"①据此,德性是与实现人的本性相一致的,因而从斯宾诺莎的理论中同样可以得出,人的科学是理论科学,它是伦理学的基础。

亚里士多德和斯宾诺莎都认为伦理学应当建立在人的科学之上,人的理性是建立一般规范和价值的前提。当涉及人的自我实现时,他们都强调主动性、自发性。弗洛姆对此深表赞同,并继承了他们的埋论传统,把人道主义伦理学建立在"人的科学"的基础上:"作为一种应用科学的人道主义客观伦理学的发展,有赖于作

---

① ［荷兰］斯宾诺莎著:《伦理学》,贺麟译,商务印书馆1958年版,第156—157页。

为一种理论科学的心理学的发展。"①

在弗洛姆看来,随着现代心理学的发展和精神分析学的出现,人道主义伦理学找到了可以为其理论提供科学依据的心理学理论。心理学的研究成为检验伦理价值判断标准的试金石,它通过对人的内在欲望冲动、心理情态的分析,证明伦理判断的真假本性,为客观有效的伦理规范提供实在的人格基础。然而从心理学发展史来看,精神分析学的发现很少被应用到伦理学理论的发展上。事实上,精神分析理论的很多贡献与伦理学理论有十分重要的联系,其中一个最重要的贡献就是,精神分析理论将整个人格而不是人的孤立方面作为研究对象,因而可以更加全面深入地揭示人的心理活动,为分析人如何进行道德价值判断、如何展开道德行为提供全面的理论依据。在对精神病患者的人格进行追踪研究中,弗洛伊德为人格学奠定了新基础,他是第一个尝试用心理学方法揭示完整人格及其行为的人。他通过对人的自由联想、梦、话语或动作的失误或失措、移情作用等心理现象的细微解析,洞察人的多重人格和多种心理意识结构,进而分析了人依据这些不同层次的人格意识结构所表现出来的道德行为和伦理规范原则,也就是所谓"快乐原则"、"现实原则"和"理想原则"。这样一来,弗洛伊德为建立伦理学体系开辟了新的路径。不过,弗洛伊德忽略了人格和心理形成的社会文化条件,以及人格心理学与社会文化的互动作用,因而也是不完整的。

弗洛姆指出,精神分析人格学对伦理学理论的发展必不可少,

① Erich Fromm, Man for himself: an inquiry into the psychology of ethics, London: Routledge & Kegan Paul, 1947, p. 30; [美]埃利希·弗洛姆著:《为自己的人》,孙依依译,三联书店 1988 年版,第 47 页。

尤其是其中的无意识动机的概念对伦理学有重要意义。这一概念虽然可以追溯到莱布尼茨和斯宾诺莎的年代，但是，是弗洛伊德第一次对无意识反抗作了经验性的详细研究，并为人的动机理论奠定了基础。对无意识动机的理解同时也为伦理学研究开辟了一个崭新的领域，具体来说，心理学对无意识的探讨，使人们对人的行为动机的理解具有科学的意义，这不仅可以帮助我们理解人的行为动机的价值起源，而且也使这种价值判断的"有效性"得到保障。因此，可以说，心理分析为价值科学的研究提供了极大的可能性。另外，人本身既是规范的制定者，也是规范的主体，作为伦理规范的主体和客体，人建立规范和遵从规范的内在能力都源自他的成熟性人格。因此，心理学对人格的研究也是伦理学价值判断和规范系统建立的必要科学基础。

当然，在弗洛姆看来，弗洛伊德和弗洛伊德学派并没有把他们的方法积极地运用于伦理学的研究，甚至由于弗洛伊德的相对主义立场导致其伦理学陷入混乱。但是，如果我们克服弗洛伊德的相对主义和泛性论的观点，注重成熟品格和健康人格的研究，重视社会因素对人的发展的影响，并承认人道主义的伦理价值，我们就可以充分利用精神分析学理论的贡献，对人性和人的科学加以研究和了解，使之运用到伦理学研究当中，从而让心理学和伦理学有机地结合在一起。

可见，弗洛姆试图建立一种客观主义的、普遍主义的人道主义伦理学，因而他将其理论建立在心理学，尤其是精神分析心理学基础上。弗洛姆的努力是值得称道的。的确，精神分析作为一种深度心理学，通过对人的内在欲望冲动、心理情态的分析，深入人心探讨人的行为动机，尊重人的个性，因为每个人都是以个体为单位的独立存在的完整的人，并且以人的心理完整为追求目的。弗洛姆试图通过精神分析学深入人格的深处去探索人的道德问题,希望真正尊重和了解人的全部人性。应当说,在此基础上建立的伦理规范,如果不能说是纯客观主义的,至少也会大大减低主观主义的程度和影响。

弗洛姆的伦理学理论是在综合弗洛伊德的精神分析理论和马克思的宏观社会理论的基础上建立起来的理论体系,因而精神分析和社会理论应该都是弗洛姆的理论基础,但是,对于弗洛姆来说,二者就有一个何为"体"何为"用"的问题。在他这里,精神分析是"体",社会理论是"用"。而且,存在主义、犹太伦理、禅宗理论以及其他人道主义伦理学家的思想也都是"用"。当然,这种体用关系体现在弗洛姆的理论中,则是体在用中、用不离体的统一。

第二节　新人道主义伦理学的逻辑起点

人性论是伦理学的重要内容。因而,古往今来,中西方伦理思想家们大都重视对人性或人的本质的探讨,弗洛姆也不例外。在其新人道主义伦理思想体系中,人性论居于基础地位,人性的问题也是其伦理学说的逻辑起点。新人道主义伦理学力图既从正面揭示人的自由全面发展的条件,又从反面揭露与批判现实社会中影响人全面发展的不利因素,从而维护人的自由、理性以及自我实现的权利,为人的全面发展指明方向和路径。然而,要维护人的权利,就必须知道什么是人的本性,什么是人的本质需要,否则,就可能把人的病态需要当成竭力维护的东西。因此,他反复强调说:"伦理行为规范的源泉应当在人的本性中得以发现;道德规范是以人的内在品质为基础的。违反人的本性,就会使人的精神和情感分裂。……如果人要对人的价值持有信心的话,他必须了解他自己,他必须了解他的本性是否有向善和创制性的能力。"①"为了理解对人而言何为善,我们必须懂得人性。"②

从这些论述不难看出,弗洛姆坚信:了解人性是确定道德规范的基础和前提。未来那种健全的社会只能建立在对人性的正确认识的基础上。

对于"人性"一词,其内涵不仅因时代不同而有所变化,也往往因使用者所属的领域及思想体系的不同而有所差别。伦理学家、历史学家、文学家和心理学家经常会用到它。不少哲学家把人定义为理性的生物;也有的心理学家和社会学家倾向于认为人性如同一张白纸,分别记载着每个文化时期的内容。还有人认为人性是倾向于破坏的,或自由的。依弗洛姆之见,人们通常所认为的人性是善的还是恶的,是理性的还是非理性的,是自由的还是独立的,等等,都是人性的某一方面,强调的只是人类众多的"表面特征"。这些特征只回答了人何以不同,而没有具体解释人性。他提出,人性是多方面的综合体,人不可能完全摆脱生物因素,但人主要是社会存在物。对人性的解释主要应当取决于社会历史和文化因素的影响。可以看出,在弗洛姆这里,人性即自然属性和社会属性的统一。

在弗洛姆看来,在精神分析出现并获得发展之前,人的自我认识往往是不完整的,甚至马克思对人性的看法也过于乐观,他低估了人的情欲的复杂性,没有充分认识到人性自身的需要和规律,它

---

①　Erich Fromm, Man for himself: an inquiry into the psychology of ethics, London: Routledge & Kegan Paul, 1947, p. 7;参见[美]埃利希·弗洛姆著:《为自己的人》,孙依依译,三联书店 1988 年版,第 28 页。

②　Erich Fromm, Man for himself: an inquiry into the psychology of ethics, London: Routledge & Kegan Paul, 1947, p. 18;[美]埃利希·弗洛姆著:《为自己的人》,孙依依译,三联书店 1988 年版,第 37 页。

们与决定历史发展进程的经济条件处在不断的相互作用中;他也没有提出完整的人的品格概念;他还没有看到那些起源于人的本性及其生存环境的情欲和追求,正是人的发展的最大推动力。当然,马克思和恩格斯自己也曾意识到这些局限。① 尽管如此,马克思仍然是具有世界历史意义的最伟大的人道主义思想家,马克思的学说继承和发展了"把人视为社会发展之目的"的伟大传统;马克思对资本主义社会的批判,为人的自我实现作出了贡献。而弗洛伊德的理论虽然也有不少缺陷,但他是真正的科学心理学的创始人,他所发现的无意识心理过程和品格特征的动力学本质,都是对人的科学的独特贡献,这一发现改变了人的未来前景。所以,弗洛姆在综合弗洛伊德与马克思及其他思想家们的有关论述的基础上,主张对人性的理解应当注意两个方面:一是人与自然的基本联系和人对自然的超越性;二是对人性应作动态理解,即人性既受其社会文化的影响,同时又影响着其所处的社会文化环境。总之,人在与历史的相互创造过程中展开自己的本性和力量。具体来说,主要从以下三个方面对人性问题进行探讨:首先,强调人与动物的根本差异,突出人类特殊的生存矛盾;其次,由于人的处境而衍生出某些本质需要,这些是人性的主要内容;再次,满足需要的方式具有向善和向恶两个方向发展的潜能。

一、人性根植于人类的生存矛盾之中

弗洛姆反对将人性看做是善或恶的固定不变的实体的观点,也反对将人性看做是一张白纸的观点。他提出:"就人的本性问题而言,……人的本性或本质不是像善或恶那样的特殊实体,而是

---

① Cf. Erich Fromm, The sane society, London: Routledge, 1991, pp. 262 – 263.

根植于人存在条件中的一种矛盾。"①弗洛姆从三个方面即人在生物学意义上的软弱性、人的生存两歧和人类历史的两歧来分析人的生存固有的矛盾状况。

1. 人是最具生物学意义的软弱性的动物

人处在进化的顶端，具有两个特征：受本能支配达到最低程度、脑的发展达到最高程度。人与其他动物在生存上首要的不同之处就是，人在适应周围环境的过程中，相对来说最缺乏调节的本能，这是人类的最大弱点。而动物能通过自动改变自身来使自己适应已变化的环境。由于人的本能支配最少，所以必须通过大脑来选择行动，因此，人类的头脑变得越来越发达，因而也越具有学习的能力。这样，就使人能够摆脱自然法则的束缚，成为根据理性能力能够意志自主地存在。大脑发展到最适宜的状态，使人具有了与动物根本性的区别——自我意识、理性和想象力。换言之，正因为人是所有动物中最无能的，这种弱点却是人之力量的基础，也是人独有的特性发展的基本原因，它使人的特质，包括自我意识、理性和想象力成为可能。通过自我意识，人从自然中脱颖而出，将自我和自然、自我和他人区分开来，自然和他人都成为自我的对象，人不再与自然浑然一体，而是既存在于自然而又超越于自然。人成了一个孤独的存在者。通过理性，人创造了自己的世界，这就是文明的世界。自我意识、理性和想象力打破了作为动物存在的和谐状态，使人成为宇宙中的怪物：人作为自然界的一部分，他必须服从自然规律而不能任意改变这些规定；但文明逐步使人疏远了自然，使人与自然相脱离。人与自然的天然关系被破坏了，人失

----

① Erich Fromm, The heart of man: its geniu for good and evil, New York: Harper Colophon Books, 2nd, ed. , 1980, p. 120.

去了大自然这个原来的家,无家可归,只有一条路,即寻找一个新的家,将世界改造成人的世界,也使自己成为真正的人。

2. 人的生存经常处于两歧之中

正因为人既是自然的一部分,必须遵从自然法则,并且无力改变这些法则;同时,又由于理性而超然于自然的其他部分并作为自我意识的主体同自然对立,这样,人的生存就经常处于不可避免的不平衡的状态中,导致了人的生存所固有的矛盾。这种根植于人的真实存在中的两难处境,弗洛姆称之为"存在的二律背反",它主要表现为以下三个方面:

一是生与死之间的生存两歧,这是最基本的存在之二律背反。"人在偶然的时间和地点被抛入这个世界上,而又偶然地被迫离开这个世界。"①在出生和死亡之间,人似乎被扔进一个变化无常的世界。对于现在,只有过去是确定的;对于未来,只有死亡是确定的。人意识到自己的软弱无能和人的存在的种种限制,意识到死亡是自己的必然归宿,往往企图通过创造某种意识形态来否定或回避死亡的问题,例如,通过创造灵魂不灭来假定存在着永生的生活,但随着人的生命结束,一切都化为乌有。

二是人的潜能实现与生命之短暂的矛盾。虽然每个人都被赋予人类的全部潜能,但由于其生命短暂,所以即使在最有利的环境下也不可能全面实现这些潜力。"人的境遇的悲剧性在于永远无法完成自我的发展,……人总是在他还未充分诞生以前就死亡了。"②

---

① Erich Fromm, Man for himself: an inquiry into the psychology of ethics, London: Routledge & Kegan Paul, 1947, p. 40.

② Erich Fromm, Man for himself: an inquiry into the psychology of ethics, London: Routledge & Kegan Paul, 1947, p. 91.

三是个体化与孤独感之间的两歧。人超越自然本能的过程就是发展自我意识、理性和想象力的过程,它使人的独立性和力量感日益增强,这就是"个体化"。然而人与自然、人与他人、人与自我之间的关系却日益疏远,因而他越来越感到孤独。

在弗洛姆看来,人的生存必须面对多对矛盾,这些矛盾是由人原初的自然状态向社会状态过渡所必然产生的,也是人必须共同面对的,因此使人具有了共同的类的本质。不过,面对这些矛盾,每个人都会以自己特有的方式作出反应。他说:"我把人的本性中的这些'两歧'称为生存的两歧,它根植于人的存在本身之中,它是人不可排除的矛盾,可是人能够而且应当以各种与自己的品格和文化相适应的方式对它作出反应。"①

3. 人的历史有时处于两歧之中

弗洛姆认为,在人类的社会生活和个人生活中,除了生存的两歧外,还有与之截然不同的许多"历史的二律背反"。这种二律背反并不是人类存在不可避免的,而是一些人为制造的、可以解决的矛盾。解决的时间既可以是在其产生之时,也可以是在人类历史的随后阶段。例如,科学技术的运用既带来了人民生活的丰裕,也破坏了人与自然的和谐,同时却无力将它们全部用于和平及人民福利。这种矛盾就是历史的两歧,它并非不可避免,而是由于人缺乏勇气和智慧产生的。又譬如古希腊的奴隶制,在其产生之时可能难以解决,但随着人类平等的物质基础建立之后就得到了解决。

弗洛姆认为,区别生存和历史的两歧是非常重要的,混淆二者会产生恶劣的影响。如果把历史的两歧当成生存的两歧,就会使

---

① Erich Fromm, Man for himself: an inquiry into the psychology of ethics, London: Routledge & Kegan Paul, 1947, p. 41.

人顺从地接受悲剧性的命运。事实上,历史的两歧是人为造成的,需要人类行动起来去解决这类矛盾。有时,权威或者舆论误导人们,把这类矛盾的真实存在掩盖起来,阻止人们以行动对他所意识到的矛盾作出反应,而个人也会有这样的趋同性,即把他的文化中大多数人所具有的思想或权威所要求的思想当做真理。因此,历史的两歧就会暂时被调和、被消解。但是,弗洛姆充分相信,人能够凭借自己的行动对这些矛盾作出反应甚至消除它们。

当然,在弗洛姆看来,人是不能消除生存的二律背反的,虽然人能以各种方式对此作出反应,但是这些方式会使人感到焦虑不安。只有一种办法可以解决人的问题,即面对真理,承认人的孤独和寂寞;并且认清超越人之上、能够帮人解决自身问题的外在力量并不存在。所以,人应当承担责任,通过运用自己的力量,通过创造性的生活而赋予生命以意义,通过实现自己的潜能而获得幸福。①

总之,弗洛姆认为,在以上三种处境中,最重要的是人的生存的矛盾,因为它根植于人本身,不可能被解决。特别是其中的个体化与孤独感的矛盾最具实质性,因为,人越是超越自然和本能,就会越发展自我意识、理性和想象力,因而人与自然、人与他人的关系就越疏远。

二、人的生存需要是人的本质

人的需要是弗洛姆的人性论探讨的重要问题之一。依弗洛姆之见,人性是普遍的,普遍的人性存在于人对于生存矛盾的解决之

---

① 　Cf. Erich Fromm, Man for himself: an inquiry into the psychology of ethics, London: Routledge & Kegan Paul, 1947, p. 45.

中。在自然界中，人的生存问题是独一无二的：既与自然分离，又处在自然之中；既具动物性又有社会性。作为动物，人必须满足自己的生理需要，这些根植于人的生理组织的"自我保存需求"（吃、喝、睡等）是人类最原始的、最基本的需求，也是人性中不可缺少的因素，在任何情况下都必须予以满足。自我保存需要的满足是人的幸福的必备条件。但是，"即使完全满足了人的所有本能需要，并不能解决人的问题；他最强烈的情感和需要并不是来源于肉体的东西，而是来源于那些人类生存特殊性的东西"。① 也就是说，人最重要的需要是在生存矛盾中产生的特殊需要，它们构成人性的重要部分。

弗洛姆称这些特殊需要为"生存需要"，他把它们归纳为五类：关联的需要、超越的需要、寻根的需要、认同的需要和定向的需要。这五种精神需要体现了人对其人生意义的追求。

关联的需要，是指人与自身、他人、外界结合起来的需要。当人从自然家园中独立出来之后，便丧失了与自然的一种原始的本能的联系，成了一种社会性的存在，成了孤立无援的个体。人意识到自己的孤独与分离、软弱与愚昧、生与死的偶然性，因此必须重新寻找一种与社会和他人的新的联系。如果他没能找到这些新纽带以代替由本能支配的旧有联系，他就会觉得自己如同生活在监狱之中，他必须冲破这座监狱才能使自己保持精神的健全。弗洛姆认为，个人满足关联的需要可以通过几条途径达到：第一条途径是臣服于个人、团体、组织或上帝，而与世界成为一体。由此，他通过成为比他强大的某人或某物的依附，体验到与他屈从的权力的同一性，从而克服他的个体生存的分离性。第二条途径正好相反，

---

① Erich Fromm, The sane society, London: Routledge, 1991, p. 28.

人通过主宰世界和统治他人,使他人成为自己的附庸而使自己与世界成为一体,这是一条由统治来超越他的个体生存的途径。臣服与统治的途径有相同之处,即共生的相关性,即选择这两条途径的人都丢弃了自己的完整性和自由;他们只有依靠他人才能得到生命的力量。然而,他们为缺乏自由与独立所具有的内在力量和自信心而痛苦。即使实现了屈从他人和统治他人的欲望,他们也无法得到心灵的满足,因为无论在屈从或统治方面达到何种程度,他们都无法产生和谐统一的意识,而只是一种精神上的操纵和受操纵、人格上的主宰和屈服、精神上和肉体上的虐待和受虐待,因此,这两种满足关联的方式最终将归于失败。第三条途径是爱。“爱是在保持自我的独立性和完整性的情况下,与自身以外的某个人或某个物的结合。作为一种共享和参与的体验,爱使人的内心活动充分展现出来。”①爱的体验使人不再把他人或自己作为偶像来崇拜,而且也使人感受到自己是人的行动的积极力量的承担者。因此爱是一种积极创新的与他人、自身和自然的关联方式。然而,一旦人失去爱的能力,割断与世界的联系,根据自己的主观臆断而不是现实本身去对待他人,把他人作为满足自己需要的工具或手段,人就陷入自恋了。弗洛姆引用弗洛伊德的说法,把自恋分为“原发性的自恋”和“继发性的自恋”两种。前者是指从婴儿到7—8岁的孩子,由于不能把自我和外界区分开来,仅仅把外部世界看成是满足他的需要的条件,而不能现实地、客观地认识外部世界中的某人或某物,这种倾向就是原发性的自恋,它是正常的现象,与孩子正常的生理和精神发展相一致,而且随着个体的正常发展,通过逐渐认识外部现实而被克服。如果这种自恋倾向没有随

①　Erich Fromm, The sane society, London: Routledge, 1991, p. 31.

着孩子的成长而被克服，人没有发展自己的爱的能力，或者失去了爱的能力，就是不正常的"继发性的自恋"。对于陷入继发性自恋的人而言，他不能根据外部世界的现实状况及其需要，去客观地认识或理解外部世界，相反却认为自己的思想、感情和需要才是唯一实在的东西。这种情形在精神错乱的所有表现中，能够找到自恋的最极端形式。弗洛姆认为，只有爱的方式才能真正发挥人的创造性，促进人的生命力的成长，使人获得幸福。

超越的需要，是指人作为生物而又要超越这一生物被动状态的需要。人如同动物、植物或无机物一样，在不明不白的情况下，被抛入这个世界，又身不由己地被抛出这个世界。但由于理性和想象力的作用，人不可能安于生物的这种被动状态，也不满足于以掷骰子的方式来决定自己的命运，于是决心做一个"创造者"超越生物状态，脱离生存的被动性和偶然性，进入自由和自觉的王国，做一个主动者。满足超越需要的方式有两种：一是创造，人能够创造生命，还能够种植和生产、创造艺术、形成观点、彼此相爱。人对超越的追求是爱、艺术、宗教以及物质生产的源泉之一。如果一个人不能创造，他就会进行破坏和毁灭，所以，毁灭是超越的第二种满足方式。毁灭生命同样也使人超越生命。这是一种把无能变为全能感的方式。希特勒就是典型的破坏类型，他为破坏所迷狂，为破坏而破坏，他的目的就是把人消灭，把生命毁灭。当然，只有创造才能给主体带来幸福，而毁灭终将导致痛苦。

寻根的需要，是指寻求新的生存根基的需要，寻根的需要与关联的需要紧密相连。割断了自然纽带、丧失了存在根基的人在"无根"中承受着孤独和无助的煎熬，他必须找到新的生存根基，否则他的存在将会分崩离析。寻根的需要可以表现为三种：第一种是对母亲的爱。当孩子在生命具有决定意义的最初几年，他感到母亲是他生命的源泉,母亲就是食物、爱、温暖和大地,得到母亲的爱,就得到了生命力和生存根基,就会使人感到安全。成人的生活在许多方面与孩子无异,只是成人满足需要的方式与孩子有所不同而已。每个成人都需要帮助,需要温暖和庇护,这种需要实质上是渴望被一个温暖的母体所收容。对母亲固恋的极端表现就是要留在或回到母亲子宫的乱伦欲望,在母亲子宫里与母亲身体保持共生状态或成为一体。第二种是家庭、氏族、国家、民族以及教会的归属。这些都是母亲的象征,担负着母亲对孩子的职责,而个人则把自己视为它们的一个组成部分,把它们当成自己的生存根基而依靠它们。如果过于依恋母亲及其象征,就会限制人的理性和个性的发展,陷入乱伦的病态中。第三种是普遍友爱。人只有在普遍友爱中,体验人与人之间兄弟般的关系,把自己从往日的枷锁中解放出来,他才会发现一个新的生存基础,才能把现存世界改造成人类的真正家园。

认同感的需要,这是人既意识到自身的存在,认识到他是自己行为的主体,同时又希望被群体认同,从而归属于群体的需要。人如果缺乏这种自我意识,就无法保持精神的健全。弗洛姆提出,人是在摆脱母亲和自然对他的原始束缚的过程中,逐渐形成这种意识的。原始部落的成员不可能把自己想象成一个脱离团体而生存的个体,只有在社会和文化的发展中,才能为人的自我意识的发展创造条件。通过使个人得到政治上、经济上的自由,使个人学会思考自身和摆脱权威的控制,从而使个人体验到"我"是自己力量的中心和行动主体。不过,只有少数人真正获得了自我认识,因而,人们找到了许多替代物来充当真正的自我意识,例如民族、宗教、阶级以及职业等。但这些并不是一种真正的自我意识,从广义而言,它们只是身份的证明。这些身份的证明使自我意识逐渐变成一种顺从意识。这种自我意识取决于人要完全归属于群体的那种意识。个体认同感日益转化为同群体一致性的体验，它是以对群体的归属感为基础的。人对于认同感的需要十分强烈，为了成为群体中的一员，宁愿放弃生命、爱、自由。但这种需要既可在爱和创造性的环境中让人获得自我身份的确证，使个人获得自己独特的个性，也可以通过认同群体、顺从群体而从群体的属性中获得虚假的自我确证。实际上，后者恰恰取消了自我的身份感，使之湮灭于群体之中。

定向和献身的需要，这是人确定某种目标并为之献身的需要。因为人具有自我意识、理性与想象力，所以人需要确定目标，确立自己在这个世界中的位置，确定自己的方向。这样，世界对他来说就具有了意义，否则他将会茫然失措。人是一个既有思想又有肉体的实体，他致力于一个目标并献身于这一目标，是其在生活过程中追求完整的需要的表现。人对于目标的需要有两层含义：一是人都必须有某种生存的目标，无论它是真实的还是虚假的，否则他将不能健全地生活；二是必须依靠理性去把握现实，客观地认识世界。理性是人通过思想去认识世界的能力、获得真理的手段，要把握现实，客观地认识世界，必须依靠理性。人的理性愈发展，精神就愈健全。但人对于理性的需要，并不像他对生存目标的需要那样迫切。如果人不能依靠理性的方式把握世界，即献身于理性和爱，人就可能以非理性的方式献身于权威或偶像。不管这些献身的目标是什么，方式如何，它们都满足了人对于思想体系和献身的需要。

可以看出，任何一种生存需要既可以获得真正的满足，又可以获得虚幻的满足。在这些生存需要中，最主要的是超越和关联的需要。生存需要就是弗洛姆找到的人的真正的自我，即人的本性特征，它们构成了人的心理内驱力，具有强制性，成为推动人的行为的最强力量和人类奋斗的根源,是人性的最重要部分。

三、人本身具有善恶两种潜能

研究人性,就免不了讨论人性的善恶。弗洛姆反对先天的善恶论,认为"人既不是善的,也不是恶的"①,而是具有善恶两种潜能。现实人性之潜能的发挥,是人在解决生存矛盾的过程中,在满足自己的本质需要的方式的选择中展现的。人在解决生存矛盾的过程中产生的五种生存需要本身并无所谓善恶,只是在满足需要的方式中,善和恶两种潜能就会表现出来。

人类满足本质需要的方式虽然多种多样,但是,归结而言只有两个方向:一是发展的方向,即正视这一问题,发展自身的各种潜能,成为充分实现自我的人,从而在更高层次上,而不是在一个被动的、自然的存在物的层面上重新找到与自然、他人以及自我的和谐。另一个是回归的方向,即试图克服自我意识,试图以一个自然存在物的方式重新与自然、他人和谐一致。发展的方式以发挥人的特性为特征,回归的方式以放弃人的特性,把自己变成"物"为特征。选择哪种方式就表现出趋向于善或恶的定向和潜能。回归方式的主要表现有爱死、施虐狂、破坏性、贪婪、自恋、乱伦等,这些是恶的、阻碍和破坏生命发展的潜能。发展方式主要表现为爱、团结、正义、理性、创造性等,这些是善的、能维持和促进生命发展的潜能。正是它们构成了人性善恶的心理基础。因此,善恶都是一种人性,恶是回归的潜能,善是发展的潜能,人倾向于回归或前进,这是他倾向于恶或者善的另一种说法。恶的程度同时就是回归的程度,

---

① Erich Fromm,The heart of man:its geniu for good and evil,New York:Harper Colophon Books,2nd, ed. ,1980,p. 123.

如果回归的程度较小,那么,由此而生的恶就是较小的恶,这种恶表现为缺乏爱、缺乏理性、缺乏兴趣、缺乏勇气。最大的恶就是那些反对生活的渴求,即爱死;竭力返回到子宫、返回到土壤、返回到无机物的乱伦共生;那种使人成为生活的敌人的自恋的自我毁灭。

不过,在弗洛姆看来,现实中人性潜能的发挥、人性善恶的形成,既受到家庭环境、社会环境、文化氛围的影响,又是个人自由选择的结果。每个人都可以自由地朝自己选择的善或恶的方向发展。人的意识对人采取善的行动具有重要作用。如果在自由地作出决定时,不断地作出错误决定,人心就会变得愈来愈冷酷无情,变得更恶毒;反之,如果不断地作出正确的决定,人心就会变得愈来愈温和、活泼,变得更具爱心和善良。不过,在弗洛姆看来,"面对一般的选择,多数人总是趋'善'避'恶'"。① 所以,促进生命的潜能是"首要的潜能"、第一潜能,阻碍生命的潜能是"第二潜能"。通常而言,人以寻求主动积极的方式为首选,如果个人和环境无法提供第一位的选择,他就会选择消极被动的方式。如果成长和发展的环境符合人性的内在需要,那么人性的善就能够实现,从潜在的存在而达到现实的、实际的存在;如果生命正常发展的条件受到阻碍,受到阻碍的生命力就会转化为对生命自身的破坏。只有当人未能实现其第一潜能时,人的破坏性才会出现。因此,"人并非一定为恶,只有当适合他成长和发展的条件缺乏时,他才会变得邪恶。恶本身并不是独立存在的,它是善的缺乏以及未能实现生命的结果"。②

---

① Erich Fromm, The heart of man: its geniu for good and evil, New York: Harper Colophon Books, 2nd, ed. , 1980, p. 128.

② Erich Fromm, Man for himself: an inquiry into the psychology of ethics, London: Routledge & Kegan Paul, 1947, p. 218.

　　既然人的良善潜能和罪恶潜能的实现与个人的选择及社会条件都有关系，那么，对于个人来说，只有对自己的生命和自己的选择承担责任，努力选择和发展爱、理性和创造性等第一潜能，消除和放弃破坏性、贪婪、施虐狂等第二潜能，人才能达到人的完美性，实现自我。对于社会来说，只有为人的良善潜能的实现和充分发展创造良好的环境和条件的社会，才可以称之为健康和健全的社会。

　　弗洛姆的人性论从人的生存状态出发来探讨人的本性、人的本质，强调人性的动态性和变化性。他通过对人的本能、需要、满足需要的方式产生的潜能方面进行更深入的探究，试图揭示人性的各个层次，尤其是他把人性看做是自然属性和社会属性的统一，对人性的解释主要取决于社会历史和文化因素的影响，同时还强调了人的自由选择和社会条件。应当说，他的理论既克服了绝对主义和相对主义人性论的不足，同时也克服了弗洛伊德的"泛性论"倾向，因而多角度地展现了人性的丰富内容，这是他对人性探索的有益尝试和贡献。虽然他并未明确宣称人有先天的善性，但在他的人性论中我们可以联想到中国儒家亚圣孟子"善端"之说的思想。孟子说，人生而有"仁、义、礼、智"四端，只要扩而充之即可为善。而弗洛姆的趋善避恶之说，说明人的善性远远大于为恶的倾向。可以说，二者的人性思想有不谋而合之处。他们都反对自然人性论和生物本能论，都反对性恶论而主张性善论。当然，二者的人性思想还是有极大差异的。弗洛姆把人的理性、自由、创制性和爱等看做是人性中必不可少的重要成分，并把人的精神需要看做是人的本质需要，并且高扬人的道德主体性，要求社会必须满足人的本质需要，否则这个社会就是不健全的异化的社会，人也必须做自为的人，对自身负责。而孟子则把仁、义、礼、智等道德性看成是人的本质,强调人必须服从封建道德,遵循封建等级制度和封建秩序,可以说完全抹杀了人的自主、自由、权力和尊严。虽然弗洛姆的人性思想有性善论的倾向,这是其人性论的不足之处,但是,也体现了弗洛姆在面对当今工业社会尤其是资本主义社会中人的异化问题时所持的乐观主义精神,这也是他与法兰克福学派的一些成员(如霍克海默尔、阿多诺、马尔库塞等)对社会变化的前景所持的悲观主义情绪截然不同之处。

第三章 弗洛姆新人道主义伦理思想的
核心目标——创制型人格①

在人性论的基础上,弗洛姆提出了衡量个人和社会是否道德

---

① 对于弗洛姆提出的"productive character",多数学者将其译为"生产性性格",也有的译为"生产型品格"、"创发性性格"和"创造性性格"。笔者认为,弗洛姆是在批判地继承亚里士多德思想的基础上提出这一概念的。亚里士多德在《形而上学》中把知识或科学分为三类:"理论知识"、"实践知识"和"创制知识"。对于"创制"(poiesis)一词,有的学者译为"doing",有的则译为"making"。在亚里士多德那里,理论主要指一种沉思活动,实践主要是指伦理与政治行为,创制则主要指生产和技艺活动。他虽然明确提出:"生命属于实践而非创制",但在其理论中仍然可以看出,实践和创制活动的相同点:都是人的自觉行动,都有人的选择性、人的作为参与其中,都跟具体的个别对象打交道,都关联着和构造着非自然的自主生活领域。亚氏对二者的划分是有目的的,其主要用意在于将目的性活动和手段性活动加以剥离。弗洛姆批判性地继承了亚里士多德的思想,提出了"productive character"这一概念,这一概念从外延来看既包括亚氏的实践的含义也包括创制的含义,甚至还有理论沉思的含义。具有这种人格的人,把培育和发展自己的所有潜能作为唯一的目标,虽然他可能不具备创造某些可见物或可传授物的天赋,却能创造性地体验、观察、感觉和思考,这种品格体现在思维、情感和实践领域。所以,笔者认为,"productive"可译为"创制型"。而"character"可以翻译为"性格"或"品格"、"品质"。心理学上一般译为"性格",但在日常生活中,"性格"一词不是伦理词,"品格"或"品质"才是伦理词。弗洛姆是把"character"当做伦理词使用的。所以笔者认为,万俊人老师将之译为"品格"应当是恰当正确的。因此,"productive character"可译为"创制型品格"。在《自为的人》一书中,弗洛姆就人格的主要部分即伦理品格而论人格,所以弗洛姆的理想人格可译为"创制型人格"。

和健康的标准:如果个人按照人性的特征和规律充分发展,即发展了他的第一潜能,他就可以达到精神的健康;如果社会以符合人性的、满足真正的个人需要为基准,为人的良善潜能的实现和充分发展创造良好的环境和条件,它就是健全的社会。然而,通过考察当代社会尤其是德国和美国社会中人的存在状况,弗洛姆发现,尽管资本主义社会创造了巨大的物质财富,却是不健全的社会,因为它造成了"人性异化"的严重后果。面对此种状况,他提出,解决人类存在问题的关键在于,通过社会变革和个体道德更新促使人形成一种健康的创制型人格。在其学术生涯中,弗洛姆坚持不懈地积极探索人的全面发展和塑造创制型人格之路。他的伦理学理论正是紧紧围绕这一主题和目标展开的。他提出,创制型人格的发展"是人的发展的目的,也是人道主义伦理学的理想"。①

第一节　人格与社会

一、人格的内涵

"人格"(personality)一词源于拉丁文"persona",意即演员所戴的面具。作为一个科学的概念,后来为心理学、法学、社会学、历史学、伦理学、哲学等许多学科所广泛使用。各个学科都从自己特定的视角来研究人格,因而对其有着不同的理解和诠释。即使在同一个学科里,不同思想家对它的理解也大相径庭。"一般说来,心理学侧重从个人之间的差异来研究人格,强调人是'整合'的全体,认为人格是比较稳定的心理和行为特征的总和;社会学从个人

---

① Cf. Erich Fromm, Man for himself: an inquiry into the psychology of ethics, London: Routledge & Kegan Paul, 1947, p. 83.

的社会化来研究人格,把人格视为个人在社会中的角色和地位的一切特性的综合;法学则从个人的社会等级和财产隶属关系上表达人格,认为人格是作为权利和义务主体的人的资格,等等。"①应当说,这些学科研究人格强调的是对既成外部现实性的把握和内化,它的本质由过去和现在所规定;而伦理学所研究的人格则既与现实相联系,又超越现实并内含着人类的理想成分,它的本质由现在和未来所规定,取向于个人的精神完善与全面发展同社会关系的和谐这一理想目标。② 如果说,心理学揭示的是"人是什么"的问题,说明的是事实,所要达到的是真理性的认识,因而"所有的人格都是相等的,不存在一种人格比另一种人格好或坏的情况"③。那么,伦理学则是在"人是什么"的基础上,进一步着重揭示人应当怎样为人的问题,着眼的是价值,因而存在着善与恶、高尚与卑下之分。

　　弗洛姆的人格概念是心理学和伦理学意义的结合。他在精神分析心理学揭示"人是什么"的基础上,进一步探寻"人应当是什么",然后再提出"人应当怎么做"、"社会应当怎么建设"的模式。他是在人性论的基础上提出人格这一概念的。他反对弗洛伊德的片面看法,即局限于把人格的生成和发展与"力比多"联系起来,不同的人格特征仅是性欲的不同形式的"升华"和"反馈",而是发展了弗洛伊德的人格理论,提出人格不仅有自己的心理结构,而且它的形成和发展还有文化的、个人的和社会历史的多重含义。所

---

　　① 唐凯麟:《伦理学》,高等教育出版社 2001 年版,第 181 页。
　　② 参见唐凯麟:《伦理学》,高等教育出版社 2001 年版,第 181—182 页。
　　③ 〔美〕马克·柯克著:《人格的层次》,李维译,浙江人民出版社 1988 年版,第 2 页。

以,应当把对普遍的人性和人格的研究导向社会性。他说,人性是普遍的,有相同的生存处境和心理需要,但在不同的社会文化环境中会采取不同的方式来满足这些需要。方式的不同直接反映了人格结构的区别。① 这种不同的人格模式就构成了真正的伦理学。

那么,在弗洛姆看来,到底什么是人格呢? 他说:"对于人格,我理解为先天和后天的心理品质的总和,这些品质是个体的特征,也使人成为独一无二。"②他理解的人格既有先天因素,也有后天成分。他称先天遗传因素为气质(temperament),后天成分为品格(character)。

气质是一种先天不变的反应模式。按照古希腊著名医学家希波克拉底的见解,人类的气质大致分为四种类型:胆汁质、多血质、神经质和黏液质。多血质和胆汁质所具有的反应方式的特征是好激动、兴趣转移快,前者的兴趣弱而后者的兴趣强。相反,黏液质和神经质的特征是对兴趣的兴奋过程缓慢而持久。这种划分一直为大多数的气质研究者所使用。现代关于气质类型的观念主要源于 C. G. 荣格,他认为气质分为内倾和外倾两种。但是,弗洛姆认为,不管是四分法还是两分法,总的来说,气质的不同并不具有伦理学意义,也不会影响价值判断,因为气质是生来就具有的、体质上的、不可改变的。按照四分法的气质类型,具有胆汁质的人反应方式是快而强的,因此,对善恶的反应也是迅速和强烈的,比黏液质的人给人的印象更为深刻,但是我们仍然无法据此断定这样的反应在

---

① Cf. Erich Fromm, Man for himself: an inquiry into the psychology of ethics, London: Routledge & Kegan Paul, 1947, p. 50.

② Erich Fromm, Man for himself: an inquiry into the psychology of ethics, London: Routledge & Kegan Paul, 1947, p. 50.

道德上究竟是何种性质。同样,应用荣格的观点也存在问题,内倾的人往往认为外倾的人肤浅、缺乏深度,而外倾的人则认为内倾的人神经过敏,然而这些方面都不足以对人的行为进行善恶判断。

相反,从本质上说,人的品格是由个人的经验,特别是早期生活经验形成的,它可以随着人的知识和生活经验的变化而改变。这种先定固有与后天生成、不变与可变之间的区别,决定了气质与品格之于伦理学的不同意义。作为先定的和不变的气质,不可能解释人的实际道德生活经验,不具有伦理学的意义,而品格则直接与伦理学问题相关。就伦理学的角度而言,对人的品格的塑造和评判,也就是关于人的美德与善良的评价,所以,只有品格的差异才构成真正的伦理学问题。只有首先了解人的整体人格或品格,才能理解人的德行与德性,从而找到解释和评价道德伦理行为的内在依据。所以他反复强调:“伦理学的对象是品格,而且只有诉诸于作为整体的品格结构,才能对单个的品质和行为作出价值陈述。伦理学所探寻的真正对象是善的品格或恶的品格,而不是单一的美德或罪恶。”①因此,弗洛姆强调的是人格的后天生成的品格内容,即个体在后天生活中受社会条件影响而形成的相当稳定的行为模式。每一个体都以其特有的行为模式在同化和社会化的过程中拓展自己的潜能,“人格特点是一种特殊的模式,人以这种模式适应特定社会,满足自己的需求,形成自身的能力。人格特点依次决定思维、情感和个体的活动”。② 他认为,人本身具有的、未

---

① Erich Fromm, Man for himself: an inquiry into the psychology of ethics, London: Routledge & Kegan Paul, 1947, p. 33.

② Erich Fromm, Escape from freedom, New York: Holt, Rinehart and Winston, 1941, p. 33.

经外界环境改变的潜能,是以自发的(即先天的)方式存在的。人格是诱导人的潜能实现的方式,如果人格能使潜能充分实现,人就会行善并且成为一个善良的人;反之,如果自发的潜能不能实现,那么人就会倾向于恶。潜能的实现有两条途径:同化过程和社会化过程。个体获得外界事物并使其转化为自身的一部分的过程就是同化过程,也即人按照其理解能力和选择能力接受外界事物,将外界的规范或观念内化为自己的观念或规范(良知和良心)的过程。这也是人的学习和适应外界的过程。而社会化过程是人按照良知或良心与世界、他人、自己发生联系的过程,是自己的潜能外化的过程。每个人在他赖以与世界发生关联的这两个过程中会表现出一种取向,这就是人格的核心。因此,他把品格定义为把人之能量引向同化和社会化过程的相对固定形式,其中"能量"是指人的心理能量、精神能量。弗洛姆解释说,人的行动不是由本能的模式所决定的,但人又并非每个行动都要经过深思熟虑才能发生,而且行动常常与合理的功能相一致,这是由于心理能量的流通在起着调控作用,从而使人的行为和意见形成习惯,具有半自动化性质。可见,心理能量的流通具有重要的生物学功能。因此,作为心理能量之向导的品格系统可看做是人身上的一种替代了动物本能器官的东西,只要心理能量按一种确定的方式流通,人的行为就"符合人格",就有一贯性。因此,人就不必在每次行动之前都进行审慎思考,然后才作出决定。同时,品格还起着选择观念和价值的作用。对一般人来说,他们的思想观念似乎独立于他们的情感和愿望,只是逻辑推论的结果;他们对世界的态度也总是取决于他们的思想和判断。但实际上,他们的思想、判断和他们的行动一样,也是由品格决定的。这自然反过来又使品格结构趋于稳定化,因为它的正确性与合理性正是在这个决定中得到了证明。

弗洛姆把人的整体品格作为伦理学的对象,而不是把人的行为或行为的道德特性作为伦理学的基本对象,这不仅使弗洛姆的伦理学获得了不同于传统理论的新论点,而且使其伦理学具有更为强烈的人格主体性倾向。

二、人格的形成机制

人格形成的机制是指个体人格形成和发展所依赖的因素。弗洛姆指出,人格尤其是品格可以随人的知识和生活经验的改变而发生变化,而且人格既受到社会的塑造,也有个人本身的作用。

首先,影响人格形成的最重要的因素是社会文化的内容。社会是人格形成的环境背景,它由经济制度、文化模式等多方面组成。但是,社会并不是一般抽象地影响人,而是通过形成一定的社会品格来决定和影响整个人格结构。因此,社会品格是人格形成的重要内容。

何谓社会品格? 社会品格"是一个团体中多数成员的人格结构的基本核心,是作为该团体的共同的基本经历和生活方式的结果而产生的"[1]。换言之,社会品格是同一文化的大多数成员所共有的特征。它是从共有的生活方式和基本经验中发展起来的,是一种强大的社会因素,能够造成各种符合该社会经济制度要求的个人行为,它使个体有能力担当特定社会的义务与责任。社会成员必须以社会要求的某种方式行事,从而使个人对社会性的行为模式不再有自觉意识,使社会经济制度能够生存下去。属于同一社会品格的个人,仍然有其各不相同的个人品格,但社会品格是个人品格的核心。每个社会中还会有一些特别的成员,他们的个人

---

[1]　Erich Fromm, The fear of freedom, London: Routledge, 1942, p. 239.

品格会偏离这个核心,因而他们成了阶级或社会的叛逆者,但是对于绝大多数成员而言,个人品格都是围绕着这个核心并随其变化而变化的。可见,弗洛姆的"社会品格"相当于正统精神分析的"超我",是人格中的社会文化因素。弗洛姆非常看重"社会品格",在他看来,社会条件对人格的影响,主要是对"社会品格"的影响。

那么,社会品格是怎样形成的? 理解社会品格的形成,不能诉诸于单一的因果原因,而要分析社会学的因素和意识形态的因素之间的相互作用。一方面,社会经济力量的作用是形成社会品格的重要外部力量;另一方面,社会文化和意识的作用也是形成社会品格的重要原因。他指出,生产方式依次决定着某一既定社会里的各种社会关系,决定着生活方式和生活实践,这些对社会品格的形成起着至关重要的作用。此外,宗教、政治和哲学思想也是文化环境的重要组成部分,对社会品格的形成起着一定的作用,"当它们根植于社会品格之中时,它们也依次决定着社会品格,并使之系统化和稳定化"[1]。

弗洛姆强调,社会品格对人格的影响极为重要,但社会品格仍然是一种品格,既不是物质的因素,也不是思想观念和理论体系,而是"社会经济结构和一个社会中普遍流行的思想观念和理想之间的中介。它在将经济基础转变为思想或将思想变为经济基础的过程中起到了中介作用"[2]。社会品格由社会存在、经济结构所决定,是人的外在需要,主要是物质经济需要的内在化,因而可以说

---

[1] Erich Fromm, The sane society, London: Routledge, 1991, pp. 80 – 81.

[2] Erich Fromm, Beyond the chains of illusion: my encounter with Marx and Freud, New York: Simon and Schuster, 1962, p. 87.

它是属于社会存在、经济基础的东西,但它又不是物质和物质关系本身,而是作为人的行为的心理动机来对待的,并且它的形成也受到文化教育的影响,所以也属于意识领域,是意识的低级部分。意识形态和文化通常根植于社会品格中,通过社会品格对社会起作用,否则只能对人们有肤浅的影响。而社会条件也是通过社会品格对意识形态和文化起作用的。具体来说,社会条件的变化导致了社会品格的变化,因此产生了新的需求和忧虑,这些新的需求又引起新的观念,并使人格接受这些新观念;而这些新观念反过来又能够稳定和加强新的社会品格,从而决定人的行为。换言之,社会条件以品格为媒介,影响了意识形态现象;另外,人格也不是被动地适应社会条件的产物,而是建立在许多因素基础上的动态适应的产物。他还用这样的公式表示他的这一命题,即:

思想理想

↓　↑

社会品格

↓　↑

经济基础

在说明社会品格影响人格的形成时,弗洛姆还提出了社会无意识的概念。他认为,马克思只是提出了社会力量决定人的意识的理论,而他本人希望说明社会力量是如何具体地、独特地决定人的意识的。他利用精神分析学说中的压抑概念说明这一问题。在他看来,社会存在决定社会意识,是指一个特定社会的意识同该社会的需要和利益相适应的意识,即对该社会起维护和推动作用的意识,因而一个特定的社会只会允许那些合乎它的利益的思想和感情进入人的意识,同时压抑对这个社会来说是不合理的认识,不允许这些思想感情进入人的意识,使它们只能继续存在于无意识的层次。因此,"社会无意识""是指那些对于大多数社会成员都相同的被压抑的领域;当一个具有特殊矛盾的社会有效地发挥作用的时候,这些共同的被压抑的因素正是该社会不允许它的成员们意识到的内容"。① 那么,这一社会无意识和荣格的集体无意识有何区别呢? 他认为,荣格的集体无意识是一种普遍存在的先天的精神现象,其中绝大部分不能成为意识;而社会无意识是与压抑的社会品格这一概念一起提出的,它意指人的经验的某个部分,一个给定的社会是不允许达到这个部分的认识的。这一社会无意识也不同于弗洛伊德的个人无意识概念,因为,其一,社会无意识被压抑的领域不是对一个人而是对社会的绝大多数成员来说都是共同的;其二,被压抑的内容,不是个人的生物本能,而是该社会不允许它的成员意识到的社会现实。比如,两次世界大战,都被认为是为着"自由和民主"而战,并在消灭了"自由的敌人"后结束的战争。其实,战争并不是像我们意识的那样是为"自由和民主"而战,而是由交战双方的贪欲所引发的,这些贪欲虽然不为人们所意识,却是真正起作用的战争动力。

社会无意识发挥作用的机制,是社会歪曲自己、掩饰自己的过程。每一社会,都有凭借自己的经济关系和生活实践发展了的特殊的范畴体系,经验只有在符合这一范畴体系时才会进入意识,形成条理;而不符合者,则只能处于无意识状态。因此,这一范畴体系就像一个"过滤器",这一"过滤器"通过三个组成部分起作用:语言、逻辑和社会禁忌。语言通过一定的词汇、语法和句法,通过固定在语言中的整个精神来决定哪些经验能进入意识中。逻辑通

---

① Cf. Erich Fromm, Beyond the chains of illusion: my encounter with Marx and Freud, New York: Simon and Schuster, 1962, p. 88.

过一种特定文化中形成的指导人的思维的"规律",即通过特定的逻辑而决定何者进入意识。社会禁忌是社会过滤器中最重要的部分,通过社会禁忌,宣布某些思想是不合适的、被禁止的、危险的,并且阻止这些思想和感觉达到意识这个层次,而使另一思想占据意识的核心。通过以上"过滤",社会的经济结构产生出歪曲和幻觉的社会意识,掩盖了自己的真实矛盾。他认为,任何社会为了生存都必须对其成员加以塑造,使他们愿意做他们所必须做的。任何社会都不允许这种模式被破坏,因为假如这种社会品格丧失了稳定性,则许多成员就不会再履行他们所期望的事,致使本来以既定的模式而生存的社会面临被瓦解的危险。当然,各个社会对于其成员的社会品格的塑造具有不同的弹性,而为了持续这种品格所立下的禁忌也各不相同。不过,所有的社会都有禁忌,而破坏禁忌就会导致被放逐或被孤立、隔离。

那么,个人为何会接受社会的压抑呢?应该说,接受压抑最强大的动力首先是对被孤立与被排斥的恐惧。人成其为人,有关联和认同感的需要,这些需要是人最强烈的欲望。换言之,逃避孤独是内在于人的本性中最重要的需要,正是这种根植于人性中的原因,人们把社会所承认的虚假的意识视为真正的、现实的、健全的思想,那些不符合虚假意识的思想和感觉则被拒斥在意识之外,只能存在于无意识领域。可见,社会文化环境对人格的形成具有决定性的作用。

其次是家庭的影响。每个人从儿童时代就借助家庭这个中介面对着某一特定社会或阶级的全部生活模式。家庭担当着特定社会传播载体的作用。家庭是社会中最小的单位,其组成、结构模式和作用都由社会决定。每个家庭的成员都是经过社会塑造的。家庭是"社会的心理代理人"、"社会的精神培养处"。社会中相同的理念、情感以及价值取向不但影响着父母，而且也通过父母影响着孩子，从而决定着同一文化或同一社会阶层的人都具有同一品格的核心。具体来说，家庭从两方面发挥着这种作用：第一，父母的品格影响了正在成长的孩子的品格。① 大多数父母的品格是社会品格的一种表现形式，这样，他们便将社会希望的品格结构的主要特征传输给孩子。第二，父母训练孩子的方法是每个文化时期的习惯，它们也可以使孩子形成社会所需要的那种品格。通过家庭的影响，通过使儿童适应家庭，使儿童培养和塑造了品格，在日后的社会生活中，这种品格能使他适应他所必须完成的工作，使他能做他必须做的事，而且，他和同一社会阶层或同一文化中的大多数人一样，都具有这种社会品格的核心。

再次是教育的影响。弗洛姆认为，教育的社会功能是促使个人具有将来在社会中起作用的功能，即使个人的品格向社会品格的方向靠拢，使个人的欲求符合他所扮演的社会角色的需要。任何社会的教育制度都取决于这种功能。教育方法的重要性是不容忽视的，它是被用来使个人长成社会所要求的那个样子的一种机制。可以把教育方法视为使社会需要变为个人特性的一种手段。虽然教育方式并不是导致某种特定的社会品格的成因，但是它们都是促使品格形成的一种机制。正是在这一意义上，认识和了解教育方法是对一个正在运行的社会作全面分析的重要一环。

最后是个人自身的自然前提和自身信念理想（包括宗教态度）的作用。在不同的社会文化模式中，人们所形成的人格定向是各不相同的，即使在同一种文化模式中，每个个人所形成的人格

---

① Cf. Erich Fromm, Man for himself: an inquiry into the psychology of ethics, London: Routledge & Kegan Paul, 1947, p. 60.

也不相同。这表明人格不仅具有某种普遍的社会性和共同性,而且也具有个体的个别性和独特性,它是通过个体自身的条件和作用塑造而成的。同时,也是个人进行自由选择的结果。弗洛姆认为,从遗传学角度来说,个体人格的形成必然会受到他在气质和体质方面的生活体验的影响。这些体验包括个人体验和文化体验。个人的生活环境各不相同,而且体质也各不相同,他们便会以各不相同的方式去体验相同的环境或不同的环境。社会品格通过个人自身的体质、气质、理想、信念,并通过个人的选择而转化为个体的品格和人格。

　　总之,个体品格一方面受制于社会经济文化意识等因素的影响;另一方面也对它们产生着积极的影响。人的品格是"人的第二本性",表征着人的存在和活动本质,它一经形成,就不再是一张任由外部文化"书写其文本的白纸",而是反过来铸造着人生活于其中的各种社会条件,影响着人对其环境和文化的积极承诺、内化和创造。[①]

　　弗洛姆把人与世界、人与他人的关系作为人格的基础,这一点使他与弗洛伊德的人格理论有了较大的区别。在弗洛姆这里,人格并不是人的生物本能的派生物,而是人的社会性的表现。就个体品格而言,它既具有特殊性和能动性,也具有普遍的社会意义。个体品格是独特的、唯一的、不可替代的;同时,它的存在和保持必须以它和社会品格的相容性为前提。如果一个人的品格与他所处的特定社会的社会品格不相容,那么他就会受到社会的压抑、压制和排斥,他也很难在这样的社会中生存下去。而就社会品格而言,它不

---

　　① 参见万俊人:《弗洛姆的品格学及其伦理意义》,《江汉论坛》1989 年第 7 期。

仅有使人适应社会的一面,也有对社会反作用的一面,因为它本身也具有独立性。品格不但是社会文化作用的产物,而且也有生物学上的以及人性所固有的作用。因此,社会品格有时会出现与社会不一致的地方:其一,品格结构往往落后于经济环境。"当新的经济环境产生时,传统的品格结构依然存在,但传统的品格特性对新的经济不再有用,人们总是倾向于依照他们的品格结构行事,而在这种情况下,他们的行为成了经济进步的真正的障碍,同时又丧失了允许他们按照他们的'本性'行事的机会。"①其二,在一个畸形的社会中,如果对人的品格压抑过甚,最终也会导致人们去改变使其畸形的社会制度。在这种情况下,人们的需要会发生相应的变化,而社会制度仍然处于僵化状态,从而导致两者矛盾的加剧。其三,正因为社会品格与社会经济、文化、教育乃至宗教都有着密切的联系,因此,它一经形成稳定的形态就很少改变,除非它所寄居的社会经济文化等条件发生根本的变化。只要社会和文化的客观条件保持稳定,社会品格就具有一种占支配地位的稳定化功能。要改变一种既定的社会品格,就必须首先改变既定的社会结构;反过来,要根本改变既定的社会结构,也必须同时改变既定的社会品格结构。

三、人格的属性

弗洛姆强调,了解人格或品格的属性是非常重要的。人格是动力性的而非行为性的。然而,人们长期以来都陷入了对人格解释的两极偏颇之中。以荣格为代表人物的本能主义心理学家,把人格特性混同于气质特性,进而把"价值上的区别诉诸于气质上

---

① Erich Fromm, Escape From Freedom, New York: Holt, Rinehart and Winston, 1941, p. 284.

的不同"。另一派以 B. F. 斯金纳为代表人物的行为主义者则把人格特性与人的行为特性等同起来，以人的当下行为表象作为行为价值的圭臬。而弗洛伊德则强调人格是动力的因素的方面，即认为人格是行为的内驱力，它构成了行为的基础。弗洛姆认为，弗洛伊德的人格学说是唯一有所突破的理论，虽然它带有性本能主义的倾向，但它仍然是我们建立科学的人格理论的基点。

弗洛姆区分了行为特征和品格特征这两个概念。行为特征专指可以为第三者所观察到的行为的特性，比如"勇敢的"就是行为特征，它可以定义为：不惧怕对安逸、自由和生命的威胁；品格特征则是反映（具有某种行为特性的）行为动机的概念。当我们研究某一行为特性的动机（尤其是无意识动机）时，就会发现那种行为特性掩盖着许多不同的品格特性。行为特征和品格特征并不是一一对应的，首先，动机不同可以引起相同的行为，例如，同是勇敢行为，动机可以是野心，也可能是由于恋死而产生的逆反行为，还可能是由于缺乏足够的想象力，或者是为了真正的理想、目标而牺牲。其次，动机不同也可使同类行为有所区别，例如，献身的动机所引起的勇敢行为必有一个明确的目标，虚荣心的动机则使勇敢行为带有盲目性，其勇敢的意义很不明确。再次，行为者动机不同，引发同类行为之现实可能性也不一样，因而对他们的行为进行预测的可能性也有差别。例如，一名"勇敢"的士兵，如果是被野心所激发，那就只有当他的勇敢可以得到奖赏时他才会真的行动起来。但是，如果他具有献身精神，那么，即使他的勇敢行为不能被人发现，他也会勇敢地行动。此外，行为者每一次出于某种品格的行为都会加强这种品格，而品格又指导行为，结果多次行为最终会使隐藏的人格得以显现。在善的品格指导下的行为，不仅力图达到善行而且要达到善本身。由不同的动机产生的行为在道德上

的价值因此而完全不同。据此,弗洛姆说明他的人格概念是作为
"品格特性"的同义语来使用的,"是表征行为动机而非行为本身
特性的概念"①。

弗洛姆力图清除以往心理学理论关于人格的不确切定义,将
气质等遗传因素排除在外,并将人格主要限定为后天生成的品格
内容,同时还把作为动力学的品格同作为行为本身的特性区分开
来,不但澄清了人们在两个不同事实上的混淆,更为对行为进行道
德评价的方法提供了正确的理论依据,因为道德评价不能只看外
在表现而不问行为动机。不仅如此,他的人格理论注重研究的是
一种文化类型或社会形态中绝大多数人所共同具有的人格,这种
人格使该文化或社会中绝大多数人具有相类似的行为方式,从而
具有普遍的社会意义。

第二节　新人道主义伦理思想的终极目标

弗洛姆主张,每个人都有其品格和人格,如果品格和人格没有
很好地加以发展,受到压抑和扭曲,他就可能得病,这就是精神病。
同理,如果一个社会的社会品格没有很好地加以发展,整个社会也
会得精神病。"判断一个社会是否有病的标准只能是人的价值,
假如这个社会的成员都不能正常地发展其人格,那就可以称这个
社会为病态社会。"②在这种社会中,"成千上万的人共享了这种病

---

① 张国珍:《现代西方伦理学批判研究》,湖南师范大学出版社 1992 年版,
第 263 页。

② Erich Fromm, Escape From Freedom, New York: Holt, Rinehart and Winston,
1941, pp. 139 - 140.

症,他们因为自己不是形单影只而有一种满足感;换言之,他们避免了陷入完全的孤独,这种孤独是以彻底的精神病为特征的。与此相反,他们视自己为正常,却视那些没有丧失心智的人为'疯狂'"。[①] 那么,什么才是人格的正常发展和充分发展? 它包括哪些内容? 究竟有没有统一的标准? 弗洛姆的答案是肯定的,它就是创制型人格。

一、创制型人格的内涵

弗洛姆注意到,在从古代直到19世纪末的文学作品中,人们都在努力描绘理想的人格和健全的社会。这些理想有些以哲学和神学的形式表达出来,有些则以乌托邦的形式表达出来。可是,到了20世纪,这种对人类前途和人格发展的美好理想却似乎消失了。20世纪强调的是对人和社会进行批判的精神。当然,这种批判的确具有重要的意义与价值,而且人应当怎样发展的答案就蕴涵在这种批判分析之中。但是,由于缺乏对未来社会和理想人格的美好设计,人就会在现实面前采取无能为力和悲观失望的态度。例如,弗洛伊德对精神病者的人格进行了杰出的分析和研究,但他很少对理想中的正常、健康、成熟的人格进行设想。即使他把理想的人格称为生殖型人格,但这种人格的概念却模糊而抽象。所以,弗洛姆强调,人类应当深入研究全面发展的人的人格本质,只有这种人格才是人类发展的最终目标和人道主义伦理学的终极理想。他把这种全面发展的人格称做创制型人格。

创制型人格是在弗洛伊德的生殖型人格的基础上提出来的,

---

① Erich Fromm, The Revolution of hope: toward a humanized technology, New York: Harper & Row, Pub., 1968, p. 43.

同时也是对马克思的"人的全面而自由的发展"理论的一种继承。具有生殖型人格的人,不仅在性方面,而且在心理和社会方面都达到了完美的境界。同时,有能力控制和引导自身的力比多能量,使之通过升华的途径释放出来,为人类社会的文明和共同福祉作出贡献。弗洛姆认为,这种人格并没有超出弗洛伊德理论的局限,仍然将人格限定在生物学范畴之内。弗洛姆说,马克思曾经提出两种社会再生产方式:物质资料的再生产和人类自身的再生产。对人来说,仅有这两种再生产还是不够的,人作为个体、作为区别于动物的精神存在,人格也有再生产。类的生产是动物和人共有的特征,物质生产的能力则是人特有的,但是这种能力只是人格再生产最通常的象征。马克思还提出了人的全面而自由发展的理论,这种全面而自由发展的人是马克思提出的人的发展的理想和目标。只是马克思并没有提出完整的人格的概念,所以,应当补充这一概念,把人的自由全面发展的内涵明确规定为创制型人格的概念。创制型人格就是创制性倾向占据主导地位的人格,而"'创制性倾向'是一种基本的态度,是人类在一切领域中的体验的关系的模式。它包括人对他人、对自己、对事物的精神、情感及感觉的反应。创制性是人运用他自身力量的能力,是实现内在于他的潜力的能力"。①

　　弗洛姆认为,创制性倾向占整个人格取向的比重的大小,决定并改变着人格取向中积极或消极的性质,决定着人格朝向良性发展还是恶性发展,决定人是不断地发展、完善自我还是退化和毁灭自我。创制型人格体现为在人的思维、情感和行动等一切领域中的创制性,以及体现在人的自由本质、理性、爱之中。创制性、自由与自

---

① Cf. Erich Fromm, Man for himself: an inquiry into the psychology of ethics, London: Routledge & Kegan Paul, 1947, p. 84.

主、理性、爱等第一潜能是创制型人格的重要组成因素。具有这种人格的人就是能够充分挖掘和实现内在于人自身的第一潜能的人。

1. 创制性

很显然，创制型人格中最重要的因素就是创制性，它是人的自立创造性，即人通过其潜能的充分发挥而创造和实现自我人格的活动。他是一个自为的生产者、创造者，他切实地创造他自己，并且以一种非异化的形式去感觉、运用和发展自己所具有的力量。创制性也是人所具备的一种生活态度和一种积极的人生实践方式。

创制性与创造性相联系。美国心理学家 R. W. 伍德曼曾指出，在人格理论和一般行为理论中，都曾分析过创造性（creativity），其中以心理学上的精神分析和人本主义的讨论最为重要。精神分析学的弗洛伊德、荣格、E. 克里斯等，都认为创造性是来自于无意识或有时候来自于前意识。特别是弗洛伊德认为，创造性与无意识有密切的关系，如果无意识转变为意识或自我的时候，就意味着人有机会获得"特殊的完美的成就"。至于采取人本主义立场的学者如 A. 阿德勒、H. A. 默瑞、马斯洛等，都倾向于主张创造性是个人追求自我的实现。弗洛姆明确提出，创造性来自于人追求超越的基本生存需要，这种需求是人迫切想要提升其动物性的本质渴望，而企图成为一个创造者。人不但能够创造而且为了生存必须创造，因此，人被称为创造性或创制性动物。创造性是创制性中的一个要素，但创制性并不完全是创造性，而是指"每个人都能具有的一种态度，除非他是精神上和情感上的残废人"①。虽然有时一个人不具有创造某些可见物或可传授物的天赋，却能创造性地体

____

① Cf. Erich Fromm, Man for himself: an inquiry into the psychology of ethics, London: Routledge & Kegan Paul, 1947, p. 85.

验、观察、感觉和思考。

弗洛姆追溯了创制性概念的历史。他认为在亚里士多德的伦理学体系中,创制是一个关键概念。亚里士多德认为,人的美德在于人具有与其他动物不同的特殊功能。善(good)就是人具有使自己与他人相区别的特殊功能,具有使自己成为他们之所是的功能;同样,善者(good man)就是能在理性引导下,通过他自己的实践和创制活动而使人的特有潜能得以活跃起来的人。斯宾诺莎也指出,德性与力量是相同的东西。自由和幸福在于人对自己的理解,在于人是否努力实现他的潜能,并日益接近人性的典型。他还强调,德性与运用人的力量相一致,恶是不能运用人的力量,恶即无能。在歌德和 H. J. 易卜生的诗歌中,同样表达了创制性的概念。歌德塑造的浮士德的形象就是人对生命意义永恒追求的象征。科学、快乐、权力甚至美,都不能回答人生的意义,对人生意义的追求的唯一答案,就是创制的能动性,这种创制性与善相一致。在易卜生笔下的培尔·金特则是对现代人非创制性特征的分析批判。培尔·金特整个一生都在凭自己能力去赚钱、去获取成功,他自以为这是为自己而行动。当他的生命结束时才发现,正是剥削与利己主义阻止他成为一个真正的自己。只有具备了创制性,并赋予自己的潜能以生命,自我实现才有可能。缺乏创制性是自己一生失败的真正原因。

弗洛姆的创制性概念,深受以上思想家的影响。他强调,创制性不仅与创造性相联系,而且也与"能动性"相联系,是亚里士多德的能动性概念的同义语。但是依弗洛姆之见,现代意义的能动性概念已经发生变化,一般被定义为耗费精力改变现存状况的行为。如果个人无力改变或明显影响现存的状况,而被外力所影响或动摇,他就被称为被动者。实际上,这种能动性只能称为非创制性的能动性,其中有些可以被称为服从的能动性(做权威所要求做的),有些是机械般的自动化能动性(在这种能动性中,看不到对权威的明显依赖,而是依赖那些以舆论、文化形态、常识或"科学"等为代表的匿名权威)等。这些能动性都缺乏自发性,而且最有力的来源是非理性情感,是被迫而行动。这种能动性的实践结果,一般会导致物质上的成功。真正的创制性概念,并不关注那种必然导致实践结果的能动性,而只是涉及一种态度,一种在生活过程中对世界和自己的反应模式和取向模式。这是一种人的品格,而不是那种成功的结果。

"创制性是人所特有的潜能的实现,是人运用他自身力量的实现。……人能够创制性地运用其力量的能力就表示他有这种潜能;如果不能创制性地运用他的能力就表示没有潜能。"①创制性体现在思维领域、情感领域和实践领域:"在思想领域中,这种创制性倾向表现在用理智去把握世界;在行动领域中,表现为创制性的劳动,其原型就是技术和手艺;在感情领域中,表现为爱,它在保持个人的完整和独立意识的条件下,实现人与他人、与所有人、与自然的结合。"②由于理性的力量,使他能透过事物的表面现象而把握事物的本质;由于爱的力量,使他能够突破人与人之间的藩篱;由于想象力,使他能预见未来的事物,并能规划和开始创造。当人创制性地运用他的力量时,就有能力使自己与世界相联系,这种联系的方法是按世界的本来面目理解世界;依靠自己的力量使世界生机勃勃、丰富多彩。他还提出,人主要有两种方式来体验世

①　Erich Fromm, Man for himself: an inquiry into the psychology of ethics, London:Routledge & Kegan Paul,1947,pp. 88 – 89.

②　Erich Fromm,The sane society,London:Routledge,1991,p. 32.

界,一种是复制的方式,一种是创造的方式。复制的方式是以胶卷的形式理解现实,对现实进行照相式的刻板记录,这种方式甚至也需要积极地运用头脑。创造的方式是依靠想象力及人的精神和情感力量的自发活动,而使新的物质充满生机,并重新创造这种新物质。而在现存的社会文化中,创造能力相对萎缩。一个人能够按事物的表现特征和现有文化的要求去认识事物,但是他没有能力透过这些表面现象而深入事物的内部本质,人完全成了"现实主义者"。但这些现实主义者并不是正常人,而是精神病的补充,他们看到的事物并不会使其产生富有生机的感觉。而正常人创制性地运用他的力量时,就是在运用他的复制能力和创造能力来理解世界,两种能力的存在和相互作用是创制性的先决条件和动力源泉。

当人对其潜能进行创制性地使用时,他能创造出物质财富、艺术作品和思想体系,但是创制性所创造的最重要的对象是人自己。人的生命就是在生与死的两极中激活并发挥人的潜能的过程。人的肉体,只要给予适当的条件就可以自动成长发育;而人的精神,却不会随之自动发展。它需要创制性的活动,赋予人的情感上和智力上的潜能以生命,从而成为真正的自己。

2. 自由与自主

创制型人格是与自由自主相联系的,"自由是人的全面发展的条件"①。对于创制型人格来说,他是自由和独立的,不会屈从于外在的权威和各种非理性的力量。

古往今来,自由总是人们极力追寻的目标。然而,对自由的理

---

① Cf. Erich Fromm, Beyond the chains of illusion: my encounter with Marx and Freud, New York: Simon and Schuster, 1962, p. 82.

解却众说纷纭、莫衷一是。正如孟德斯鸠所言:在各种名词之中,歧义丛生,以多种方式打动人心的莫过于自由。然而,自由在享有极誉的同时,往往又被加以歪曲和滥用。而在弗洛姆看来,自由是人的本性,它既是人之为人的开始,也是人作为人而存在的根本标志。它是幸福和美德的必要条件。

弗洛姆把人的自由看做是一个过程。"人类历史的特点在于它是一个日益个体化和自由的过程。"[①]他所说的人的自由与人的独立自主是相通的。如果说,人的个体化标志着人获得独立与自由的开始,那么,这种个体化的自由行为本质,就在于人的"不从"(disobedience)。所谓"不从"是与顺从(obedience)相对立的品德范畴,它所指的是人挣脱一切外在束缚的自由行为。对于人类来说,没有什么比这种行为更为珍贵和重要了。因为它是人获得独立与自由的开始,也是人类创造自身和自由历史的开始,如果没有了这一行为,人类及其历史也将终结。

弗洛姆首先从生物进化中寻找证据,说明人的存在一开始就与自由密不可分。人从诞生起,就决定他不能受本能的支配,必须学会生存的本领,"除了其存在以外一无所有"[②]。从不受本能支配这个意义上,也即相对于动物而言,每个人都有绝对的自由。人的存在就是其本质。由于人的存在是独立的、唯一的、至高无上的,在这个世界上没有超乎人之上的东西,人自己就是自己的决定者,是自然、社会和自我的主人,所以,人的自由自觉的活动就成为

---

① Erich Fromm, Escape From Freedom, New York: Holt, Rinehart and Winston, 1941, p. 31.

② Cf. Erich Fromm, The revolution of hope: toward a humanized technology, New York: Harper & Row, 1968, p. 25.

人的类的特性。由此,弗洛姆断言:自由的理想深深根植于人的本质中。①

他以《圣经》中的神话传说和古希腊神话为例,解释了自由自主的开始及其伟大的历史意义。亚当与夏娃之所以能够成为人类的始祖,正是始于他们的不从与违抗上帝的举动。他们不听从上帝的嘱咐,偷吃禁果,才得以成为人。在此之前,他们作为天国的一部分,与自然和谐相处。在那个时候,他们在本性上既没有超出神意,也没有超出自然,既是人又不是真正的人,因为他们尚未获得独立自主的存在意义。他们不顺从上帝的命令,才使这一境况发生了根本性改变,使他们从"前人类"的状况中脱离出来,向着人类的独立和自由迈出了艰难而又伟大的一步。虽然在基督教神学中,他们的行为被解释成堕落和原罪,然而,这不但不是罪,反而是人类自由独立的开始,也是人类历史的开始。同样,古希腊神话中的盗火者普罗米修斯,以其不从的勇气和决断,为人类带来了文明进步的火种与光芒。

然而,自由意味着责任。当人类摆脱对上帝和一切外在自然的依附之时,也就是他开始无依无靠、孤独生存和生活的开始。亚当和夏娃在享受自由欢乐的同时,必须承担由此产生的一切后果,包括被驱逐出伊甸园后所感受到的被孤立的存在焦虑。亚当和夏娃的后代从此自由了,但自由不单是获得,也是失却。他获得了一切也失去了一切。

在弗洛姆看来,人的自由不是抽象的、先验的。它体现在人的历史之中,并通过人的自我活动表现出来。一方面,历史是人自己

---

① Cf. Erich Fromm, Beyond the chains of illusion: my encounter with Marx and Freud, New York: Simon and Schuster, 1962, pp. 81 – 82.

创造的,自由是创造的前提;另一方面,这种自由又是人的创造活动的必然结果。正是人们在创造历史的过程中,将自己的本质(自由)力量对象化,通过劳动与实践来达到对外部世界的改造,从而达到自我实现。因此,弗洛姆认为,人的自由的实质在于"根据人存在的法则去认识人的潜力,实现人的真正本质"①。

可以看出,弗洛姆的自由概念意指个人独立于那些试图使人类不独立、渺小、不能自律和没有爱与理性的内在与外在的力量。独立于外在力量,指个人在与社会、自然以及他人的关系上摆脱了对这些外在力量的依赖,自己决定自己的行动。独立于内在力量,指个人在与自我的关系上,成为自我力量的主人,而不是被异化的力量所控制。② 这一概念包含着两种不同的自由:一种是免于外在与内在权威控制的自由,另一种是按照爱与理性的力量而行动的自由。"在《逃避自由》中,弗洛姆在否定性的'从……自由'(freedom from)的孤立原子化与肯定性的'到……自由'(freedom to)的完整人格的自发性活动之间,作出了区分。"③前者是一种消极的自由,后者是一种积极的自由。对现代人来说,就是摆脱了中世纪传统权威的约束,不再被中世纪的种种条款束缚固定,而成为"独立的个体"。特别是随着人类从原始社会经过中世纪到现代资本主义社会的发展,人在更高程度上获得了高于其他生物的自

①　Cf. Erich Fromm, Man for himself: an inquiry into the psychology of ethics, London: Routledge & Kegan Paul, 1947, p. 247; [美]埃利希·弗洛姆著:《为自己的人》,孙依依译,三联书店1988年版,第223页。

②　参见孔文清:《自由:积极的还是消极的?》,《华东师范大学学报》(哲学社会科学版)2006年第1期。

③　[美]马丁·杰伊著:《法兰克福学派史》,单世联译,广东人民出版社1996年版,第118页。

由和自主。这种自由意味着人因摆脱和超越外在的强制、障碍和束缚而无拘无束,自由自在。但是正因为这种独立性自由的获得,个人却失去了与社会的统一性,失去了在固定社会结构中曾拥有的安全感和归宿感,开始经受着由于缺乏原始纽带所带来的所有危险和恐惧,这时人便感到前所未有的失落与孤独无助。所以,这种自由是一种消极自由。弗洛姆认为,真正的自由,即积极自由,应是心灵的自由,能独立、自由、真实地思考,所思、所想、所感都应该是属于本真的自我。摆脱了传统的统治权威的束缚只是外部的自由,拥有内心的自由才是真正的自由。人可以自由但并不孤独,有批判精神但并不疑虑重重,独立但又是人类的有机组成部分。弗洛姆肯定,真正的自由是消极自由与积极自由的统一,并且积极自由是其核心。

弗洛姆的自由概念就其将善等同于人的潜能的自我实现这一角度来看,可以被看做是一种道德权利,是基于人之为人的尊严的自然权利;是人按其本质存在而生活,在历史的活动中达到潜能的发挥与自我的实现。弗洛姆的这种本体自由观,其深刻和独到之处在于他把主体与自由结合在一起,认为自由就是主体即人的存在的内在本质。同时他又把自由同人的自我实现联系起来,认为自由就是人在历史活动中的自我实现,从而高度树立了人的主体性地位,这也是对现代工业社会主体物化和人的主体性丧失的抗议。

3. 理性

弗洛姆特别推崇理性,认为理性作为人以思想把握世界的能力,是人格发展与健全的重要前提。创制型人格的重要表现在于理性。创制型人格由理性指引,了解自己的力量,知道怎样去利用它们,利用它们做什么,而不是一个受非理性热情主宰的动物。

他说:理性既是人的福分,也是人的祸根。言下之意就是,理性具有双重意义：由于理性，人割断了与自然界的天然联系，产生了生存矛盾，理性迫使人永无止境地去克服和解决这些矛盾；而理性又是人解决这一矛盾的关键，人类历史的推动力内在于理性的存在中，理性的存在使人得到发展；通过理性，人创造了人的世界。理性能够透过事物的表面发现它的本质，发现事物隐藏的关系及其意义，发现事物的"道理"。理性能够把握住事物所有可想象的相互关系及范围，而不仅仅是与实践有关的方面。

弗洛姆对理性与智力进行了区分。智力只是人达到实际目标的一种认识工具，其目的在于发现处理事物所需要的各方面知识，但它不一定具备有效的理解前提，不能洞穿事物的本性与本质，而只是涉及事物的量与表面现象。在日常生活中，人们的大部分思想都只与实践效果有关，与事物的数量和表面现象有关，而并非一定要探究内涵的目的性和前提的正确性，也不必设法理解现象的本质和特性。而理性则不同，它包括了第三种尺度，即达到事物及过程本质的深度的尺度。理性既不与生活的实践目的相分离，也不是用于当下行为目的的纯粹工具，而是对事物的本质的真理性把握，这种"三维性"把握具有总体性、客观性和创造性的特征，因而理性本身也是人的能力实现目的的一部分。[①] 理性的功能是通过对事物的体验，认识、了解、领悟事物，并使自己和事物联系起来。也就是说，理性主要在于人的精神的成长，而不是物质或肉体的存在。[②]

理性需要建立关联和对自我的感觉。如果人只是接受印象、

---

① 参见万俊人：《弗洛姆的品格学及其伦理意义》，《江汉论坛》1989 年第 7 期。

② Cf. Erich Fromm, Man for himself: an inquiry into the psychology of ethics, London: Routledge & Kegan Paul, 1949, p. 102.

思想和意见,而完全处于被动的地位,那么,即使他可以对之加以比较和运用,也无法对它们进行观察和透视。只有每个人都能够成为真正的自我,在并未丧失自我的情况下,他才能进行独立思考,才能善于利用理性。与此密切相关的就是创造性思维。创造性思维的主要特征是主体与客体相关联;客观性与主观性相统一。

主体与客体相关联是指在创造性思维中,主体受到客体的影响,客体并不是作为与人本身和人的生命相分离的东西而被人体验;相反,主体对客体有强烈的兴趣,主体与客体的关系越密切,他的思想就会越有成效。主体与客体之间的这种真正关系才会促进他的思想。弗洛姆以佛陀发现"四重真理"的故事来说明这一道理。佛陀年轻时遇见一个死人、一个病人和一个老人,他被人的不可逃脱的命运所感动,对所见之事的反应激发了他的思想,他因此创造了有关生命本质和普度众生的理论。在同样的境遇下,一个医生和佛陀的反应会有所不同,医生思考的也许是如何与死亡、疾病和衰老作斗争,但是他的思想也是他对客体的整体情况所作的反应。可见,创造性思维的过程,就是思考者关心他的对象、受他的对象所激发和影响,并对对象作出反应的过程。不过,在这个过程中,客观性与主观性是相统一的。创造性思维不是以主体的主观愿望去认识客体为特征,而是以客观性为特征。

弗洛姆认为,由于人具有理性并且追求真理,在现代工业社会中,尽管人的理性与情感之间存在某种程度的悲剧性失调,但是不能否认,人类的历史总是在朝着理性并日益减少虚假幻象的方向前进。[①] 这种理性的运用和觉察的增加,能够使人知道何为善恶,

---

① Cf. Erich Fromm, The revolution of hope: toward a humanized technology, New York: Harper & Row, 1968, p. 64.

能够判断是非,能够追求幸福以实现自己、发展自己、完善自己。

弗洛姆相信,人的理性越发展,他的目标就会越切合实际。人的客观认识越是深入,他就越能够接近现实和趋于成熟,他也就能够建立一个适合自己生存的社会。理性是人获得真理的手段,它的本质是属于人的。"理性能力的发展和它的运用不可分割。理性的客观性认识,是对自然、人类、社会及其理性自身的认识。如果一个人生活在有限生存的幻觉中,他的理性能力就会受到限制或损害,他的理性认识就会看不到生存的所有其他方面。……作为人的能力的理性必须揭示人所面对的整个世界。"①真正的完整的人可以将理性发展到认识客观现实的程度,他可以切实地认识自身、他人以及自然,而不是以一种幼稚的无所不知和偏执狂的仇恨去对待客观事实。

他进一步指出,人格的充分发展与理性密不可分。伦理的行为,以理性的价值判断能力为基础;它是在善与恶之间进行选择,并根据选择行事。理性的运用是以自我的存在为先决条件;伦理的判断和行为也是如此。人道主义伦理学是以个体优先于任何组织和事物、生命的目的是发展人的理性为基础的。

4. 爱

爱是创制型人格必备的因素。在弗洛姆的伦理思想体系中,"爱"是一个重要的范畴。他通过运用心理分析与伦理观照相参合的理论方式,较为系统地论述了爱的主题。② 在他看来,人道主义伦理学的目标对于个人而言就是要实现人格的充分发展。人格

----

① Erich Fromm, The sane society, London: Routledge, 1991, p. 64; [美]埃利希・弗洛姆著:《健全的社会》,欧阳谦译,中国文联出版公司1988年版,第63页。
② 参见万俊人:《弗洛姆》,香港中华书局2000年版,第97页。

如何才能得到充分发展？他回答说,应该运用心理学的方法对人的品格作出道德分析,"用理性控制非理性的、无意识的情欲"①,并且充分挖掘人自身具有的爱的潜能。

那么,什么是爱呢？弗洛姆指出:"爱是热烈地肯定人的本质,积极地建立与他人的关系,在双方各自保持独立与完整性基础上的相互结合。"②可见,爱包含着两个相反的方面:它既是人出于克服孤独的需要,追求与他人结合,趋向合群;又是各方维护自我之必然,力求保持个性,不把自身消融于他人之中。依弗洛姆之见,爱是解决人类生存问题的答案,是满足人的关联需要的重要途径。人从自然中走出,孤独是强烈的焦虑的来源。之后还会引起羞耻感和罪恶感。因此,人必须在感情上与他人与世界相关联。摆脱孤独而与世界相联系的方式多种多样,可以是对动物的崇拜、人祭或者军事掠夺、奢侈享受、清教徒式的节制、狂热的工作、艺术活动和创造性劳动,或者通过对上帝和人类之爱等途径来达到。其中最典型的有几种:第一是不同形式的放纵。早在原始社会,人类就已经通过狂欢式的群交仪式,体验着人类之间的相互融合感。第二是通过与部分人保持一致,通过一致的习惯、风格和看法来达到同其他人的结合。第三是通过创造性的工作。在这种创造性的工作或劳动中,劳动者与他的物质,即组成人的周围世界的物质达成一致,劳动者与劳动对象合二为一。但是,这几种途径并不能使人彻底摆脱孤独,实现人与人的结合或统一,"在创造性活动中达

---

① Erich Fromm, D. T. Suzuki, and Richard De Martino, Zen Buddhism and Psychoanalysis, New York: Harper & Row, Publishers, Inc., 1960, p. 81.

② Erich Fromm, Escape From Freedom, New York: Holt, Rinehart and Winston, 1941, p. 161.

到的结合,不是人与人之间的结合;以狂欢或情欲放纵的方式达到的结合是转瞬即逝的结合;以从众和遵循公约的办法达到的结合是虚伪的结合"①。它们都只是人的生存的部分答案,而不是一个完整的人、全面发展的人对生存矛盾的解决方式和途径。对人类生存问题真正的和全面的回答方式应当是爱,是创制性的爱。只有创制性的爱才能使个人既寻求与他人结为一体,又能保持个人的独立性,只有在创制性的爱中才能使人在与他人交往的过程中展现自己的力量,实现自己的潜能。

弗洛姆指出,爱是人的主动的能力。通常而言,爱似乎包含了一切,从一般的同情到最强烈的亲近感。人们认为,如果他们在迷恋某个人,就是在爱;没有什么事情比爱更加容易,困难的是找到合适的爱的对象。然而,事实正好相反,爱是每个人都具备的能力,而且是一种极其特殊的感情,一种最困难的成就之一。"爱是人的一种主动能力,一种突破使人与人分离的屏障的能力,一种把自己和他人联合起来的能力。爱使人克服孤独和分离感,但又承认自身的价值,保持自身的尊严。在爱中,产生了两个人成为一体而仍然保留个人的尊严和个性的矛盾。"②这种爱的能力并不是外在于人并超越于人之上的现象,而是内在于人、从人心中迸发出来的东西。人凭借这种力量,使自己和世界联系在一起,并使世界真正成为他的世界。

真正的爱是创制性的活动,而不是一种消极的情感,它的主要特征在于"给予"而不是接受。那些人格的发展还没有达到创制性取向的人会感到给予是牺牲因而通常会拒绝给予。实际上,给

---

① Erich Fromm, The art of loving, New York: Harper & Row, 1956, p. 18.

② Erich Fromm, The art of loving, New York: Harper & Row, 1956, pp. 20 - 21.

予是爱的能力的最高表现，"给予即潜能的充分实现。正是在给予中，我领略到自己的力量、财富和能力"①。这种给予的体验使人倍感欢乐，人因此感到自己精力充沛，勇于奉献，充满活力，因此欢乐愉悦。给予比接受更加令人快乐，因为人的存在价值就在于给予的行为。给予并不局限于物质领域，最重要的在于人的精神领域，在于他把自身具有活力的东西给予他人，给人以快乐、兴趣、理解、知识、幽默、伤感。给予不是为了获取，但也不是不图回报，而是在给予的同时获得回报。在这种给予中，隐含着使他人也成为奉献者，他们共享着精神的乐趣，在给予行为中产生着某些事物，当事人都因这是相互之间共同创造的生活而感到欣慰。所以，给予能够创造爱，无能就是无力创造爱。正如马克思所说：我们如果假定"人就是人，而人同世界的关系是一种人的关系，那么，你就只能用爱来交换爱，只能用信任来交换信任。如果你想得到艺术的享受，那你就必须是一个有艺术修养的人。如果你想感化别人，你就必须是一个实际上能鼓舞和推动别人前进的人。你同人和自然的一切关系，都必须是你的现实的个人生活的、与你的意志的对象相符合的特定表现。如果你在恋爱，但是没有引起对方的反应，也就是说，如果你的爱没有引起对方的爱，如果你作为恋爱者通过你的生命表现没有使你成为被爱的人，那么你的爱就是无力的，就是不幸的。"②不只在爱情关系中给予才意味着接受，老师教学生，演员受观众的鼓励，精神分析学家给他的病人治疗等，只要他们不是互相作为对象来对待，而是处在真正的创造性的关系中，那么，给予也必然意味着获得。

---

① Erich Fromm, The art of loving, New York: Harper & Row, 1956, p. 23.
② Erich Fromm, The art of loving, New York: Harper & Row, 1956, p. 25.

创制性的爱除了具备"给予"的主要特征外,还必须具备四种共同的基本要素:关心、责任、尊重和了解。爱的第一要素是相互关心。爱本身是对人的关心,是对所爱的人或物的生命和成长的主动积极的关心,如果缺少这种关心就没有爱。人类的爱,虽然对象不同,但是无论爱的对象是什么,或者爱的主体是谁,其所内含的本质即关心都是相同的。其中,母亲对孩子的关心最为典型。爱的第二要素是责任。责任不同于义务,义务是从外部强加给人身上的东西,而责任是一种完全自愿的行动,是人对他所关心的事物作出的反应。承担责任意味着随时准备作出反应。爱的第三要素是尊重。尊重是承认对方的独立性和个性,并努力使对方成长和发展自我。尊重对方既不是惧怕对方,也决无剥削之意。缺乏尊重,责任心就会蜕变为控制和奴役。爱的第四要素是了解。对一个人不了解就不可能尊重他,关心和责任如果没有了解作为先导,就是盲目的。了解有不同的层次,爱的了解不是停留在表面现象,而是深入人和事物的内部,设身处地为他人着想。关心、责任、尊重和了解是相互依赖的,它们是创制型人格在爱中同时表现的态度。

总之,爱是勇敢地体验个人与他人合一的情感和行动。"在爱的行为中,在把我给予他人的行为中,在深入了解对方的行为中,我找到了自我,发现了自我,发现了我们,发现了人类。"①换言之,通过爱的行动,人们才能了解人并发现人的本质。

弗洛姆还指出,人道主义的爱不是消极的情绪冲动,而是根植于创制性的内在创造力的表现。无论"博爱"还是"母爱","性爱"还是"神爱",都应当从"创制性"这一本质中重新加以规定。

---

① Erich Fromm,The art of loving,New York:Harper & Row,1956,p.31.

弗洛姆还特别重视"自爱"这个范畴。他提出：第一；自爱也是美德，因为我也是一个人，有关人的一切概念都与我有关，自爱同爱他人是不可分的；第二，"忘我"并不是一种值得自豪的品格特点，应当说是一种分裂和矛盾的病兆；精神分析可以表明这种病症的患者没有能力爱，甚至对生活也是充满敌意的，在他的"忘我"背后隐藏着一种很强的常常是自己意识不到的自私性；第三，利己和自爱并不等同，而是相互矛盾的。利己的现代人根本没有认清自己的真正利益；相反，却以丧失自我为代价把不顾一切地追逐财富作为自己的利益所在。

综上所述，在弗洛姆看来，伦理行为规范的源泉应当在人的本性中得以发现；道德规范以人的内在本质作为基础。违反了人的本性，就会使人的精神和情感分裂。而创制型人格作为完整的人格，体现了人所具有的创制性、自由自主、理性、爱等第一潜能的充分发展和实现，是人对自己的力量的使用。创制性取向是自由、美德及幸福的基础，创制型人格也是"善"的源泉和基础，具有创制型人格的人把培育和发展自己的所有潜能作为唯一的目标。所以，创制性所创造的最重要的对象是人自己。

当然，在人格和品格结构中，没有一个人的取向完全是创制性的，也没有一个人的取向是完全不具有创制性的。弗洛姆强调，正常的个人本身具有发展、成长、创制性的定向，它来自人的内在的成长和尊严的内驱力。因此人的真正本性在于：行动的力量创造了运用这种力量的需要，而不能运用这种力量则会造成机能失调和不幸福，人不能创制性和完整性地生活的最明显表现就是精神病症。虽然创制性和完整性的缺乏并非必然导致精神病，但是可以被视为有严重缺陷。如果特定社会中的大多数人没有达到创制性和完整性，这个社会就是病态的，而这个社会还会使人与之相适应,并且把这种人格缺陷当成是一种美德。从人道主义伦理学的角度来说,这种人格的缺乏与创制性的缺陷正是缺乏道德的表现。所以,对于每个人来说,应当努力使创制型人格成为自己的主导人格,充分发展第一潜能,促进创制性、自由自主、理性和爱的能力的发展,这才是个体人格的发展目标。美德应当与人所实现的创制性程度成正比。而对于健全的社会来说,应当关心人的美德的培养,把人的全面发展作为一切社会目标的中心。社会伦理规范的制定,应当有助于创制型品格的形成和人的潜能的实现。人道主义伦理学的目标就是造就创制型人格。

虽然弗洛姆提出的创制型人格正如荣格的自性原型和马斯洛的自我实现者一样,在现实生活中极为稀缺,但是,他至少给我们指引了一个可以为之奋斗的理想和方向。即使我们不能完全做到,但他仍然能够启发我们清醒地认识到,现代工业社会正把人变成消费机器的那种被动倾向和非创制型人格的倾向。

二、判定创制型人格和美德的标准

快乐和幸福是伦理学中的一对重要范畴,它们涉及善恶的标准和人的行为动机等重要问题。弗洛姆明确宣称:幸福是判定创制型人格和美德的标准。是否幸福与快乐表现了整个人格的状况,它是一种价值导向,也是社会对个人提出的普遍价值要求,它规定着道德人格发展的方向。幸福象征着人找到了人类生存问题的答案,创制性地实现了他的潜能。他既与世界同为一体,又保持着自身的完整人格。① 因此,"在生活艺术中,幸福是完美的标准;

---

① Cf. Erich Fromm, Man for himself: an inquiry into the psychology of ethics, London: Routledge & Kegan Paul, 1947, p. 189.

在人道主义伦理学中,幸福是美德的标准。"①

对此,有人会问,在道德领域,是否能以快乐和幸福作为善恶的标准? 由于人道主义伦理学与心理学密切相关,并且以心理学意义上的人性内容作为理想人格和道德规范的根据,把快乐和痛苦与善和恶联系在一起,就会有主观享乐主义之嫌。② 针对这一问题,弗洛姆强调,尽管幸福与快乐在一定意义上是主观经验,但是,它们也是客观条件相互作用的结果,并且依赖于客观条件,不能把它们与纯粹的主观经验混为一谈,对各种各样的快乐的性质进行分析是理解快乐与道德价值关系的关键。

因此,弗洛姆对快乐与幸福的伦理意义进行了具体分析。他指出,从伦理思想史的视角来看,人道主义伦理思想从萌芽开始,就认识到分析"快乐的性质"的重要性,结果却并不令人满意。在快乐和幸福的关系上,快乐主义认为,不管是在事实上还是在行为规范上,快乐都是人类行为的指导原则。例如,快乐主义的鼻祖阿里斯提普斯就提出,趋乐避苦不仅是人生的目的,还是美德的标准。这是将及时享乐的快乐等同于人的幸福和美德。快乐主义者并不能圆满地解决他们的原则的纯主观主义的特性问题。试图把客观标准引入快乐概念从而纠正快乐主义的缺陷的伊壁鸠鲁则指出,快乐是人生的目的,但是并不是一切快乐都可以选择,因为,有些快乐会带来比快乐本身更大的烦恼和痛苦。他力图调和快乐的主观性和客观标准之间的关系,强调快乐应该有助于明智、完善和正义的生活,真正的快乐在于精神安宁、无所畏惧。但是他把感受

---

① Erich Fromm, Man for himself: an inquiry into the psychology of ethics, London: Routledge & Kegan Paul,1947, p. 189.

② 参见宋希仁主编:《当代外国伦理思想》,中国人民大学出版社 2000 年版,第 576 页。

作为人们判断善恶的标准,也无法克服基本的理论困难,即把快乐的主观体验与快乐的"正确"和"错误"的客观标准相混淆。而柏拉图是第一个把真实与否的标准应用于欲望和快乐的思想家,他认为快乐具有主观感觉的成分,因而快乐的感觉可能产生谬误。快乐如同思想,可能为真也可能为假。但是快乐不仅来源于人的感官,而且来自于整个人格,因此,"善者获得真正的快乐;恶者只有虚假的快乐。"①亚里士多德也认为,快乐的主观体验并不能成为判断行为善恶的标准。对人有害的快乐只是堕落者的感受,客观上的快乐才是真正的快乐。快乐是人的存在状态中的一种活动,只有两种快乐才是合理的:在满足需要与实现人的能力的过程中产生的快乐和在获得人的能力的体验中产生的快乐,后者是更高尚的快乐。斯宾诺莎、歌德、尼采等思想家不仅将快乐规定为正当或道德生活的结果,而且认为快乐是和人的潜能相联系的概念,是人的创制行为的伴随物。

　　弗洛姆认为,这些理论还是不完善,因为缺乏以精确的技术研究和观察为基础的资料。只有运用精神分析方法,把人的快乐与幸福分为意识和无意识的内容,才能真正理解其伦理意义。换言之,一个人幸福与不幸福同他自己在这方面的感受可能并不一致,而且他所了解的原因也未必是真实的原因。正如奴隶们在事实上是不幸的,但他们并不一定能意识到自己的不幸,他们也可能有幸福感,但这种幸福只是一种"幸福的幻想"。因此,不能以人自己的感受作为善恶标准。当奴隶对他们的悲惨命运毫无意识时,就不能以幸福之名来反对奴隶制。实际上,幸福与不幸福不只是人

---

　　① 转引自 Erich Fromm, Man for himself: an inquiry into the psychology of ethics, London: Routledge & Kegan Paul, 1947, p. 175。

的一种心灵的状态,而是人作为有机体的整体状态和作为人的整个人格状态的表现。幸福是同人的生命力、情感强度、思想与创制性的提高相关联的,不幸福则与这些能力与功能的衰退相关联。对于幸福与否的反应,人的身体要比人的自觉意识更加明显。因此,那种认为"快乐或幸福只存在于人的头脑中,而不是他的人格的一种状况"的说法,是"虚假的快乐或虚假的幸福"观。① 当人只有这种虚假的快乐时,他对幸福的主观感受只是一种幻觉,而与真正的幸福无关。

精神分析对受虐狂本性的研究证实了这一观点。受虐狂追求的损害心理、羞辱以及被统治的欲望通常是无意识的,这种无意识支配下的行为必然会损害并阻碍人的成长,由此带来的快乐与人的真正利益是相矛盾的。相反,只有与创制性的爱相伴随的快乐才是幸福的唯一源泉,因为创制性的爱建立在相互尊重和人格完整的基础上。

他还进一步从需要的角度详细讨论了快乐的种类。他把人的需要分为生理需要和心理欲望。如果生理需要在长时间内得不到满足,人就会感到痛苦的紧张;生理需要受生理条件的限制,有其周期性,但是还是有限的。而心理欲望由不合理的心理需要组成并由它们所决定,它试图克服内心的空虚和孤独,但是这些是无法通过满足欲望来消除的,因而它是无止境的。因此,满足饮食、男女等生理需要所带来的快乐才是正常的、真正的满足,它是幸福的条件;而满足对名誉的渴望和对支配、嫉妒、猜疑、酗酒等心理需要所带来的快乐只是欲望的暂时缓解,是"不合理的快乐",也是本质上不幸福的表现。由于二者都是基于对缺乏所引起的紧张的消

---

① Cf. Erich Fromm, Man for himself: an inquiry into the psychology of ethics, London: Routledge & Kegan Paul, 1947, p. 182.

除,所以通常称为"缺乏的快乐"。但是人在缺乏的领域之外,还有一个充足的领域,即创制性的领域,内在能动性的领域。"人类的进化,以充足领域的扩展以及有效地发挥剩余精力以获得超越生存的成就作为特征。所有的人类的特殊成就都来源于这一充足领域。"①充足的领域更能给人带来专属于人的积极的情感体验。这种情感体验如果只涉及单个人的行为,还不是人的整个生存状态的表现,就是"快乐",快乐是自由和创制性的表现。正如满足饥饿这一生理需要是快乐的,因为它排除了由饥饿带来的紧张。满足饥饿与满足食欲所带来的快乐是两种不同性质的快乐。食欲是期望享受美味的体验,美味是文化发展的产物,就像音乐和艺术欣赏一样,只有在文化和心理充足的情况下,美味才能发展。饥饿是缺乏,它的满足是一种生理需要;食欲是充足,它的满足是自由和创制性的体现。而由许多快乐的连续构成的完整体验,表现着人的整个生存状态,就是幸福。所以,"幸福和欢乐并不是满足由生理或心理的缺乏而引起的需要,也不是紧张的解除,而是在思想、情感及行为上全部创制性活动的产物。"②

由于不是把幸福看做消极的对缺乏的填补和紧张的解除,而是充足领域的现象以及人的创制性的结果,所以,人的幸福感就不是获得了缺少的东西的喜悦,而是对于自己作为人的生存的真实的、完整的体验;人感到幸福的时候,他是直接通过身心真切地感受、体验、领悟到自己作为人的本质、尊严和价值。不过,要获得幸

---

① Erich Fromm, Man for himself: an inquiry into the psychology of ethics, London: Routledge & Kegan Paul, 1947, p. 187.

② Erich Fromm, Man for himself: an inquiry into the psychology of ethics, London: Routledge & Kegan Paul, 1947, p. 189;参见[美]埃利希·弗洛姆著:《为自己的人》,孙依依译,三联书店1988年版,第176页。

福感达到幸福状态不太容易，人生中肉体与精神的痛苦是人类生存的一部分，对这些痛苦的体验是必不可少的。如果人们不惜一切代价来逃避痛苦，那就只能依靠完全超脱，而这样也就体验不到幸福。因此，幸福的对立面并不是悲伤和痛苦，而是意志消沉，意志消沉是人内心贫乏和非创制性的结果和表现。

　　弗洛姆进一步分析了快乐与幸福的伦理价值。他不同意快乐主义伦理学所主张的生活的目的是快乐，所以快乐本身是善的观点。在他看来，为解除生理紧张而获得的满足，在伦理评价的范围内是中立的，既非善也非恶。而"不合理的快乐和幸福（欢乐）是伦理学意义上的体验，象征着贪婪，象征着人未能解决人类存在的问题。相反，幸福（欢乐）证明在'生活艺术'中的部分或完全成功。幸福是人最伟大的成就，它是人以整个人格对自己和外在世界作出创制性取向的反应"。①

　　因此，人道主义伦理学主张幸福和快乐是主要的美德。它与个人的活力、感觉和思维的敏锐性、创造性的增加有密切关系，它是一种由人的内在创造性的发挥所带来的成果，来源于积极生活的体验，来源于爱和理性的活动。幸福是一种充满内在活力的状态，是对向上的生命活力的体验，来自人与世界以及自身的建设性关系，获得幸福就是"创制性地实现了他的潜能"。这种意义的幸福是人给个人生存问题找到了适当答案的主要标志。他满心欢喜，因为他充分实现了他的潜力，从而找到了他和世界的正确关系。只是，要获得这一美德并不容易，最困难的任务就是人的创制性的充分发展。弗洛姆认为，自己的观点既避免了像快乐主义伦

①　Erich Fromm, Man for himself: an inquiry into the psychology of ethics, London: Routledge & Kegan Paul, 1947, p. 191.

理学那样,将快乐混同于善,也避免了脱离快乐谈论善和幸福的错误,从而真正确立了作为美德和创制性的标准。

第三节　对现代社会中的病态人格的剖析

19 世纪末 20 世纪初,随着资本主义的发展,不少学者把资本主义社会描绘成完美的社会。他们还提出,判断社会是否健全的标准是看社会是否具有社会功能,只要社会能够正常运转,它就是正常的、健全的;社会的病态表现为个人对其所在社会的生活方式的不适应。因此,如果个人与社会发生矛盾,他们多数把问题归咎于个人,认为是个人不适应社会所致。总之,个人最终应该适应社会,而不是改造社会。弗洛姆不同意这种观点。他指出,这种观点会把许多病态的社会看成健全的社会。事实上,有少数人的疯狂病,也有多数人的疯狂病。正像数百万人都具有错误认识,但并不能把错误变成真理一样,数百万人都患有同一类型的精神病,也不能使这些人变成健康人。在大多数人都患有同一类型精神病的情况下,个人与社会相适应,恰恰说明社会是病态的,因为大多数人患的病是由社会造成的,社会大多数成员视这种病态为正常,从而使社会的功能得以维持下去。他提出,应当在个人与社会之间建立起一个超然的标准,不能偏袒任何一方。在人类历史的发展过程中,人不仅改造着世界,同时也改造着自身。但是,正如人只能按照物质世界的本性和规律来改造世界一样,人也只能根据自己的本性来改变自身。① 在历史发展的过程中,人所能做的就是发展人的第一潜能,并按其可能性来改造它。因此,在个人与社会之间建立的

---

① Cf. Erich Fromm, The sane society, London: Routledge, 1991, p. 13.

这个标准就是人性的特征和人性的潜能能否发展成熟和充分实现。如果按照人性的特征和人的第一潜能去充分发展,人就可以达到精神的健康和幸福;如果这种发展受到阻碍,人就会产生精神疾病。从这一前提出发,对于社会来说,只有为人的良善潜能的实现和充分发展创造良好的环境和条件,才可以称之为健康和健全的社会。

然而,依据这两个标准来衡量现代社会,尤其是现代资本主义社会以及其中的个人,弗洛姆发现,社会和个人的境况均令人担忧。现代资本主义社会是不健全的社会,它是以异化的病态人格为代价来换取健康经济并以此为基础的。一般而言,病态人格的表现主要有三个方面:一是具有非创制性的品格结构;二是重占有的生活方式;三是逃避自由的心理倾向。

一、非创制性的品格结构

弗洛姆提出,任何人的品格通常都具有创制性和非创制性的部分或全部,在其中,总有一个占主导地位。具有非创制型品格的人,他的品格结构中占主导地位的就是非创制型定向。非创制型定向的构成不同,特征各异,其社会文化和道德文化的意味也互不相同,其中主要包括四种类型:接受型定向、剥削型定向、囤积型定向、市场型定向。

接受型定向的基本特征是人们把一切善的来源都视为外在的,他们相信,自己要获得的物质、感情、爱、知识和快乐等一切东西都来源于外界。首先,在爱的方面他们是被动的,"爱的问题只是'被爱'"[1],因而他们在选择爱的对象时,常常不加区分,只要

---

[1] Erich Fromm, Man for himself: an inquiry into the psychology of ethics, London: Routledge & Kegan Paul, 1947, p. 62.

别人能够给予他们爱或像是爱他们,他们自己就会"迷恋"上这个人。其次,在思想方面是接受的、被动的,他们是最好的听众,但他们提不出新观念。再次,在宗教中,他们完全依赖上帝的观念,认为他们无须动手便可获得上帝的一切恩赐。最后,那些不信宗教的人则总是寻求庇护以获得安全感,他们对待那些有恩于他们的人特别忠诚,从来都不会说"不",判断能力的萎缩又进一步导致其愈加依赖他人。他们不仅依赖权威以获得知识和帮助,而且还依赖所有人在一切方面的帮助和支持。弗洛姆发现,这种接受类型与弗洛伊德提出的"口唇型"人格类型相似。他们总是喜欢以吃喝来战胜自己的焦虑和消沉。这些人表面上乐观友善,对生活和自己的才能也有一定的信心,可是当他们的"供应来源"受到威胁时,就会焦虑不安、心神不宁。弗洛姆指出,当代美国人中有很多人似乎符合这种接受型定向的品格,他们在任何时候都是被动的,甚至连闲暇时间也不例外。

　　剥削型定向的人与接受型定向的人一样,认为一切善的来源在自我之外,不管人需要什么,都必须从外界去寻找。他们与接受型定向的不同之处在于,他们从来都不会满足于接受馈赠,而是更乐意使用自己的力量和计谋去巧取豪夺。首先,在爱的方面,他们热衷于强占或窃取。他们不爱那些无人迷恋的人,只为那些能被人抢走的人所吸引,被抢的人是否有吸引力,要以他们是否隶属于人为条件。其次,在思想和智慧方面,他们不会创造而是通过狡猾的手段或者以直接剽窃的形式获得他人的思想和观念。再次,在物质方面,同样是"偷来的果子最甜",利用剥削的方式压榨任何人和任何东西。这种人格倾向也和弗洛伊德的"口唇型"人格有某些类似之处,他们常常怀疑、挖苦、羡慕和妒忌他人,但有时又花言巧语,他们的态度是敌意和操纵的混合,每个人都是剥削的对象。因此,他们对人的态度要根据他人的可利用性来加以判断。

具有接受型定向和剥削型定向的人都是非创制性的,因为他们都认为自己是不能创造任何东西的。二者的区别在于,前者一心想被动地接受别人的东西,而后者则认为别人不会提供他们想要的东西,因此必须夺取。

具有囤积型定向的人则与前面论述的有本质不同。他们不求外在之物,只重自身现状的安稳和对既有之物的贮藏,舍不得消费现有的东西,守财奴就代表了这种倾向。他们的主要目标就是把自己关在城墙内,坚守阵地,尽可能多带东西进来,尽力少带东西出去。这种人不仅吝啬金钱和物质,而且吝啬感情和思想。他们的最高价值是秩序和安全,他们的座右铭是"世上没有新东西"。在爱方面,他们总是希望通过占有"被爱者"而不是给予而获得爱。他们在思想方面也没有创造力,总是希望通过对以往情感和体验的回忆,抓住过去的一切。在实际生活中,他们对一切事物、思想和情感,就像对钱财一样,具有枯燥无味、刻板的条理性和强制性的清洁以及恪守时间的特征。他们认为自己的力量、能力和智力都是固定的,在运用中会减少或消耗,而且绝不会得到补充。在与他人关系上,他们为了寻求安全感而倾向于对他人的疏远或占有。他们常常喜欢猜疑,并具有一种特殊的道德观念,这是一种"我的就是我的,你的则是你的"的特殊正义感。

弗洛姆认为,19世纪的资本主义大力提倡这种囤积型品格倾向,强调积累金钱,把自由企业中所能获得的任何利益都据为己有,以此作为美德。强调工作和成功是善的例证的宗教伦理也支持这种人格倾向所带来的安全感,同时倾向于赋予生命以意义和宗教上的满足感。这种稳定的世界、稳定的占有、稳定的伦理综合起来,给中产阶级的成员一种归属感、自信感和自豪感。

但是在现代社会,弗洛姆发现,这种品格类型只在中产阶级以下的人中间较为突出,这种趋势在欧洲比在美国更甚。"20世纪美国资本主义的发展使债务、用户贷款、计时工资制以及爱交际成了美德,所以在我们的社会是不给有囤积型倾向的人多少安慰的。"①

第四种倾向是市场型品格,这是一种把自己当做商品并把个人的价值当做交换价值的品格倾向,它是现代人的基本特征,相对而言,也是一种新型的品格倾向。现代资本主义商品经济是现代人的市场倾向发展的基础和主要条件。这种品格倾向的主要表现是"人格市场"和"人格商品"。"人格市场"和商品市场的估价原则一样,一方出售人格,另一方出售商品。两者的价值都是交换价值,而不是它本身的实际使用价值。在人格市场上,由于人格的价值不在于人格主体本身的技能,而在于市场上他方的需求,在于人格的"可接受性"和"被接受性",所以每一个待售人格为了具有"吸引力",都千方百计地包装自己,追逐时髦。在人格市场上,每个人既是卖主又是待售商品。个人关心的不是他的生命和幸福,而是销路。个人感到的自身的价值和尊严不是由他所具有的人之特性所构成,而是由不断变化的竞争市场所决定。在人格市场面前,个人丧失了自我认识、自我评价的能力,丧失了自尊心和独立感。他体验自己的方式仅仅是"我就是你所需要的",而不是"我就是我所是"。他不是把自己作为一个有力量的行动者加以体验,而是把力量遮盖起来,或者把自己的力量作为商品让渡给别人,因为他的问题并不是在使用力量的过程中实现自我,而是在出

---

① [美]L.J.宾克莱著:《理想的冲突:西方社会中变化着的价值观念》,马元德、王太庆译,商务印书馆1983年版,第146页。

售力量的过程中获得成功。他是一个缺乏真实的自我感、自尊和人格价值的人，他的各种道德观念和价值观念都变成了非人性的，他把人与人之间的关系视为商品市场上的价格交换关系，这种关系相当于"可交换性"，是对个体的真正否定。具有这种倾向的人都感到孤独、害怕失败并渴望快乐，同时也感觉到竞争始终没有方向。人的关系的表面化特征使人希望在爱的方面能够找到深刻而强烈的情感，然而因为爱一个人和爱汝邻人是不可分割的，因此，根植于市场定向中的孤独的个人期望能为个体之爱所拯救只能是一种幻想。他们的思想也和感情一样被市场定向所左右，思想蜕化成一种讲究如何出卖人格技能的"理智"和人格术，而不代表人的理性的能力。知识也成为商品，思想和知识都被当做生活成果的工具，并在市场研究、政治宣传和广告等活动中，用来为更好地操纵他人和自己服务。

虽然以上四种都是现代社会中的非创制型定向，但又有所不同，前三种都是人的关系的形式，一种定向如果支配了一个人，便成了他的特性和特征；而在市场定向中，没有哪一种特定的态度是占统治地位的，得到发展的只是那些能最好地加以出售的特性。因此，态度的可变性才是这类定向的永久特性。总之，这四种非创制型的品格定向都代表着人的品格的否定性方面，都缺乏人的创制性和创造性，缺乏人格的独立和尊严。当然，在实际生活中，它们之间并不是截然分离的，而是常常混合在一起，表征着非创制型人格的某些方面。如果某种品格定向在人的品格构成中占支配地位，它也就代表了这个人总体品格结构的本质方面。一个人占支配性地位的品格定向的形成，在很大程度上取决于他的生活经验以及他生活于其中的社会文化的特殊性。在不同历史时期，随着生产方式和文化精神的变化，占主导地位的品格类型也会有所变化。囤积型定向与剥削型定向并存于18世纪和19世纪。在18—19世纪的资本主义早期阶段,需要积累资本,以储蓄、节俭为美德的囤积型品格占优势,适应了当时经济发展的必然性。进入20世纪资本主义大生产阶段,生产与交换发达,物质丰裕,以消费为美德和生活目标的接受型、市场型品格定向就成了主流。

弗洛姆指出,人的品格不仅是个体人格的特殊表现,而且还通过社会实践反映出人们之间的相互关系,其主要表现为三种:爱、共生关系和退缩关系。创制型品格定向表现了人与人之间爱的关系,反映出人们在创造性活动中,建立自我与外部世界的"亲密"关系的特征。而非创制型品格定向则表现出人们之间的共生关系和退缩关系。共生关系主要表现在接受型和剥削型两种品格定向上,是一种以自由和完整为代价的、与对象接近、亲密的关系。具体表现为两种:一种是以被动形式表现出来的共生关系,受虐狂品格就是其典型的表现;另一种是以主动形式表现出来的共生关系,其典型表现为虐待狂。非创制型品格定向的第二种关系是一种与他人疏远、反映个人的无力感、表现为退缩与破坏性的关系。囤积型和市场型的品格定向是其基本的表现形式。退缩是这种关系的消极形式,与退缩在情感上相对应的是对他人的冷漠感,它常常伴以自我膨胀感为补偿。破坏性是这种关系的积极形式,这是由于创制性遭到了比退缩更为强烈、更加全面的阻碍所产生的,是丧失生命的能力转变为破坏生命的能力。这种破坏性是最为危险和极端有害的。

当然,每个人的品格都是两种不同定向的混合。而且,各种非创制型品格定向也并非仅仅具有消极性质,例如,接受型品格定向就兼有各种积极和消极的性质:

接受型品格定向

积极方面　　　　　　　　　　消极方面

领受 ………………………被动、没有主动性

敏感 ………………………无主见、无个性

忠实 ………………………顺从

谦虚 ………………………无自尊心

可爱 ………………………寄生

适应性强………………………无原则

社会性适应………………………奴性、无自信

理想主义 ………………………不切实际

灵敏 ………………………怯懦

有教养 ………………………无骨气

乐观主义………………………一相情愿

信任 ………………………轻敌

温柔 ………………………多愁善感

　　只是在非创制型品格定向占统治地位的品格结构中，非创制型定向的消极性质表现得淋漓尽致，而在创制型品格定向占统治地位的品格结构中，非创制型定向则具有一种不同的建设性的性质。

二、重占有的生存方式

　　对各种品格定向和它们的关系及混合的分析可以发现，尽管有相当数量的混合的可能性，但品格取向有两个基本倾向：一个是指向最大化地实现对生命的爱，另一个是抑制生命和对现实的破坏。这个观察使弗洛姆开始更深入地研究这些对立倾向的发展条件。通过对品格的研究，他发现，人们的生活总是或者趋向占有，或者趋向生存。不健全的社会中产生的各种各样的病态人格，采

取的是重占有的生存方式。

　　弗洛姆认为,重占有和重存在这两种生存方式是马克思关于新人思想的核心。他引用马克思的论述:"你的生存越微不足道,你表现你的生命越少,那你占有的也就越多,你的生命异化的程度也就越大。"①弗洛姆试图从马克思的占有的越多、生存的越少的模式中,发现占有与生存之间差异的经验基础。"我希望借助心理分析的方法,通过对个人和群体的具体研究,为这种区分寻找经验上的根据。我的结论是,这两种生存方式的区分以及爱生和爱死这两种不同形式的爱是人类生存的最为关键的问题;人类学和心理分析所获得的经验事实表明,重占有和重存在是人对生活的两种根本不同的体验形式,其强弱程度决定个人品格的不同和两类社会品格的不同。"②从弗洛姆关于品格的定义来说,重占有和重存在是人类的生存方式和体验方式。

　　什么是重占有的生存方式呢? 马克思给出的答案是:"占有表现为异化、外化"。③"占有"就是"人的自我异化"的罪魁祸首。这似乎有点让人费解,在我们看来,占有似乎是生活中很正常的事情。我们必须占有一定的物,才能从中获得快乐,难道生存的本质不在于占有吗? 人们通常认为,一无所有的人其生存也就一文不值。弗洛姆对此作出了回答。他说,"占有"有两种含义,一种是功能性占有,另一种是重占有。人们为了能够生存下去,必须拥有、保留、维护和使用某些物品,比如说身体、食品、住房、衣服和工

---

　　① Erich Fromm,To have or to be,New York:Harper & Row,1976,p.157;［美］埃利希·弗洛姆著:《占有还是生存》,关山译,三联书店1988年版,第165页。

　　② Erich Fromm,To have or to be,New York:Harper & Row,1976,p.16;参见［美］埃利希·弗洛姆著:《占有还是生存》,关山译,三联书店1988年版,第20页。

　　③《1844年经济学哲学手稿》,人民出版社2000年版,第52页。

具,这些都是生存所必需的,这就是功能性占有,也可以称为生存性占有。重占有则是一个哲学层面的概念,指的是一种生存方式。在这种生存方式中,主体与对象之间的关系不是一种活的、创造性的过程,而是一种占有和被占有的、死的、没有生命力的关系,人的自我感觉和心理健康状态都取决于对物的占有,而且是尽可能多地占有。在这种情况下,人要把所有的人和物,其中包括自己都变为他的占有物。以占有为目标的人与人的关系以竞争、对抗和恐惧为特征。这种对抗性因素,是由占有心态的特性决定的。如果人的自我感觉建立在占有这一基础之上,因为"我是我所占有的物",那么,占有的意愿就会变成一种要求越来越多、直到最多地占有某物的欲望。可以说,占有欲是重占有定向的必然产物,而当这种欲望没有满足的时候,人也就不会停止和罢休。重占有的生存方式以及由此产生的占有欲必然导致人与人之间的对抗和斗争。总之,重占有导致了人的自我异化。

弗洛姆提出,重占有和重存在是人的心理本身具有的两种倾向。两种生存方式也是人对生活的两种根本不同形式的体验,其强弱程度决定着个人品格的不同和社会品格的不同,而且占主导地位的品格结构决定一个人的全部思想、感情和行动。

弗洛姆认为,建立在私有制、利润和强权三大支柱之上的西方工业社会是重占有品格导向的温床。占有取向是工业社会的人的特征。"消费是一种占有形式,也许是今天'商品过剩社会'中一种最重要的占有形式;……现代消费可以用这个公式来表示:我所占有的和所消费的东西即是我的生存。"①在他看来,这种占有和

---

①　Erich Fromm,To have or to be,New York:Harper & Row,Publishers,1976, p.27;[美]埃利希·弗洛姆著:《占有还是生存》,关山译,三联书店1988年版,第32页。

消费的方式违背人的生存意义，是毫无价值的。

　　他指出，占有观念经历了一个从"越旧越好"到"越新越好"的转变，前者以囤积、积蓄保存为特征，后者以消费、用完扔掉、追求时髦为特征。以前，人们总是把自己所占有的一切都保存起来，尽可能长久使用。今天，人们买来物品是为了扔掉它，今天的口号是：消费，别留着。反映这种现象的最好例子就是人们对小汽车的占有。人们占有小汽车，然而对每种车型的兴趣又很短暂，原因就在于：第一，小汽车是人的社会地位的象征，这就是人的物化；第二，通过买卖小汽车，获得一种掠美夺美的获胜心理，并增强了人能支配某物的统治感和征服感；第三，从更换中尽可能获得好处，这种获利欲望深植于人心；第四，人需要寻求新的刺激，因而喜新厌旧；第五，最重要的是社会品格发生了变化，从囤积型转变为市场型。重占有定向并未因此消失，而是发生了很大的变化。现代社会的人不仅对物有着占有的倾向，而且对人，包括对医生、律师、上司、工人等与自己有一定关系的人，都有一种占有感。甚至思想和信念也成为个人财产的一部分。可以说，占有的生存方式无处不在。

　　一般说来，占有的关系总是压抑的，是一种负担。这种重占有的心态在佛教中被称为欲念，在犹太教和基督教里被称做贪婪。这种心态使一切变成死物，变成强权统治的对象。而在这种生存方式中，个人的幸福就在于能胜过别人，在于他的强力意识以及他能够侵占、掠夺和杀害他人。①

　　弗洛姆赞成弗洛伊德对19世纪资本主义社会中产生的占有

---

　　①　Cf. Erich Fromm, To have or to be, New York：Harper & Row, Pub. , 1976, p. 81.

倾向进行的分析。弗洛伊德发现，所有的孩子在经过一个纯粹的消极感受期之后，接下来的是具有攻击性的获得感受阶段，在他们尚未成年之前都要经历这个阶段，这就是肛门期。肛门期对人的发展具有决定性意义，并导致肛门品格的形成。具有肛门品格的人将其主要精力用于其财产、节省、储蓄和其他的物品，甚至情感、手势和语言也在储存之列。这是一种吝啬的品格结构，也是尚未成熟的品格。弗洛伊德以此来批判19世纪资产阶级社会的贪婪及其所导致的人格病态。他还认为，占有取向占主导地位是人在完全成熟之前那一阶段的特征，如果在以后的生活中这种取向仍占主导地位，就必须将其作为病态来看待。也就是说，在弗洛伊德看来，重占有的人的心理是病态的，其神经是不正常的；而一个以肛门品格占主导地位的社会也是病态的社会。弗洛姆发展了弗洛伊德的理论，提出一个以重占有生存方式为主导的人是一个病态的人，而一个以重占有生存方式占主导地位的社会也是一个病态的社会。

三、逃避自由的心理倾向

创制型人格的发展应当建立在人的自由与自主的基础上，自由与自主是创制型人格的必备条件。但是，在弗洛姆看来，现代人并没有获得能使他的自我得以实现，即他的智力、感情和感官方面的潜能得以发挥这一意义上的积极自由，反而陷入了孤独、充满忧虑、软弱无力的困境。为了摆脱这种困境，多数人选择了重新依赖、屈从于外在的权威或他人而逃避自由的道路。20世纪20年代和30年代，意大利法西斯主义和德国纳粹主义的崛起及其所掀起的群众狂热，就是逃避自由的极端例子。

弗洛姆分析了人逃避自由的原因。他指出，最初，人与自然紧密相连,受制于自然,在向往自由的需要的迫使下,挣脱了大自然的桎梏,达到了个体化。但是个体化与个体独立性的获得是以安全感、归属感和依赖感的丧失为代价的。不管是奴隶社会还是中世纪的早期,人与人、人与社会的关系是确定的,个人因为隶属于一个整体而获得了安全感,并未感到孤独和焦虑。到了中世纪,虽然人仍然缺少独立和自由,但是由于传统的社会秩序、稳定的行会制度、狭小的生存环境、不变的社会地位等,给人一种原始的束缚和天然的安全感,所以人并不感到孤独和焦虑。而到了中世纪后期,尤其是早期资本主义的发展时期,个人摆脱了中世纪社会强加在个人身上的各种束缚,特别是经济和政治束缚,个人在新的资本主义制度中,积极独立地发挥作用。资本主义制度为人的自由发展提供了条件,人们可以通过自身努力最大限度地改变命运。但是,个人所摆脱的这些束缚却正是过去给人带来安全感和归属感的东西。世界不再限制人,相反还为人提供了广阔的活动天地,但世界充满危险,个人受到强大的资本、市场力量和竞争对手的威胁。几乎所有人都是潜在的竞争对手,人与人之间变成了敌对和疏远的关系。人自由了,但自由又把他抛入了无边的孤独之中。到了自由资本主义时期,社会的巨大进步为人的解放奠定了基础,在提高人的主动性、判断力和责任心等方面作出了巨大贡献。个人不再受那些不允许人越雷池一步的社会制度的束缚,社会鼓励人获取经济利益,只要努力就有机遇。在激励的竞争中,能否把握机会则全靠自己。但是,这种自由让人更加孤立无援,呈现在现代人面前的是:车水马龙的大都市、高耸入云的高楼大厦、震耳欲聋的无线广播、一日三变的新闻报道、眼花缭乱的各种演出、跳跃有致的爵士音乐……所有这一切,说明个人面对着一种自己根本无法控制的力量,相比之下,个人只是一粒微尘。他所能做的一切就像一个受命行军的士兵或一个在公交车上工作的工人一样随波逐流。虽然他还在行动,但他感觉不到自己的独立个性和生活的意义。① 所以,弗洛姆说,中世纪虽然不自由但却是安全的,而资本主义社会是自由的但却不安全,资本主义制度导致了人们逃避自由的倾向。

弗洛姆分析了逃避自由的三种方式:

其一,机械地自动适应社会。这是多数现代人采用的最普遍的逃避自由的方式。个人完全放弃自我而选择与大多数人趋于一致,机械地或舍己地自动适应,个人完全按照社会的要求来塑造自己,本质上成为他人所期望的应声虫。这样,所有的人都变成清一色的机器人,他们完全一体化了,不再感到孤独和忧虑,但他们却是以抛弃自我为代价的。

其二,攻击与破坏。攻击和破坏是人的生命力被压抑而释放能量的一种形式。破坏型人格为了消除孤独,通过消灭威胁自己生存的外在的东西而获得安全感。具体来说,它是个人长期遭受孤独焦虑心理的压抑而产生的怒火甚至绝望的愤懑情绪得以宣泄的主要途径,其后果是严重的,指向自己则会产生自杀行为,指向外部则会威胁社会安全。弗洛姆认为,由于持续不断地遭到来自外界的威胁,人们就会摧毁一切威胁自身存在的外力,由此来缓解内在的孤独和无权力感。显而易见,这是一种极具破坏性的逃避自由的心理机制。

其三,虐待狂与受虐狂的人格。这两种人格都强调无条件的、

---

① Cf. Erich Fromm, Escape from freedom, New York: Holt, Rinehart and Winston, 1941, pp. 131 - 132;参见[美]埃利希·弗洛姆著:《逃避自由》,陈学明译,工人出版社1987年版,第176页。

绝对的强权和统治。受虐狂和虐待狂的心理倾向表面上看是完全不同、相互冲突的，但是实质上二者具有共同点并且互为条件，都是内在孤独感和恐惧感的表现，都倾向于对某种外在的权威或力量加以认同，形成逃避自由、否定自由的心理机制。这种以权力为中心的心态是"逃避自由"心理的一种表现。虐待狂与受虐狂的人格都是要放弃自己的独立自由的倾向，或是借支配别人而掩盖自己的空虚，或委身于他人而消除自己的孤独。他指出，由虐待狂和受虐狂共同构成的极权主义的逃避自由的心理机制"是指个人为了获取他已丧失掉的力量，不惜放弃自我的独立而使自己与外在的他人或他物凑合在一起的倾向。换句话说，也就是指那种寻求新的'第二个枷锁'来代替业已摆脱掉的原始枷锁的倾向"。①受虐狂心理有着内在的自卑、无能及无意义的感觉，他们有意识地轻视自己，使自己软弱，羡慕权威，不愿主宰一切，而愿意依靠具有权威的他人、组织或自身之外的任何力量；并且力图使自己成为自身以外的某个强有力的整体的一部分，从而分享它的力量和荣耀。而有虐待狂倾向的人则妄想使别人依赖他们，并且有绝对的权力或无限的权力去控制别人，把他人视做工具，还特别愿意使别人痛苦，包括精神上的和肉体上的，使别人在自己意志下完全屈服，使自己成为真神。虐待狂虽然表面很强大，实则内心空虚与孤独，他们无法承受独立自由带来的孤独，所以想通过控制他人、虐待他人，而增强自身的力量。法西斯主义的信徒以及崇拜者中的大部分就是被虐待狂，他们具有受虐狂的一般特征，他们以成为一个法

---

① Erich Fromm, Escape from freedom, New York: Holt, Rinehart and Winston, 1941, p. 141；[美] 埃利希·弗洛姆著：《逃避自由》，陈学明译，工人出版社 1987 年版，第 188 页。

西斯主义的信徒为荣。显然,法西斯主义如果没有这些人的支持与拥护,是绝不会得逞的。弗洛姆发表《逃避自由》一书时,正是德国法西斯主义的鼎盛时期。作为一个受法西斯主义迫害的犹太人,弗洛姆承认法西斯主义的形成有一定的政治经济原因,但是从社会心理的角度来看,主要在于德国人(主要是中下阶级)逃避自由的渴求,而且这种逃避和放弃自由的程度,并不亚于其祖先渴望和追求自由的程度。

虽然逃避自由的方式有多种,但这些方式犹如动物的保护色,看起来与周围环境是如此相似,以致很难从中辨别出来。然而,不管是何种方式,都会使个人放弃自我,成为麻木不仁的人。虽然他不再感到孤独、忧虑和烦恼,却付出了高昂的代价,因为他失去了自我。这种逃避自由的心理机制不仅使人的历史和人的活动失去了创造性,而且在极端的情况下还会导致诸如法西斯主义这种历史悲剧。因此,必须正视并努力超越现代人的丧失自由和逃避自由的心理结构。

总之,弗洛姆通过对现代社会尤其是资本主义社会中人格状况的考察,发现并揭示了社会成员的病态人格,其中,非创制型品格倾向、重占有的生产方式以及逃避自由的心理倾向是病态人格具有的三大特征。弗洛姆认为,病态人格具有的是不健康的恶的品格,而创制型人格才具有完美的理想的善的品格。创制型品格定向虽然是人所固有的能力,但是在现代社会中,这种能力却日益萎缩,现代社会流行的是以非创制型倾向、重占有和逃避自由为特征的病态人格。弗洛姆还引用"世界卫生组织"和"酒精中毒委员会"在1951年发表的数字,来说明美、英、法、加拿大、澳大利亚、意大利、西班牙等国存在自杀、凶杀、酒精中毒和破坏性行为的高发生率。发人深省的是,发生率是与物质财富的增长和国家的富裕程度成正比的。这些都证明,西方社会并没有培养出完善的人格,反而使人格病态,并导致人的精神受损,出现严重的精神病征兆。弗洛姆对当代社会的病态人格作出的分析和批判是深刻而有意义的,正如美国哲学家 L. J. 宾克莱所说:"弗洛姆对现代人的困境的诊断,是他的思想的高峰,他企图在这个复杂的现代世界中让人的生活多恢复一些尊严,这件事的重要意义是谁也不会不承认的。"①

---

① ［美］L. J. 宾克莱著:《理想的冲突:西方社会变化着的价值观念》,马元德等译,商务印书馆 1983 年版,第 158 页。

第四章 弗洛姆新人道主义伦理学对现代社会的伦理批判——总体异化

面对西方社会中人格的病态危机,弗洛姆并未停留在愤怒的批判和声讨上,而是认真分析导致这一结果的原因,并苦苦探索社会和人格的健全发展之路。他通过研究发现,造成非创制型人格的原因在于社会的总体异化,即社会在经济、政治、教育、宗教和科技等领域的普遍异化,它扼杀了作为个体的人,扼杀了人的第一潜能的发挥,导致了人性异化和非创制型人格普遍发展这一社会疾病,严重阻碍了人的自由全面的发展和创制型人格的塑造。

总体范畴是西方马克思主义的理论标志。尽管不同的派别对总体的理解大不相同,但就其强调对研究对象的总体把握,期待社会的总体变革,呼吁总体的人的出现等方面而言,他们之间有着一致性。① 在其创始人卢卡奇的思想体系中,总体性占有至高无上的地位。卢卡奇认为,马克思主义辩证法的本质是总体范畴,"总体范畴,整体对各个部分的全面的、决定性的统治地位,是马克思取自黑格尔并独创性地改造成为一门科学的基础的方法的

---

① 参见张康之:《总体性与乌托邦》,中国人民大学出版社 1998 年版,第 29页。

本质。"①在哲学史上,黑格尔不仅是第一个提出"总体性"范畴的人,而且还将它作为自己整个哲学的本原。在他那里,总体范畴是绝对精神的别称,绝对精神是普遍的、统一的、完整的总体,世界统一于绝对精神,绝对精神既是世界万物的本质,又是其本质的表现,绝对精神之外无物存在,它就是世界的总体本身,因而总体就是实体,是作为万事万物本质的精神实体。卢卡奇认为,马克思对黑格尔的总体观作了"独创性地改造"。也就是说,马克思接受了黑格尔的总体观,但不是把总体理解为精神实体,而是根源于经济分析的对人与人的关系的总体把握。

　　"异化"是德国古典哲学,尤其是黑格尔、L. A. 费尔巴哈哲学中常见的术语。侯才先生认为,德语"Entfremdung"(异化)一词译自希腊文"allotriosis",意指分离、疏远、陌生化。它是马丁·路德在翻译《圣经》时从希腊文《新约全书》移植到高地德语中的,用来指疏远上帝、不信神、无知。另外,"Entfremdung"在德语中非宗教的、世俗的使用中还融会了拉丁语"abalienare"和"alienatio"两词的内涵。"abalienare"在中古高地德语中为 anfremeden,意指陌生化、剥夺、取走。"alienatio"意为陌生、脱离、转让,指谓权利和财产的转让、让渡。② 17、18 世纪的启蒙思想家,如霍布斯、卢梭等,就是在"权利转让"的意义上使用该词的。"异化"成为一个较普遍的概念,并被提到哲学的高度,是从德国古典哲学开始的。J. G. 费希特首先使用"外化"概念③,以建立自己的"知识学"体系。

　　① 　[匈]C. 卢卡奇著:《历史与阶级意识》,杜章智等译,商务印书馆 1992 年版,第 76 页。
　　② 　参见侯才:《有关"异化"概念的几点辨析》,《哲学研究》2001 年第 10 期。
　　③ 　参见吴江:《异化问题述评》,《德国哲学》第 2 辑,北京大学出版社 1986 年版,第 61 页。

在费希特那里，"外化"含有"分离"、"分裂"之义，是"自我"认识自身、完善自身的方式。"费希特所阐述的外化的概念无疑对黑格尔有影响。"①黑格尔第一次真正使"异化"获得了丰富、深刻的内容，从而把它提升为一个重要的哲学概念。在黑格尔的《精神现象学》中，异化作为一个专门的哲学范畴出现，从本体论、认识论、社会历史、政治、经济、伦理、美学的角度得到了探讨。② 黑格尔的"异化"概念主要有两种内涵：一是人与自己本然之性或本真存在的离异。这是由资本主义商品生产下劳动的社会性所引起的。二是绝对精神运动过程中的自我分裂。异化是"绝对精神"展现自己、认识自己、完成自己的必然形式，异化的主体是精神，异化的动力来自精神本身的能动性和创造性。黑格尔常常不加区别地使用"异化"和"对象化"，认为"异化"就是"对象化"，这个意义上的异化是"绝对精神"的恒久伴随物，只要"绝对精神"存在，异化就永不能消除。也有人认为，正是费尔巴哈赋予了异化的"引申的哲学含义：主体所产生的对象物、客体，不仅同主体本身相脱离，成为主题的异在，而且，反客为主，反转过来束缚、支配乃至压制主体"。③ 费尔巴哈将它发展并应用到对宗教的批判中，并以"上帝是人的类本质的异化"的命题奠定了他在德国古典哲学中的不朽地位。

　　在此，我们还应当提到"真正的社会主义"的代表人物、青年

---

　　① ［波兰］A. 沙夫著：《马克思论异化》，孟庆时译，载《马克思哲学思想研究译文集》，人民出版社1983年版，第94页。

　　② 参见汝信：《论青年黑格尔的异化理论的形成和发展》，载《论康德黑格尔哲学》，人民出版社1981年版，第178页。

　　③ 侯才：《有关"异化"概念的几点辨析》，《哲学研究》2001年第10期。

黑格尔派 M. 赫斯。① 在异化问题上,赫斯比费尔巴哈前进了一步。如果说费尔巴哈完成的主要是人的本质的异化与宗教的形成过程的揭示,那么,赫斯则进而指出了异化不仅表现在宗教领域中,而且表现在政治和经济领域中,并揭示了异化在私有制中的根源。

马克思在批判地汲取黑格尔、费尔巴哈和古典经济学家关于异化理论成果的基础上,在《1844 年经济学哲学手稿》一书中系统论述了异化劳动理论。马克思提出劳动是人的"自由的、有意识的活动"的命题②,指出全部人类历史无非是人的本质的展现和完成的历史,即通过异化劳动并扬弃异化劳动,达致劳动的"自由自觉"之境地。马克思提出,劳动是人的本质力量的表现,是能动的创造,这一创造也包括人自身的创造。但是由于私有财产和分工的发展,劳动日益丧失了这一性质,而变成了与人的本质、计划和愿望相背离的存在。由于劳动发生了异化,因而它不再是人的本质力量的表现,而是与之相反的东西。正是这一原因,异化劳动体现为:其一,在劳动结果上,工人与自己的劳动产品相异化。"工人对自己的劳动的产品的关系就是对一个异己的对象的关系。"③

---

①　M.赫斯是青年黑格尔派的代表,德国共产主义思想的第一个宣传者。他 1812 年生于莱茵兰州波恩,曾任《莱茵报》副主编,并在报上发表了一系列宣传社会主义的文章。1842 年,马克思由波恩迁往科伦时,与赫斯的接触比较频繁。赫斯的思想曾对马克思和恩格斯产生过影响。甚至他还帮助马克思撰写了《德意志意识形态》中的一章。他在第一国际中坚定地支持马克思。恩格斯在《马克思恩格斯全集》第 1 卷中称赫斯为"该党第一个共产主义者"和"第一个通过哲学道路达到共产主义"的人。

②　参见［德］马克思:《1844 年经济学哲学手稿》,人民出版社 2000 年版,第 57 页。

③　［德］马克思:《1844 年经济学哲学手稿》,人民出版社 2000 年版,第 52 页。

其二,在劳动活动中,工人与自己的劳动相异化。劳动对工人来说并不是其本质,而是外在的东西。工人的劳动并不是自愿的劳动,而是被迫的强制劳动。这种劳动并不是需要的满足,而只是满足劳动以外的那些需要的手段。其三,人与自己的"类"本质相异化。马克思认为,"自由的、有意识的活动"是人的"类"本质。然而,异化劳动,由于使自然界,使人本身,使他自己的活动机能,使他的生命活动同人相异化,对人来说,它把类生活变成维持个人生活的手段。其四,人与人相异化。正因为人与劳动产品、自身的生命活动以及类本质相异化,因此也造成了人与他人关系的异化。在马克思看来,工人与资本家之间尖锐的阶级对立就是资本主义社会中人与人相异化的最明显、最全面的确证和表征。

在西方马克思主义理论中,通常运用异化这一范畴来描述现代资本主义社会和人的病态。在《历史和阶级意识》一书中,卢卡奇曾用物化、异化来批判资本主义社会中人性的扭曲、人的非人化和社会的各种畸形化。他提出:"人的异化是我们时代的关键问题"①,也是"从马克思以来第一次被当做对资本主义进行革命批判的中心问题"②。

继承这一传统的弗洛姆也以异化作为批判当代西方社会的不健全和人格病态的中心范畴。在他看来,这个概念触及了现代人的人格中最本质的内容,而且比较准确地反映了现代社会经济结构与个人品格结构之间的相互作用。离开了创制性的否定概念

_____

①　[匈]C.卢卡奇著:《历史和阶级意识》,杜章智等译,商务印书馆1992年版,第17页。
②　[匈]C.卢卡奇著:《历史和阶级意识》,杜章智等译,商务印书馆1992年版,第16—17页。

（Negation of Productivity）即异化概念，就无法真正把握人的概念。异化的形式多种多样，并且极其复杂，从异化形式的多样性和复杂性出发，我们可以发现许许多多的异化类型，这些类型的存在都阻碍着主体性的真实发挥。在此基础上，弗洛姆认为，在克尔凯郭尔以后的 100 多年间的存在主义运动，其实质就是反对异化、捍卫人性。

在弗洛姆眼里，黑格尔把人的历史视为异化的历史。同样，马克思也把人的存在视为与人的本质相脱离，因而人的解放也就是克服存在而回归人的真实本质。弗洛姆把马克思的异化观视为人在把握世界的时候，不是把自己作为行动者，而是觉得自己周围的世界（自然界、他人和自己）都是陌生的，也就是说，周围的世界既与自己相疏远，又敌对地作用于自己。他认为，马克思的哲学是对人的异化现象的一种抗议。因此，马克思哲学的核心问题就是现实的个人的存在问题，异化理论始终在马克思的著作中占据着中心地位，不仅在马克思的《1844 年经济学哲学手稿》中是如此，而且在其中晚期的著作《德意志意识形态》和《资本论》中也是如此。在此基础上，弗洛姆把异化定义为一种体验方式，"异化主要是人作为与客体相分离的主体被动地、接受地体验世界和他自身"。①在这种体验中，个人感到自己是陌生人，他感觉不到自己是活动的主体和自己行动的创造者，只感觉到他是自己的行动及其结果的奴仆，他只能服从甚至崇拜它们。他说："异化的事实就是，人没有把自己体验为自身力量及其丰富性的积极承担者，而是觉得自己变成了依赖自身以外的力量的无能之物，他把自己的生活意义

---

① Erich Fromm, Marx's concept of man, New York: Frederick Ungar Pub. Co. , 1966, p. 44.

投射到这个'物'之上。"①

弗洛姆还从词源学的角度对"异化"(alienation)的来源进行了分析,认为异化原本是精神错乱的病态心理的一种表现形式。在法语中的"aliene"和西班牙语中的"alienado",都是指精神病和精神完全失常的意思,而英语中的"alienist"仍然意指那些治疗精神病的医生。所以他认为,异化是病态心理的一种。② 弗洛姆还指出,马克思和弗洛伊德都认为异化是人的病态。弗洛伊德认为,人主要是在家庭的影响下形成的,所以异化是个人的病态;而马克思认为,人是由社会形成的,所以异化是社会的病态。这种异化病在工人阶级中最为严重而且传播得最迅速,病因就在社会组织之中,在资本主义的生产方式之中。弗洛姆赞成马克思的观点,并且进一步提出,虽然异化是自有人类社会以来就存在的社会现象,但在现代资本主义社会中,人的异化无论从广度和深度上都达到了空前的程度,几乎是无孔不入,无所不在,渗透到人与自己的劳动、消费品、国家、同胞以及自身的关系之中,体现在经济、政治、文化、科技等社会生活的各个方面。这就是社会的总体异化。

第一节 对资本主义经济领域
异化状况的伦理批判

弗洛姆对资本主义经济制度进行了猛烈地批判。在他看来,现代西方人的人格危机和精神病症是由于资本主义生产方式以及

---

① Erich Fromm, The sane society, London: Routledge, 1991, p. 124.

② Cf. Erich Fromm, Beyond the chains of illusion: my encounter with Marx and Freud, New York: Simon and Schuster, 1962, p. 43.

工业时代"贪欲社会"所造成的。资本主义是西方社会中占主导地位的经济制度,这种经济制度规定一切经济活动都必须围绕利润来展开。在前资本主义社会,经济行为还是由道德规范所决定的。然而到了18世纪,资本主义实现了一场彻底的演变,把经济行为与伦理以及人的价值观念分离开来,只把经济的增长当成唯一目标,经济活动被视为一个完全独立于人的需求及人的意志的自主的整体,经济体系的发展不再受到"什么对人类有益"这个问题的限制,而是由"什么对体系自身的进展有益"这个问题所决定。尤其是到了20世纪,资本主义的市场法则自行支配人的行为,商业和生产占据了人的地位,在经济制度中,人不再是目的而成了手段和工具。这一切决定了资本主义社会中的人际关系,从而导致资本主义经济制度对人造成极大的控制,它使人失去了超越这种制度的意志,成为社会经济制度的附属物。

一、对资本主义生产等领域异化状况的伦理批判

弗洛姆认为,首先,资本主义最基本的特征之一就是数量化和抽象化的发展。中世纪手工艺人和农民的生产活动几乎不需要过多地计算收支。然而,在现代资本主义中所有的经济活动(包括有关原材料、机器、劳动力的费用、产品等方面的活动)都必须严格地数量化。而且,现代商人由于生意的扩大,不仅有数百万美元以上的大宗生意,而且要应付大量的顾客、股东、工人和雇员,他们就像一架庞大机器中的许多小零件,"商人必须控制这架机器并且计算出它的效果;最后每个人都被视为一个抽象实体和数字"①。

---

① Erich Fromm, The sane society, London: Routledge, 1991, p. 112;[美]埃利希·弗洛姆著:《健全的社会》,欧阳谦译,中国文联出版公司1988年版,第111页。

另外,在前资本主义社会中,交易在很大程度上是商品和劳动的交换;而在现代社会,只有大约20%的劳动人口从事自我生产与经营,而其他的大部分劳动人口由于受雇于人,劳动通过金钱来偿付。金钱是劳动的抽象符号,金钱的收支代表了具体劳动的抽象性质。其次,是资本主义不断扩大的劳动分工导致了抽象化的加深,现代化生产中的工人不可能接触到整个产品,他的劳动逐渐抽象成为一种专门化的如同机器般的操作活动。再次,抽象化和数量化的态度还扩展到事物的范围以外,人也被当做具有一定交换价值的东西,用经济活动的抽象公式来表达人的生命的丰富性和具体性。在所有其他领域也存在这种抽象化的过程。这种抽象化和数量化忽略了对事物或人的具体性、特殊性的认识,因而对于人和事物的认识就只有数量上的区别而没有质的差异。这种抽象化使科学、商业、政治都失去了人性的基础和性质,这正是资本主义生产所带来的异化。

在弗洛姆看来,资本主义不仅导致数量化和抽象化,而且在生产等领域造成了严重的异化,这种异化主要体现在以下几个方面:

1. 劳动异化导致工人人格尊严和价值的丧失

资本主义的异化首先表现为工业生产中的劳动异化。[①]　弗洛姆认为,劳动原本是使人摆脱自然的解放者和使人成为社会的独立存在物的创造者,劳动表现了人的创造力这一本质。在西方历史上,13世纪的手工业曾是创造性劳动的一个顶峰。但随着近代资本主义生产方式的出现,劳动的意义和作用都发生了根本性的变化,它不再是一种自我满足的创造性和自得其乐的活动,而成为

---

① 参见徐大同主编:《20世纪西方政治思潮》,天津人民出版社1991年版,第195页。

一种强制和责任。工人在复杂和高度组织化的生产过程中完全处于被动地位,他只是机器的组成部分,而不是支配机器的积极力量。他变成了一个"经济原子",干活时站在何处,如何干,大腿、胳膊应在多大范围和多少时间内活动,这些都是随着原子学家(管理者)管理的调子来行动的。他的工作变得越来越重复、单调和无思想性,他的创造性、好奇心和独立思考能力严重受阻。这种异化状况将导致工人的冷漠、毁灭甚至精神上的退化。另外,工人的劳动只是获得金钱和财富的手段,而不是一种有意义的人的活动。资本主义的生产动机仅仅在于投资得到的利润。为了获取高额利润,资本主义对工人进行疯狂的剥削,使工人的劳动变成强制行为。工人作为受雇者,除了按规定完成他所做的那份工作以养家糊口以外,他就不再有责任和兴趣。劳动成了不合人性的、有害的和无意义的东西。在异化的劳动中,人失去了尊严和价值。人被人所利用,这作为资本主义制度基础的价值体系的充分体现。资本可以雇佣具有生命力和现实力量的劳动力,而在资本主义价值体系中,资本的价值高于劳动力的价值。拥有生命、技能、活力和创造力的人,必须听命于拥有资本的人。这就表明"物"的地位高于人的地位。

2. 管理活动官僚主义化

弗洛姆提出,在现代企业管理机构中,管理者的作用也是一种异化。管理人员是既无爱也无恨,不带任何感情的机器零件;是非人格机器的组成部分,而不是同雇员们进行个人接触的人。经理虽然管理生产,但他同他管理的产品也是相异化的。经理的目的是有效地管理和使用他人投入的资金,他只需要关注有效的管理和实现企业的扩大再生产。而那些负责操纵人的管理人员比负责生产技术问题的管理人员愈来愈重要。经理人员也像工人和其他人一样,要对付一些非人的庞大之物:"庞大的竞争性企业,庞大的国内外市场,需要哄骗和操纵的大量消费者,庞大的社会组织和强有力的政府,所有这些庞然大物似乎都有自己的生命,它们支配着经理的活动,也控制着工人和职员的活动。"①这种经理作用的异化是异化文明中的重要社会现象。由于管理机构的庞大和随之而来的抽象化,官僚们与大众的关系完全是一种异化的关系,被管理的大众只是官僚眼里的客观物体,官僚们只是把人当做数字和物来管理。弗洛姆进一步分析这种现象产生的原因,由于组织机构的庞大和分工的过细,没有人能看到生产的全部过程,"由于工业生产中不同的个人或组织之间缺乏有机的和自发的合作,起管理作用的官僚就应运而生;离开这些官僚,企业很快就会解体,因为除了他们就没有人知道企业运行的奥秘"。②

3. 资本家对财产所持的异化态度使其失去了主动权和责任感,同时也使其失去了应有的人格影响力

弗洛姆认为,在现代经济活动中,越来越起决定作用的是大企业和大公司,甚至大企业的经济结构和大工业的技术就可以规定并塑造人们的社会品格。在一定程度上,人的社会信念和希望能否实现都取决于大公司。然而,由于所有权和管理权的分离导致大公司的拥有者对他的财产的态度也是异化的。所有者在公司中只保留了象征性的所有权,所有权仅是一张代表一定数量货币的纸,所有者与企业没有任何具体的联系。财富的具体形式和具体的管理越来越不受财富所有者的直接支配,因而所有者和企业之间失去了直接的联系,他们对企业不负任何责任。而作为所有权

---

① Erich Fromm, The sane society, London: Routledge, 1991, p. 126.

② Erich Fromm, The sane society, London: Routledge, 1991, p. 126.

组成部分的权力、责任和财产,则已转到控制企业的管理集团身上。正因为如此,所有权失去了过去的那种神圣意义,过去由所有者支配的物质财产能够使所有者得到收入以外的直接满足,其具体表现就是所有者人格影响的扩大。但现在由于公司的发展,所有者失去了这种人格的影响,就像工业革命给工人带来的损失一样。个人财富的价值逐渐摆脱了所有者个人而受到外在力量的摆布,这些外在力量体现为企业经营者的种种决策、变幻莫测的市场和商人交易活动。个人财富还要受到不断变化的社会估价的影响,这种影响直接导致所有者对生产的投资和对自己财富的享用。所有者对于财富的支配需要通过市场的销售,所以他也越来越依附于市场。另外,股东异化状况的另一个重要方面,在于股东对企业的控制上。股东虽然有权选举企业的管理人员,但是股东并不能控制企业,原因之一是每个股东所占的股份很少而没有较大的支配权;原因之二是股东对企业的决策和生产过程并不感兴趣。所以,股东所有权的控制形式,有的是由经理人控制,有的是由缺乏所有权的指令性机构控制,还有的则是由少数股东控制。

4. 资本主义交换过程把作为达到经济目的之手段的交换行为变成了目的本身,并且使交换成为现代异化人的深层需要

弗洛姆认为,在一个不断扩大的国内外市场的基础上,交换原则是资本主义制度赖以生存的基本经济原则。但是,这条原则却成为现代人身上的基本驱动力,造成人格的市场倾向,这是一种待价而沽的异化人格。他指出,在以劳动分工的初级形式为基础的原始经济中,人们也会在部落内部或在邻近的几个部落中互相交换产品,但这是物物交换。虽然劳动分工在不断扩大,但是产品交换还是达到经济目的的手段。然而,到了资本主义社会,交换变成了目的本身。正如亚当·斯密所说,交换似乎是人身上的一种基本动力,"使人类获益的劳动分工最初并不是人类智慧的产物,并不是人类智慧预见到了劳动分工会带来普遍富裕。劳动分工是由人性中的一种倾向所派生的,这种倾向就是物物交换的倾向。……劳动分工是人类所共有的,其他动物都没有,它们似乎不知道劳动分工和契约为何物……谁也没有见过一条狗向另一条狗进行公平的骨头交易。"①弗洛姆认为,亚当·斯密的话表明他已经看到交换失去了它的作为经济手段的合理职能,成为现代异化人的深层需要。正如那些喜好交换的人一样,他们买汽车或房子,一有机会就会把它们卖出去。这种交换倾向在人际关系领域也蔓延开来,每个人都是一件商品,他的各种交换价值融合在他的"人格"中,这一人格就是使他可以待价而沽的那些特性;他的外貌、教育、收入和机遇,都成了他获得更多利润的商品,甚至集会和社交也起着交易的作用。人们希望用他的社会地位去换取更高的社会地位,在这一过程中他把自己旧有的朋友、习惯和感情全部换成新的。在弗洛姆看来,亚当·斯密把交换需要看成是人性固有的组成部分,其实,这是由资本主义制度所带来的人的社会品格所固有的抽象化和异化的病症。

二、对资本主义消费领域异化状况的伦理批判

弗洛姆认为,不仅在生产过程和交换过程中存在异化,在消费领域中,异化情况更为严重。消费原本是满足人们的需要和达致幸福的手段,然而,由于资本主义社会片面强调物质消费,人们越来越注重追求不必要的欲求满足,使消费变成了人生的目的,这是

---

① 转引自 Erich Fromm, The sane society, London: Routledge, 1991, pp. 146 - 147。

异化在消费领域的表现,它对人的创制型人格的发展造成了严重阻碍。具体而言就是使人完全丧失了自我,也丧失了宗教信仰及与此相关的种种人道主义的价值,丧失了深层的情感体验的能力,造成了人在精神上的巨大痛苦,这是同人道主义的要求完全不相容的。

1. 消费异化脱离了人的真正需要,最终导致了人性(自我)的毁灭

弗洛姆认为,资本主义生产的内在规律要求不断地发展生产,因而必须不断地扩大消费。生产得越多,就要求消费得越多。它动用一切宣传机器刺激人们贪得无厌地追求物质享受,一再唤起新的需要使人们去购买最新的商品,并使他们相信这些商品能满足自己的需要。在这个过程中,媒体广告为了刺激人们的购买欲甚至不择手段,而所有这些手段从根本上说都是不道德的。① 在强大的宣传攻势下,"即使富裕的人也会感到贫困"②。资本主义独特的生产方式使人变成生产和消费的工具,使人把不是人的本质特征的物质享受当成了自己最本质的需求。他进一步分析发现,人们购买消费品,不是为了使用或享受而只是为了占有它们,消费行为成为一种强迫性和非理性的目的。人们感觉到的不是使用而是占有带来的愉快,因为这些占有可以标明他的社会地位,为他博取名望。这种消费方式导致人们对消费永不满足,如饥似渴,从而产生了以商品作为宗教信仰的人,他们对于天堂的解释"是像这个世界中最大的百货商场,里边摆满了新产品和新东西,而且

① Cf. Erich Fromm, Escape from freedom, New York: Holt, Rinehart and Winston,1941,p. 128.

② Erich Fromm,For the love of life,New York:Free Press,1986,pp. 19－20.

他有充足的钱来购买这些东西"①。然而,这种无止境的消费渴望失掉了和人真正需要的联系,只是"人为制造的需要"和虚假的需要。在这样的社会中,人们被购买更多、更好、更新的东西的可能性所迷惑,他感到自己的内心是虚空的,像是瘫痪了一样,需要拄着拐杖才能行动。他不由自主地由贪欲引起消费,不由自主地要吃、要买、要拥有和使用更多的东西。只有通过不断地消费,那些空虚、瘫痪和无力的感觉暂时离开,他才会感到自己还是个活人,这样,就越来越变成贪婪的、被动的消费者,成了物的奴仆,这就是消费异化产生的失去了主动性、创造性和自由的"被动的人格"。这种"被动的人格"不仅体现在他购买消费品时是被动的,而且在闲暇时间里他也是不自由的、异化的消费者。他"消费"球赛、电影、报刊、书籍、演讲、自然景色以及社会的集会活动,就像他用异化和抽象化的方式去消费他买来的商品一样。他不是主动地参与这些活动而是要汲取一切已有的东西。在这种占有中,他占有物,物也占有他,主体和对象都变成了物。对所有这些虚假的需要和欲望的无限制满足导致了人的精神麻木,最后导致了自我的毁灭。因此,他说:如果19世纪的时代表征如尼采所说是上帝死了,那么20世纪的时代表征则是人死了。

2. 消费异化扭曲了人的幸福观,造成人在精神上的极大痛苦

弗洛姆认为,自从进入工业时代以来,几代人一直把他们的信念和希望建立在无止境的进步这一伟大允诺的基石之上。他们期望在不久的将来能够征服自然界,让物质财富涌流,获得尽可能多的幸福和无拘无束的个人自由。工业社会使人产生错觉:生产和消费的发展是无止境的,技术可以使人无所不能,科学可以使人无

---

① Erich Fromm, The sane society, London: Routledge, 1991, p. 135.

所不知,而人的"幸福就是消费更新和更好的商品,沉醉于音乐、电影、娱乐、性欲、酒和香烟"①。在这种幸福观的推动下,人们贪婪地消费一切,吞噬一切;任何东西,不管是精神的还是物质的,都成了消费的对象。然而,消费者的天堂并没有给予它所允诺的快乐,无限制地满足人们所有的愿望并没有带来欢乐和极大的享乐,而且也不会使人生活得幸福(well-being),物质生活的满足是以牺牲精神生活为代价的。他深刻分析了这一允诺未能实现的原因:"除了工业制度本身的经济矛盾之外,还在于这一制度两个重要的心理上的前提"②:其一是极端享乐主义。它是工业社会人们所奉行的伦理道德的主要支柱之一。它认为生活的目的是幸福,而幸福就是最大限度地随心所欲,就是满足一个人所能具有的全部愿望或主观需求。然而理论和事实都证明,极端享乐主义不符合人的本性,不是通向"美好生活"的正确途径。但是自第一次世界大战结束以来,我们这个时代又回到极端享乐主义的理论和实践上去了。现代人信奉的口号是"今朝有酒今朝醉",这种原则也支配了人们的性行为。然而,"极端享乐主义者的享乐,不断去满足新的欲望以及我们今日社会的娱乐行业,只会给我们的神经不同程度的刺激,不会使人的内心充满快乐。一种没有快乐的生活又迫使人去追求新的、越来越富有刺激的享乐。"③如此恶性循环,只是让我们更加不幸,因而,我们永远都是失望者。其二是利己主义。这是工业制度为维持自身生存必须鼓励的品格特征,也是当

---

① Erich Fromm, The sane society, London: Routledge, 1991, p. 356.

② Erich Fromm, To have or to be, New York: Harper & Row, Pub., 1976, p. 3.

③ Erich Fromm, To have or to be, New York: Harper & Row, 1976, p. 117;〔美〕埃利希·弗洛姆著:《占有还是生存》,关山译,三联书店1989年版,第124页。

前人们所奉行的伦理道德的主要支柱。现代人以利己主义的方式尽情享乐,然而利己主义被证明是错误的。奉行利己主义的人希望把一切都据为己有;占有就是他的生活目的。他永远不会满意,因为他的愿望和要求是无止境的。弗洛姆认为,利己主义的品格特征并不是自然的本能,也不是工业社会形成的原因,而是这一社会条件下的产物。这种价值观只是一种会给人带来无限痛苦的地狱,不会给人带来真正的满足。

3. 消费异化造成奢侈浪费

资本主义的经济制度建筑在高生产和高消费的基础上,因而造成了严重的浪费。浪费倾向不仅导致了经济上的严重损失,而且对人的心理产生了不良影响。它"使消费者失去了对劳动和劳动成果的尊重,使消费者忘记了在他自己的国家和更贫穷的国家中还有许多衣食不济的人,他所浪费的东西对这些人就可能是最珍贵的东西;总之,浪费的习惯表明,我们幼稚地无视人类生活的现实,无视人类生存所必须的经济斗争"。[1] 他认为,奢侈也是一种浪费。人类对奢侈或丰富的选择,对好的坏的富足的选择,直接决定人类的前途。他赞同马克思等思想家的看法:奢侈(指多余的富足)和贫穷一样都是巨大的负担,甚至奢侈比贫穷更可怕,这种奢侈最终将导致贫穷和痛苦。

4. 人类对自然界的贪婪掠夺造成生态灾难

人是自然存在物,是自然界的一部分,但又是理性动物,超越于自然界。人类为了满足自身的需要而凭借理性改造、征服自然,给人类带来极大的物质财富,但却使自然界遭到严重破坏,生态灾难已经出现。人类想要征服自然界的欲望和对自然界的敌视态度

---

[1]　Erich Fromm, The sane society, London: Routledge, 1991, p. 332.

使人变得十分盲目,而看不到这样一个事实:"自然界的财富是有限的,终有枯竭的一天,人对自然界的这种掠夺欲望将会受到自然界的惩罚"①。他进一步指出,实际上,现代人在技术上的进步不仅破坏了生态平衡,而且带来了爆发核战争的危险。而这两种危机中的任何一种,都足以毁灭整个人类文明,甚至地球上所有的生命。

第二节　对资本主义政治领域异化状况的伦理批判

弗洛姆对于资本主义社会政治领域的异化状况也是非常关注的。他强调,虽然现代资本主义社会在政治方面取得了较大的发展,使人获得了民主和自由的权利,但是造成了人的创造性、自由和人格的丧失和异化。政治领域中的异化主要表现为民主制度的异化和匿名权威的盛行两个方面:

一、民主制度的异化导致公民和领导者责任感和意志力的缺乏

弗洛姆指出,就像劳动成为异化的劳动一样,现代民主制度中选举人的意愿表达方式也被异化。民主原则意指全体人民的命运及其公共事务的决定,不是由某个统治者或集团来决定,而是由全体人民自己来决定,这应该是一种民众的自主权。从理论上来说,每个公民对国家决策都负有同样的责任与作用,然而,现实中的民主制度却是异化的。

---

① Erich Fromm, To have or to be, New York: Harper & Row, 1976, p. 8;[美]埃利希・弗洛姆著:《占有还是生存》,关山译,三联书店1989年版,第10页。

在资本主义初期,资产阶级为了维护自己的利益,剥夺了许多无产者的公民权,所以这时候的民主问题主要是争取普选权。在19世纪,普遍的公民权似乎可以解决所有的民主政治问题,甚至英国宪章派的领袖之一奥康诺在1838年还说:"普选权会马上改变整个社会的品格,使社会从戒备、怀疑和猜忌走向友爱、关心和信任。"①所有人都相信普选权将把公民变成有责任感、积极和独立的人。然而事实并非如此。虽然从那个时候开始,所有的西方国家(除了瑞士之外)都确立了成年男女的普选权,然而,即使在世界上最富有的国家中,还有1/3的人仍然吃不饱、穿不暖、住不好。普选权不仅使宪章派的希望落空,也使所有的人感到失望。

依弗洛姆之见,如果人们只是一些被异化的自动机器,他们的情趣、意见和好恶都受制于社会这部大机器,那么他们就不可能表达出自己的真实意愿。在这种情况下,普选权就只能是一种迷信。事实上,在西方民主国家中,政治机器的运转同商品市场的活动没有本质区别。各大政党如同庞大的商业机构,职业政客像商人一样运用施加压力的广告方法向公众推销他们的货物,政治宣传就像商业广告制造消费欲望一样制造着民意,公众就像在消费中受到广告支配一样,在选举中也受到政治宣传的左右。人们表达自己意愿的方式同他们购买商品的选择方式差不多,他们听信各种宣传的鼓动,很少把宣传的内容与事实进行对比,因此,广告宣传足以哄骗千百万人相信它所作的吹嘘。人们逐渐习惯于那些有钱就能买到一切的现象,其中就包括这样对待政治观点和政治领导人。当人们如此对待政治问题时,就抛弃了民主方法原本是通过选举来实施民众意志、达到民众自主的要求,从而失去了现实辨别

---

① Erich Fromm, The sane society, London: Routledge, 1991, p. 185.

能力。这种辨别能力的缺乏,说明人的责任感贫乏和意志力丧失。而没有来自责任感的冲动,必将导致老百姓对国内外政策的无知和缺乏主见。正如美国大公司股东的作用以及他们的意愿对于经营者的影响一样,成千上万的股东在总股份中只占很少的比例,从法律角度而言,他应当有权决定企业的经营方针和任命经营者,但是实际上,他们很少过问和使用他们的所有权,而是默认经理的所作所为和满足于固定的收入,大多数股东并不愿意参加决策的会议,而是把他们的代理委托书交给了经理。而现代民主中的情况与大公司相差无几。有半数以上的选举人自愿放弃他们的选票,而且,在选举活动与最高层次的政治决策之中,存在着一种神秘的关系,最终决策并不就是选举人意愿的实现。虽然他进行投票选举,自以为他是政治方针的制定者,那些他所接受的东西是他自己作出的,但在事实上,政治的决策主要是受制于他无法驾驭和认识的那些力量。

二、匿名权威的盛行消除了人的创造性,剥夺了人的自由

弗洛姆对权威的概念并没有详细地作出界定,他所谓的权威主要是指足以约束个人和团体的一种力量,这种力量可以通过制定法律、颁布规范而对人的行为加以管理和控制。[①] 根据权威运作方式以及对人的影响,弗洛姆把它分为三类:其一是外在权威和内在权威。凡是由人或外在组织对个人的思考、行为加以规范的权威,可称为"外在权威"。而"内在权威"是指个人在责任、良知或超我的要求下自愿遵守某些律令。自新教教义兴起至康德伦理

[①]　Cf. Erich Fromm, Man For Himself, New York: Holt, Rinehrt and Winston, 1947, pp. 8－9.

学创立,现代思想的发展特点就是内在权威取代外在权威的一种发展过程。其二是理性权威和非理性权威。其三是公开权威和匿名权威。公开权威,意指受约束的人们,可以看得见是谁在制定、发布命令,了解所应遵守的戒律是什么,以及违反戒律可能受到的惩罚。而匿名权威则指人们既看不到权威当局,也看不到命令的制定和颁布。

　　弗洛姆认为,"在一种一部分人受到另一部分人统治的社会制度中,如果统治者只是社会成员中的少数,那么这种社会制度就更依赖于有效的权威意识"①,这种社会制度是建立在一种强烈的权威感的基础之上的。权威意识在父权制社会中已经产生,并随着历史的发展而不断增强。随着建立在等级制度之上的社会的形成,建立在能力之上的权威逐渐被建立在社会地位之上的权威所取代。能力已经不是构成权威的主要因素,权威与能力之间已经没有或几乎没有必然的联系,在实际的或想象中的行使权威的那种本来的能力被制服和称号所取代。弗洛姆说:"权威并不是指某个人所'拥有的'东西,例如拥有的财产或其他有形的东西。权威是指人与人之间的关系,在这种关系中,一个人把另一个人看做是至高无上者。"②因此,他认为,权威并不仅仅是个人具有的品质,"一般地讲,包括经验、智慧、宽容、技能、风度、勇气"等品质,而"当期望赖以存在的各种品质消失或削弱的时候,权威本身也就不存在了"③,而且权威更多的是指一种人与人之间的关系。历

---

　　①　Erich Fromm,The sane society,London:Routledge,1991,p.95.

　　②　Erich Fromm,Escape From Freedom,New York:Holt,Rinehart and Winston,1941,p.164;[美]埃利希·弗洛姆著:《逃避自由》,刘林海译,工人出版社1987年版,第217—218页。

　　③　Erich Fromm,To have or to be? New York:Harper & Row,1976,p.37.

史上的权威无论是理性权威还是非理性权威,一般都是以公开权威的形式出现,权威者清楚地呈现在人们眼前,人们知道权威命令是谁下达的,也能够有效地反对这种权威,并在斗争中发展自己的独立性和提高自己的道德勇气。随着20世纪工业文明的到来和自由主义的兴起,权威的特征发生了改变,它不再能被人看到[①],而是变成了无名的、隐性的、异化的权威。这种权威没有命令者,没有道德律,然而却能使人们几乎完全地服从,这就是匿名权威。匿名权威的运行机制就是"求同"和"一致"。一般采取"建议"、"劝说"的方式,而不是采取强迫性的控制,如果有公开的权威存在,就会产生冲突,就会有所反抗,而当权威的运作采取温婉的诱导和巧妙的操纵时,个人为了"适应"、"求同"和"一致"而愿意接受普遍流行的律令。没有人对个人要求什么或指责什么,但社会中的个人却能达到步调一致。现代社会中的匿名权威的形式表现为利润、经济需要、市场、常识、公共舆论等。弗洛姆认为,匿名权威就是这些无形的力量,而它遵循的法则就像市场法则一样,人们无法看见,而且也无法直接感受到它的控制,而民主社会中的个人,因匿名权威而受到约束的强度,就和那些在极权主义社会中的人一样,甚至受到更为彻底的宰制。因此,拥有认同感的唯一途径是求同,这种求同实际上就是放弃自我。"'我们不再面临变成奴隶的危险,但我们面临着变成机器人的危险。'我们不再受到公开权威的恐吓,但我们还是身不由己地害怕那种看不见的统治权威。我们并不臣服于任何人,我们也不同什么权威发生冲突,但我们却失去了对自身的信念,

---

① Cf. Erich Fromm, Escape from freedom, New York: Holt, Rinehart and Winston, 1941, p. 167.

差不多丧失了个性和自我意识。"①弗洛姆看到，一致性的行为方式形成了一种新的道德、一种新的超我，这种道德不合乎人性，而会导致人格病态。它规定，"适应并且追随他人就是美德，反之就是罪恶。"②

　　匿名权威普遍存在，它所产生的影响力比公开权威更加有效。匿名权威已遍及极权独裁国家人民生活的各个层面，人们处在无时不在的匿名权威的统治之下。匿名权威的运作，可以伪装成普遍常识、科学、精神健康、正常状态和公众舆论等。它们通常以所谓"许多人都这么认为"或"大家都赞成应该这么做"，或者"这是许多专家学者根据科学而作出的建议"等数量上的统计，作为规范个人的有效依据。这种控制不但剥夺了人们思考、感觉和选择等自由，而且如果个人不适应、不依从这些多数意见，还会受到被大家孤立的危险。匿名权威使个人与真正的自我相远离而不自知，个人沦为权威所利用的工具而不自觉，它是造成当代人没有真正自由的重要原因之一。③ 而且，更为重要的是，匿名权威经常内化为个人人格的一部分，使个人服从舆论、社会道德、良知的要求。匿名权威所塑造的社会人格，消除了创造性，剥夺了个人的自由，危害了人的全面发展。

----

　　①　Erich Fromm, The sane society, London: Routledge, 1991, p. 102.

　　②　Erich Fromm, The sane society, London: Routledge, 1991, p. 158；[美]埃利希·弗洛姆著：《健全的社会》，欧阳谦译，中国文联出版公司1988年版，第159页。

　　③　参见陈秀容：《佛洛姆的人本主义》，台北唐山出版社1992年版，第48—49页。

第三节　对资本主义文化领域
异化状况的伦理批判

在弗洛姆看来,文化领域的异化主要体现在教育领域和宗教领域。教育和宗教领域对人造成的异化也是非常普遍和严重的。

一、对资本主义教育领域异化状况的伦理批判

人道主义伦理学的目标是创制型人格的全面发展。弗洛姆认为这种理想并不是自己的独创而是人类历史上人道主义导师们早已为人的发展和健全社会规定的准则。准则虽然是用不同的语言表达的,各自强调了不同的方面,并且在某些问题上存在不同观点,但是,分歧仅仅是表面的,是不重要的。实际上,不同文化的终极价值观、不同文明的先哲们,在实现人的发展的理想社会的构想上,提出了相同的见解和主张。而这些共同的人道主义的目标必须通过教育来实现。教育的任务首先在于使人们记住人类的这个共同理想和价值。[1]　然而弗洛姆发现,现在的教育却完全异化了。

1. 教育目的已经异化

在弗洛姆看来,使人们深刻了解人类文明的理想和规范,培养自主的创制型人格,是教育应当承担的责任。然而,创制型人格取向的培养在现代教育中被忽视了。现代教育制度中的家庭和学校,不仅不够资格来承担这一任务,而且也没有完成这一任务,反而培养了与这个异化的世界相适应的人。现代社会中的教育制

---

① 参见郭永玉:《孤立无援的现代人:弗洛姆的人本精神分析》,湖北教育出版社1999年版,第342页。

度,从小学到大学,就是为了尽可能地传授并且期待学生们尽可能学习实用知识,因此,学生几乎没有多少时间独立思考。在他们所学的科目中,不是由兴趣和对知识的渴望来激励他们拓宽并加深他们的教育,而是那些知识所能给予他们的高额回报率。① 虽然人们对教育和信息有着极大的热情,然而,人们对那些在市场中回报率较低的有关真理和美德的知识却不感兴趣,因为这些知识被认为是没有实用价值的,它们不能使学习者在工业文明中正常发挥作用。同时,教育制度还刻意塑造个人的人格模式以迎合社会的需要。这种人格模式具有以下特征:具有野心和竞争能力、有限的合作精神,尊重权威却又具有一定的"独立性",与人为善但又不跟任何人和任何事物紧密相连。可见,教育的目标就是为学生提供完成实际生活任务所必需的知识,塑造人格市场上所要求的品格特征。

在这种教育制度的影响下,虽然社会各层次的教育,包括初等教育到高等教育都已经达到了顶峰。然而,人们接受的教育越多,就越缺乏理性,缺乏判断力,缺乏信念。这就是教育造就的异化人,异化人的思维特征就是理智发达而理性退化。理智是指为了满足生物性生存需要而进行的思想,而理性旨在揭示现象背后本质的认识;理智是为了扶助肉体的存在,而理性是为了促进精神的发展。现在,这些教育产品,只管满足肉体的需要,而不问事物的本质。结果,随着社会的发展,人们的愚昧似乎也在与日俱增。他们的理性——即他们透过事物的表面去了解个人和社会生活中的本质力量的能力,却越来越枯竭。人们的思想越来越从感情中分离出来。人们甚至可以容忍盘旋在整个人类上空的核战争的威胁

---

① Cf. Adir Cohen, Love and Hope, New York: Gordon and Breach, 1990, p. 70.

这一事实,就表明了现代人类已经发展到了这样的境地。①

弗洛姆进一步指出,现代教育更重视对规范的遵守,并且把对规范的遵循与否作为是否道德的标准,而道德主体和主体的意志完全消融或隐藏在行为之后。这种教育模式培养出来的是顺从的奴性人才,他们听不到自己良心的呼声,更不能按照自己的良心行事。这种道德评价标准模式确实符合文艺复兴以来道德评价标准由动机到效果的重大变迁,但却引发了许多问题。其中一点就是对道德主体意志的忽视,并且与道德相对主义现象的产生有着直接的联系。

2. 教育方式的异化导致学生对知识的厌倦

弗洛姆认为,依现在学生的数量而言,从外观上似乎能给人以很深的印象;但是从学生的质量和教学的质量而言,形势却不容乐观。一般而言,"教育已变质为社会进步的一种工具,或者,至多是把知识实际应用到人类生活的'采集食物'的部分上去。"②就连那些文艺方面的教育也是以一种异化的和单纯理智的形式进行的。在非异化艺术中,人们的感情是按照一种有意义、有技巧、建设性、主动和共享的方式去把握世界。在艺术的感受中将自己与他人、与世界联系起来。可是,现在的教师如同官僚一样缺乏生机与活力,以一种官僚主义的知识施予者的角色不断灌输书本上的知识③;学生们则被动地吸收,被这种灌输喂饱了、喂腻了。然而学生的求知欲却无法得到满足,他们不满足于大部分的课程中得到的

---

① 参见[美]埃利希·弗洛姆著:《人的呼唤——弗洛姆人道主义文集》,王泽应等译,上海三联书店1991年版,第88页。

② Erich Fromm, The Revolution of hope: toward a humanized technology. New York: Harper & Row, 1968, p. 114.

③ Cf. Erich Fromm, The revolution of hope: toward a humanized technology, New York: Harper & Row, 1968, pp. 114－115.

精神粮食。但是,他们又倾向于抛弃一切传统的著作、价值与观念。因此,这种教育上的努力所达到的表面上的丰富性,变成了一种掩饰人类对文明史上最优秀的文化成就缺乏反应的空洞的外壳。

二、对资本主义宗教领域异化状况的伦理批判

弗洛姆不赞同弗洛伊德坚决否定宗教、将宗教视为"集体的固执型神经官能症"和"大众的幻想"的宗教观。同时,他也不同意荣格的宗教观,即将宗教视为历史形成的原始形象的宝库,是包罗万象、效果显著的心理治疗体系;神经官能症是丧失宗教世界观所导致的不可避免的后果。他指出,人的本质需要才是宗教的根源和内在核心,宗教是满足人的本质需要的重要手段。人有五种特殊的"生存需要":关联、超越、寻根、认同和定向。其中,定向和献身的需要是人确定某种目标并为之献身的需要。不管这些献身的目标是什么,方式如何,它们都满足了人对于思想体系和献身的需要。宗教是满足定向和献身需要的重要手段。因此,宗教是在人(作为具有理性与自我意识的存在)从自然王国分化出来的同时产生的。宗教是"人之状态"的原初的、不折不扣的反映,是人们对生命攸关的重大问题进行思考的一种形式。弗洛姆强调,每个人都是理想主义者,都在追求超越肉体满足的东西,他们的不同只是信仰的终极目标不同而已。因此,可以说,人们无不需要宗教、无不需要一种定向体系和信仰目标。他说:"我所理解的'宗教'是指任何由一个群体共享的思想和行动体系,它向个人提供了一个定向的框架和信仰的目标。"①可以看出,虽然"宗教"的定

①　[美]埃利希·弗洛姆著:《精神分析与宗教》,贾辉军译,中国对外翻译出版公司1995年版,第16页。

义多种多样,而弗洛姆对它的理解却非常独特。在这里,宗教被理解为一种广泛的现象,因而相对于宗教的最初含义而言,他作了进一步的扩展。他认为宗教的功能是以人的目标和信仰需要为基础的。宗教的本性被理解为作为一种需要反应而产生的意义,即宗教被看做是一种功能。在以阶级对立为特征的社会里,宗教有三方面的功能:"对全人类来说,是对困苦生活的安慰;对大多数的人来说,是有勇气接受他们的现实社会状况;对于少数的统治者而言,是减轻他们由于给被统治者的压迫而带来的痛苦和罪恶感。"①

有人通常把宗教与关于神或者超自然力量的观念体系视为等同。弗洛姆驳斥了这种看法,认为这种看法具有表面性和片面性。宗教的存在取决于人能提出生活中占据主导地位的问题这一事实本身,而不取决于他在解决问题时依历史条件的变化而采取的具体方法。他说:"有的人极其认真地对待摆在自己面前的问题,把这一问题当做自己'终极关怀'的事,这种人准备作为一个完整的人格而不仅仅运用理智对人生的主要问题作出回答,这种人属于有宗教信仰的人;而任何希冀找到对上述问题的答案并把这答案传授给下面若干代人的体系,就是宗教。"②这样一来,弗洛姆的宗教概念就不仅包括传统意义上的宗教信仰,同时也包括哲学体系、道德学说和政治主张等。

既然宗教能够满足人的生存需要,因而人们并不能自由地选

---

① Erich Fromm, The Dogma of Christ and Other Essays on Religion, Psychology and Culture, New York: Holt, Rinehart & Winston, 1963, p. 22.

② Erich Fromm, Zen Buddhism and Psychoanalysis(with D. T. Suzuki and R. De Martino), NewYork: Harper & Row, 1960, p. 92.

择是否有终极目标，只能在不同的终极目标之间作出选择。于是有的人崇拜动物、植物、金石偶像、看不见的上帝、圣人或恶魔般的领袖；有的人崇拜他的祖先、国家、阶级或者政党、金钱或者成功。这些宗教有的可以传播毁灭或者爱，加强统治或者友情；有的可以增进理性的力量或者遏制它；有的也许知道这一体系是宗教，是有别于那些世俗的宗派；有的却以为自己不信宗教，将自己对权力、财富或成功等所谓世俗目标的信奉解释为谋生或权宜之计。其实，上述种种，只是在崇拜权力和毁灭或者信仰理性和爱之间作出选择，区别在于它是增进人的发展，发挥人的特有的潜能，还是在遏制它们。① 弗洛姆提出，一种宗教，只要能够成功地成为人的行为动力，它就不只是一系列教条和信念的总和。"它深深地扎根于个人的特殊的人格结构之中，如果它为某一群体所共同信奉，那么，它就深深地扎根于共同的社会品格之中。"②因此，在弗洛姆看来，宗教立场是我们人格结构中的一个方面。

　　弗洛姆认为，生活在20世纪的人比以往任何时代都更需要宗教。科学技术的发展使人们的生活更舒适，当代人可以因自己双手创造的成果而自豪，但是，人们的内心生活却充满了矛盾和冲突，人们对幸福、真理与正义的渴求都被虚假的动机扭曲了，人不能改造和完善自身。为了寻求保护与慰藉，人们只得诉诸宗教。然而，现代社会中的宗教异化状况十分严重，由于宗教信仰是人格结构中的重要内容，因而宗教异化对创制型人格的发展和塑造也造成了极大障碍。

---

　　①　参见［美］埃利希·弗洛姆著：《精神分析与宗教》，贾辉军译，中国对外翻译出版公司1995年版，第18—19页。

　　②　Erich Fromm, To have or to be, New York：Harper & Row, 1976, p. 135.

1.权威主义宗教盛行使人丧失了自我,剥夺了人的爱、理性、自由和幸福的权利

什么是权威主义宗教?弗洛姆引用《牛津词典》对宗教的解释:"(宗教是)一部分人对更高级的、不可见的力量的承认,他们认为这种力量控制了他们的命运,值得顺从、尊敬和崇拜。"①对于这一定义,弗洛姆并不满意,因为在他看来,这不是对宗教的正确定义,而是对权威主义宗教的精确定义。也就是说,权威主义宗教强调的是承认人被外界的一种更为高级的力量所控制。这种力量并不是因为神具有诸如爱、正义等那些值得崇拜、顺从和尊敬的道德品质,而是因为它能够施加控制,即具有超人的力量,这种力量有权迫使人崇拜它。权威主义宗教的主要德行是顺从,不尊敬和不顺从就是罪恶。所以,在这里,神被看成是全知全能的,而人却无足轻重,"人只有完全屈服,从神那里获得恩宠和帮助,才能感到力量。"②弗洛姆分析指出,服从强大的权威是人逃避自由与孤独的一个途径。在这种屈服中,人丧失了作为个体的独立性和完整性,而是躲避在一种强大力量的护佑中,成为这种力量的一部分。因此,如果人们以权威主义宗教作为满足自己的主要需要的方法和手段的话,那么它就是无效的。

在弗洛姆看来,现代社会宗教异化最典型、最严重的表现是权威主义宗教大行其道,剥夺和抹杀了人的爱、理性、自由、权利和幸福。加尔文教的教义就是一例。他引用加尔文的说法:我

---

① 〔美〕埃利希·弗洛姆著:《精神分析与宗教》,贾辉军译,中国对外翻译出版公司1995年版,第24页。

② 〔美〕埃利希·弗洛姆著:《精神分析与宗教》,贾辉军译,中国对外翻译出版公司1995年版,第25页。

们并不属于自己，我们属于上帝，我们为上帝而生，为上帝而死；我们要尽可能牺牲自己，同时抛弃我们所有的一切。从这种教义中可以看出，上帝是权力和力量的象征，他因拥有终极的权力而至高无上，人应该鄙视自己并以不幸、困顿和无能之感，全然地屈从于至高无上的上帝。正是在这种权威主义宗教中，上帝成了原本属于人的理性和爱的唯一拥有者。人将自己最好的东西投射给上帝，自己反而枯竭了。结果，上帝拥有所有的爱、智慧、正义，而人却被剥夺了这些品质。当人把作为个体的人的最有价值的力量投射给上帝后，他便与自己的力量渐渐分离，在这个过程中，他变成了自我的异化之物。他的一切都为上帝所有，而自己却一无所有。他只有通过上帝才能接触到自我。他试图通过礼拜上帝与在投射中丧失的自我沟通。但是他既然一无所有，就只能听从上帝的摆布。而且因为一无所有，他感觉到自己是"罪人"，只有上帝的仁慈和恩宠才能使他重新得到唯一能成为人的东西。① 正因为与自身的力量相分离，他就对上帝产生了奴隶般的依赖感，而且他也不再相信自己和同类，感受不到自己的爱和理性的力量，结果导致了"神圣"与"世俗"的分离。人在现实的活动中全无爱心，在为宗教保留的生活领域中却感觉到自己是罪人，试图通过与上帝的联系而恢复那些丧失的人性部分。同时，他又努力通过强调自己的无助和渺小去得到宽恕，于是求得宽恕的企图反而激活了他的罪恶感。这就是人的困境，他越是赞美上帝，就变得越来越空虚；他越是空虚，罪恶感就越深重；而罪恶感越重，他又越要赞美上帝，如此恶性循环，他就

---

① 参见[美]埃利希·弗洛姆著：《精神分析与宗教》，贾辉军译，中国对外翻译出版公司1995年版，第33—34页。

更加无法重新获得自我。①

　　这种对上帝的身与心的完全顺从,就是偶像崇拜。异化在西方思想中的第一个表现就是体现在旧约中的"偶像崇拜"。"偶像崇拜"把人的生命力、创造力和潜力都表现在偶像身上,而自己只是作为一个物而存在,个人不仅把自己的构成部分转化为偶像,而且接受偶像的支配,并且只是在与偶像的联系中才意识到自己的存在。偶像崇拜实质上是把人自己的本质异化为偶像,并且被动地、接受地屈从于偶像。然而,人不应该受制于偶像,人应该是主体,应该独立地、能动地表现自己的生命过程。受制于偶像就是把自己交给一个异在的世界,并使自己成为这一世界的奴隶。这种异化在西方宗教传播历史上曾经存在,而现在却发展为对物的崇拜和对权力的崇拜,对领袖、种族、政党、国家等的崇拜。他说:"在我们本身的文化中,一神教、无神论和不可知论都是依在一些宗教之上的一层薄壳,这些宗教在很多方面都比印第安人的宗教更'原始',纯粹是偶像崇拜,也就与一神教的基本教义更不相容。我们崇尚权力、成功和市场权威只是一种集体的、有效力的现代偶像崇拜;但在这些集体形式之外,我们还发现另外一些形式。如果我们撕去现代人的外表,就会发现许多已经个人化的原始宗教。"②这些个人化的宗教有些体现为精神病,但也可以用宗教名称来称呼:祖先崇拜、图腾崇拜、拜物教、仪式主义、洁癖等。弗洛姆指出,那些具有精神病学家称为恋父和恋母情结的人就有祖先崇拜的表征。这种畸形的崇拜破坏了崇拜者的判断,使他不能去

---

　　① 参见[美]埃利希·弗洛姆著:《精神分析与宗教》,贾辉军译,中国对外翻译出版公司1995年版,第34页。
　　② [美]埃利希·弗洛姆著:《精神分析与宗教》,贾辉军译,中国对外翻译出版公司1995年版,第21页。

爱,感觉像个孩子,总是感到不安全和受到恐吓。这种以祖先为中心,用大部分精力去崇拜其祖先的生活方式与宗教的祖先崇拜并无两样。还有那些特别热衷于国家和政党的人,他们认为自己的价值和真理的标准就是国家和党派的利益,那面象征着团体的旗帜就是圣物,这样的人就有了宗派的宗教和图腾崇拜。现代社会中人民对国家、权力的崇拜,对机器、征服、成功等的崇拜已经成为宗教异化的主要问题。这些权威主义宗教为教徒们设立了一个非常抽象和遥远的终极目标,这种目标几乎与世俗的真实生活没有任何关系,而教徒却必须为来世的这个目标或者人类的未来等理想牺牲各自的生命、权利、自由和幸福;为了达到这些目的甚至不择手段,而所谓的目的成为世俗和宗教的"精英"们打出的招牌,以此去控制同类的生活。例如,法西斯主义、纳粹主义、斯大林主义等都曾打着能唤起人民盲目狂热的口号,以集体疯狂与残暴的形式,给予人们所谓的安全感和归属感,显然这种权威主义宗教危害着人们真正的自由、权利与幸福。

2. 基督教徒们披着基督教的外衣,行征服、掠夺、毁灭之实

弗洛姆指出,在实际生活中,许多人并不清楚自己追求什么、信奉什么,也有不少人把表面信奉的东西与内心信奉的东西混淆。西方(包括欧洲和北美洲)的人就是如此,他们有皈依基督教之名,却无信基督教之实。当然,所有基督教徒都相信耶稣是救星,他为了爱而牺牲自己的生命,他是没有权利、不使用暴力的爱的英雄,他奉献给别人一切,与人同甘共苦。他的最高目标就是为上帝及周围的人献出生命。而非基督教的英雄(如希腊和日耳曼民族的英雄人物)的目标是征服、战胜、毁灭和掠夺。对于非基督教的英雄来说,男人的价值就是他的体力与获取和保持权力的能力,在战争胜利的时候自己含笑而死。这两种模式在现代欧洲究竟哪一种占了主导地位呢？弗洛姆回答，非基督教英雄才是西方人心目中的榜样和价值的标准。虽然欧洲和北美的人都皈依了基督教，但他们并没有实施仁爱精神；相反，他们的历史却是征服、贪婪和傲慢的历史，他们的最高价值是强过别人，夺取胜利，奴役和剥削他人，这些正是与非基督教男人的价值理想相吻合的。弗洛姆回顾了基督教传播史：根据历史书籍的记载，基督教在欧洲的传播分为两个阶段：先是康斯坦丁大帝统治下的罗马帝国接受了新的信仰；后来到了公元 8 世纪，北欧的异教徒皈依了基督教。但是在弗洛姆看来，欧洲人的皈依只是表面上的。基本上皈依的只是一种意识形态，对教会的屈从，人们的人格结构并没有真正改变。只是到了文艺复兴时期，欧洲才开始真正地基督教化，在财产、物价和救济穷人的问题上，教会努力践行基督教的原则。然而，欧洲的历史并没有按这种精神继续发展下去；相反，理性开始蜕变为可被操纵的智能，个人主义变成利己主义。短时期的基督教化结束了，欧洲又回到异教信仰上。西方历史上没有哪一个时期不是处在征服、剥削、暴力和压迫的行动之中，而且也没有哪一个种族和阶级不是如此，暴力的使用甚至达到了灭绝种族的地步。这些暴力表面上看来是由经济和政治的原因引发的，实际上却是那些信奉基督教的信徒们的掠夺成性和贪欲造成的。除此之外，那些追随者的人格结构中同样具有征服和掠夺的欲望，否则，所有残酷的暴力计划都不会付诸实现。因此，弗洛姆深刻地指出，西方人凭借基督教这件廉价的外衣，掩盖着自己的贪婪欲望。

3. 工业时代的宗教异化把人降低为经济和机器的奴仆

　　他强调，工业时代的宗教以一种新的社会品格为基础，这种品格的核心因素是对男性权威的恐惧和屈服，不服从即是罪恶的心理以及自私自利和相互的对抗。① 他认为,是马丁·路德为工业时代的宗教发展奠定了第一块基石。马丁·路德的宗教改革剔除了母爱般无条件的爱的成分,发展了父爱般的有条件的爱,在北欧建立了一种等级森严、家长式的基督教,其社会基础是城市中产阶级和世俗王公贵族,其社会品格就是对权威的屈从,为了获得权威的爱和承认,唯一的办法就是劳动。这种虚伪的基督教隐蔽着工业时代的宗教形式,这种宗教把人降低为经济的奴仆和人自己所制造的机器的奴仆,因此与真正的基督教是相违背的。在工业时代的宗教信条中,最为神圣的是劳动、财产、利润和强力。尽管这些因素都曾在一定时期内促进了个性解放和个人自由的发展,但实际上,这种宗教只是一种披上了基督教外衣的纯粹家长式的、强权式的宗教。

弗洛姆认为,人的真正堕落是自我的异化,是对权力的顺从和对自我的背叛,即使这是在上帝的幌子下进行的。当然,人的思想、感情都产生于个人的人格,而人格则由社会中的经济和政治结构所塑造。在一个压制民众的少数强权人物统治的社会中,个人只能是充满恐惧的,他感觉的是畏缩和依赖,他的宗教经验也只能是权威主义的。不管他崇拜的是威严的上帝还是类似的领袖。相反,在个人感到自由并对自己的命运负责的地方,或在为争取自由和独立的少数人中,人道主义的经验就会得到发展。因此,必须对这种异化的宗教状况进行变革。

---

① Cf. Erich Fromm, To have or to be, New York: Harper & Row, 1976, p. 146.

第四节　对资本主义科技领域
异化状况的伦理批判

　　科学技术是现代工业文明的基石,人类运用它改造自然和社会,创造并实现了丰富的物质文明和精神文明,但是,与此相伴随的却是人类社会涌现的人格危机、道德危机以及人与自然关系的不断恶化及一系列全球性生态危机。法兰克福学派把科学技术在造福人类的同时又反过来损害、支配、威胁人类的现象称为科学技术的异化。法兰克福学派的思想家们认为,科技异化造成了对人和自然的双重统治。霍克海默尔和阿多诺指出,随着科学技术的发展而实现的人类从自然界的分离以及人类对自然的日益增长的统治和支配,在人类的解放方面并不带来必然的进步;相反,却导致了对人的压迫。"人对自然界(人类是其不可分割的一部分)的统治的代价是劳动在社会上和心灵上的划分,这种分工使人类受到越来越大的压迫,甚至当它在为人类的解放创造日益增长的潜力时也是如此","所以,虽然启蒙精神的理性主义提高了人统治自然的力量,但和这种作为罪恶之源的劳动分工一起的,是人同自然的异化。"①今天,在资本主义条件下,技术理性转化为一种强大的统治权力,这种权力不仅表现为对自然的统治,而且表现为对人的统治。技术理性,也称"工具理性",霍克海默和阿多诺认为,工具理性实质上是导致现代技术兴起与发展的理性,而在工具理性设定的地平面上发展起来的现代科技主义,实现的正是工具理性

---

　　① ［德］M. M. 霍克海默、T. W. 阿多诺著:《启蒙的辩证法》,洪佩郁、蔺月峰译,重庆出版社1990年版,第110页。

的统治功能。这种统治不仅仅是针对非人的自然,而且扩展到人类自身。在工具理性的支配下,主客体关系全面颠倒:一方面,人变成客体。在工具理性对社会的全面支配下,人们与自然界在彻底地异化,每一个人都是一个材料,是被世界(特别是机器、工具、技术)所支配的客体对象,也就是主体的毁灭,因为工具理性支配社会的前提一定是"工作中主体的消亡";另一方面,机器变成了主体。在工具理性建构的技术管理体制中,起决定作用的是在人之外合理化运转的生产机器、政治机器和宣传机器。因而,理性本身变成包罗万象的经济结构和单纯的协助手段,直接物化为法律和种种客观的组织。对于统治者来说,人变成了资料,正像整个自然界对于社会来说都变成了资料一样。也就是说,在这个时代,与其说是人利用技术,不如说是技术利用人。他们还指出,在工业社会强大的工具理性支配下,社会"通过全面的包括一切关系和活动的社会的中介,人变成了与社会发展规律、自我本身原则相反的东西:变成了单纯的类本质,经受强制控制的假主体性的孤独,不能相互说话的划船手"。① 技术理性造就了"孤独的人群"。

马尔库塞也指出,技术理性本身就是意识形态。不仅技术理性的应用,而且技术本身就是对(自然和人)的统治。统治的既定目的和利益,不是从技术之外强加上的;而是早已包含在技术设备的结构中。技术始终是一种历史和社会的设计;一个社会和这个社会的占统治地位的兴趣企图借助人和物而要做的事情,都要用技术来加以设计。他还指出,科技异化所导致的普遍的负面效应就是日常生活的全面物化,人变成了"单向度的人",成为了物的

---

① [德]M.M.霍克海默、T.W.阿多诺著:《启蒙的辩证法》,洪佩郁、蔺月峰译,重庆出版社1990年版,第32页。

附庸,而物成了人的主人。

弗洛姆继承了法兰克福学派的科技异化理论,并进一步分析了科技异化的现状及其原因。

一、资本主义的科技异化生产出"被动人格"

弗洛姆指出,工业时代的人相信科技的超能力,相信技术可以使人无所不能,科学可以使人无所不知。然而,事实恰好相反。科技社会像一个幽灵,"它服从计算机的命令,致力于最大规模的物质生产和消费;在这个社会的发展进程中,人自身被转变为整个机器的一部分"[1],而且人们还失去了对社会制度的控制。人类虽然在追求科学真理的过程中通过获得知识而征服了自然,然而,就在"战胜自然的制高点上,人却成了自己的创造物的囚徒,陷入了毁灭自己的最严重的危险之中"[2]。人制造了机器,但是机器的力量过于强大以至于它反倒能够支配人的思想。对于这种技术社会的存在,有些人已经有所认识,但大多数人没有意识到这种危险,他们仍然怀有 19 世纪的落后信念,认为机器必定会帮助人减轻负担。事实上,如果允许技术按自己的逻辑发展下去,结果就像癌细胞蔓延一样,最终会威胁到个体的和社会生活的系统。依弗洛姆之见,人类正处在技术文明的十字路口。人类社会经历了第一次工业革命和第二次工业革命。第一次工业革命的特点是,人学会用机械能(蒸汽、石油、电和原子的能源)代替生物能,这些新能源

---

[1]　Erich Fromm, The Revolution of Hope: Toward a Humanized Technology, New York: Harper & Row, 1968, p. 1.

[2]　Erich Fromm, The Revolution of Hope: Toward a Humanized Technology, New York: Harper & Row, 1968, p. 2.

是工业产生剧变的基础。与新的工业潜力相联系的是一种特定类型的工业组织，就是当今社会大量存在的中小型企业，它们由其企业主管理，这些企业主相互竞争并剥削他们的工人，在利润分配方面与工人斗争。而现在正在经历第二次工业革命，它的特点不但是生物能被机械能所代替，而且是人的思维被机器的思维所代替。自动控制系统可以制造一些比人类思想更快、更精确地思考和回答重要技术问题及庞大组织中的各项问题的机器和电脑。为什么无论是科学家还是普遍民众都希望制造出这种像人一样的电脑呢？他回答说，这是因为人们希望从生命中逃离，从知性和感性的人性体验中逃避出来，进入一种被动的机械式的纯粹智力性的思考。正是由于对电脑作用的盲目信仰，不管是企业中的工作人员还是其他单位的工作人员，不需要个人的判断、思想和感情，而是通过电脑的帮助，预测出工作的发展效果。不仅如此，甚至在现代化的国家中，政府在政策制定上也普遍存在着电脑化的倾向。例如，在外交政策或军事计划上，电脑化的运作可以免除人类的情绪化及失误，它还能告诉你"真理"或"最大利益的可行性方案"。通过电脑来处理问题，可以排除人为的私心和疑虑。如果依据电脑作出决定以后，灾难仍然不可避免，那么，它就是人类必须接受的，因为人们已经使用了"最好的"选择方法作决定，除此之外，别无办法。因此，个人也就徒具虚名，失去了责任心、主动性、创造性和情感。他还指出，在这种技术社会中，随着机械化程度的不断提高，人逐渐成为了机器的附属物，被机器的节奏和需求所统治。人变成了一个纯粹的消费者，他的唯一目标是拥有更多的东西，消费更多的东西。因此，人的消极被动成了当今技术社会最主要的特征之一。

二、资本主义的技术原则导致全社会的非人道化发展

弗洛姆认为,技术社会奉行的两个原则导致了社会的非人道化的发展,这两个原则控制了社会系统中每一个成员的思想和行动。

"第一个原则是技术上能做的就应该最大限度地做。"①这个原则意指在以科技为主导的社会中,只要是具有可行性的事物,哪怕它以人类的生命作为代价,也被认为应当去做。例如,如果能够制造出核武器,即使它可以毁灭全人类,也一定要造出来;如果可以到月球或其他行星旅行,也应当全力尝试,哪怕它所花的代价可以满足地球上其他人更为迫切的生存需要。这一原则意味着否认人道主义传统所发展起来的一切道德规范。人道主义传统认为,某件事情必须做是因为它对于人的成长、快乐和理性是必需的;也是因为它代表了美的、善的或真的崇高意义。一旦人们接受了技术社会的这条原则,那么,其他价值就会被废黜,而技术发展将成为伦理学的基础。②

第二条原则是讲求最高效率与最大产出。③ 在工业社会,讲求经济效率的原则已经将个人的个体性和独立性减小到最低程度。换言之,效率需求的最大化导致对个人需求的最小化。社会机器工作得越有成效,人们就越相信这一点。如果个人被削减成可量化的单位,而他的人格就可以体现在一张打孔的卡片上,而社会这一整部机器便可以更有效地运作了。因为这样量化的人格能

———————————

①　Erich Fromm,The Revolution of Hope:Toward a Humanized Technology,New York:Harper & Row,1968,p.32.

②　Cf. Erich Fromm,The Revolution of Hope:Toward a Humanized Technology,New York:Harper & Row,1968,pp.32－33.

③　Cf. Erich Fromm,The Revolution of Hope:Toward a Humanized Technology,New York:Harper & Row,1968,p.33.

够更容易被官僚体制所管理,不会制造麻烦或冲突。为了得到这种结果,个人就必定被削弱其个性和特殊性,并被引导在公司中而不是在他们自己身上寻找身份感和尊严。弗洛姆指出,只注意经济效率的原则值得我们三思。因为经济效率可能会造成负面效果和附带的影响。例如,当一个工厂只注意经济效益而没有考虑工厂排放的废水和浓烟对环境造成的污染情况时,对整个社会及人的利益来讲,效率反而是降低了。另外,为了增加效率而尽可能地贬低人性,造成大量的整齐划一、缺乏个性的人,从而引起工作人员的焦虑以及极端失望的感觉,形成了漠不关心及怨恨的心理,这种损失对于整个机构及社会都是很大的。① 第三种情形是在专业化和分工越来越细的情况下,创造性的工作越来越少,个人运用判断力的机会越来越少,人与人之间的接触和交流也越来越少,工作人员和专家都感受到了这些方面的压力,并产生了不少身体和心理方面的疾病,这种情形也是整个社会的损失。可见,效率原则也能导致社会和人的衰败,它使企业只顾及成本和利润,不顾其他;使人性受到前所未有的贬低,被贬抑为整个机械系统的一部分,人的独立性、主动性、创造性越来越少。

最大产出原则要求无论生产什么东西,能制造得越多越好。一个国家的经济成就以其总生产量的多少为依据。工业生产如此,教育、体育等方面同样如此。只要是产量或成绩的新纪录都被看做是一种进步。在国际间,各国的竞争也都是以量的增加为评估和炫耀的标准。然而,这种大量制造并没有好处,只会影响和限制"质"的提升。而且,过剩的生产量使人们感到窒息,人的生命

---

① Cf. Erich Fromm,The Revolution of Hope:Toward a Humanized Technology, New York:Harper & Row,1968,p.34.

质量失去了重要性,生活中许多活动都完全异化,特别是在个人生活中,原来只是手段的活动反而变成了目的,"个人因而无法从人性的本质中与适当的生活环境中去认识各种活动的意义和作用"①。活动所产生的满足,往往是非理性的,并不会促进个人与社会的健全发展。

在这两个原则的指导下,非人道化成为技术社会发展中一个极为常见的现象。这种非人道化导致人的慢性神经分裂症并最终造成了消极失望、盲目顺从的品格结构,具有这种品格结构的人不会主动与世界发生联系,而是被迫屈从于他的偶像和这些偶像的需求,因此,他感到无力、孤单和焦虑。他们几乎没有完整感和自我尊严感,服从是避免忧虑的唯一办法,因而社会总处于一种无望状态,毫无生气和活力。弗洛姆进一步分析原因,他发现,将技术进步当做最高价值的趋势,不仅与过分强调智力,从而使智力功能与感情经历的分裂有关,而且最重要的是,机械化、无生命的东西以及人造的东西对人们有一种深深的情感上的吸引。这种被无生命物的吸引,更极端的形式是被死亡和衰败所吸引,这种吸引甚至能导致以不太激烈的形式漠视生命而不是"尊敬生命"。另外,由于人对技术的盲目崇拜和过分依赖,在一定程度上纵容了技术的自主发展,使它在一味为经济利益最大化服务的同时不顾人性、人格及人的全面发展。总之,科技的异化导致人丧失了与自己、与生命的接触,造成人与自我、人与他人、人与社会、人与自然的异化,尤其是我们创造的各种环境强化了它们自身,反过来又统治我们。人们迷恋的技术体系和官僚体系反过来对人指手画脚,并为人决定一切,因而人们逐渐发展出一种温和的精神分裂症,表现为人的

---

① 陈秀容:《伊·洛姆的政治思想》,台北三民书局1992年版,第142页。

情感和理智逐步分离；他丧失了宗教信仰以及与此相关的种种人道主义的价值，倚重于技术和物质的价值，丧失了深层的情感体验能力，也丧失了与这些体验相伴随的喜悦与悲伤。这种结果不仅造成了人与人之间的敌对性，而且带来了人们对生命的冷漠。如果我们认识不到这一点而仍然自我陶醉于工业社会的进步和革命的全部言论中，那么人类的前途将会更加渺茫。

总之，弗洛姆认为，技术社会对人的最大影响就是使人患有"异化综合症"，它的典型症状包括消极被动、焦虑恐慌、不尊重生命、漠视和平、盲目崇拜机械、被技术所吸引、个人主义和隐私权的消失等。这些症状的表征同时也是弗洛姆所认为的技术社会非人道化的具体体现。

综上所述，弗洛姆继承西方马克思主义的总体性方法，提出在现代工业社会尤其是资本主义社会，异化已经发展到了空前的程度，经济领域的异化体现为生产和消费过程等方面的异化，政治领域的异化体现为民主的异化和匿名权威的盛行，文化领域的异化体现为教育和宗教的异化，科技领域的异化体现为技术社会总原则的偏置等。社会总体异化的现象对现代社会中的社会品格和个人人格造成了前所未有的冲击，表现为人与人、人与自然、人与自身关系的异化和分离的诸方面。人人遵循利己主义原则，将他人视为手段和工具，人与人之间感情蜕变，彼此利用，形成相互倾轧、弱肉强食的人际关系；人对自然界的掠夺和剥削造成人与自然的矛盾日益加深、恶化，导致人与自然关系的全面紧张；人失去了自己的本质，把自身当成商品和物品，人与自身关系分裂，体验不到自我的存在。社会的总体异化导致人的全面异化，使人的第一潜能无法正常发展，因而最终导致了普遍而又严重的人格病态和人格危机。

第五章 实现新人道主义伦理目标的外在条件——社会总体道德变革

面对资本主义社会总体异化的深刻危机,弗洛姆并未停留在愤怒的批判和声讨上,而是积极乐观地构想对策和出路。他提出,对于异化的非人道社会,只能用一个符合人的真正需要、能促进人的全面发展的社会来取代,这就是人道主义的社会主义社会。要达到这样的社会,必须对社会进行总体变革。同时,由于西方社会内部道德力量的衰落,即资本主义大批量地生产出奉行极端享乐主义和利己主义的异化人,他们对能够给他们的生命、他们的子孙后代的生命造成威胁的情况即核灾难和生态灾难发生的可能性无动于衷。因此,要使西方人摆脱困境,关键在于进行心理变革和道德更新,这是社会总体变革的必备条件。"只有人的心灵发生了深刻的变化,……新社会才可能出现。"①社会总体道德变革是弗洛姆提出的实现创制型人格的发展所必备的社会外在条件,即以人道主义作为基本原则,同时在经济、政治、教育、宗教和科技等领域实行道德变革,从而将人从物的奴役中解放出来,摆脱各种非创制性的病症,恢复和促进人的第一潜能的发展,从畸形的人变为健全的人,从非创制型人格发展为创制型人格。

---

① Erich Fromm, To have or to be, New York: Harper & Row, 1976, p. 133;[美]埃利希·弗洛姆著:《占有还是生存》,关山译,三联书店 1988 年版,第 141 页。

　　总体革命的理论是早期西方马克思主义理论家卢卡奇、科尔施等人提出的。他们认为，真正的马克思主义者不应该死抱住马克思主义的具体结论，把马克思主义理论变成僵死的教条，而应该把它当做行动的指南。因此，在西方革命的问题上，不能照抄照搬苏联十月革命的模式。同俄国相比，西方社会的社会结构和统治方式有很大的不同，西方革命的模式应该是总体革命。总体革命不仅包括政治革命、经济革命，而且包括思想革命和文化革命。在某种意义上，思想革命和文化革命应当成为先导，以便夺取资产阶级在意识形态方面的优势，争取人民，使他们树立起革命的意识。其中意识革命是西方革命取得胜利的前提和基础。这种总体革命的提出有其现象背景：第一次世界大战在欧洲各国的政治、经济、文化等各个方面造成了灾难性的后果，使社会矛盾更加深化、更加尖锐，因而也造成了巴黎公社以来鲜有的革命时机。俄国十月革命的胜利，更加鼓舞了欧洲各国的无产阶级起来革命。于是，从1918年到1923年，欧洲多国相继爆发了工人起义和人民起义，无产阶级纷纷起来进行夺取政权的斗争，但是都以失败而告终。欧洲革命运动的失败与第二国际有着直接的关系。中西欧各国在革命过程中曾极力仿效俄国革命的模式，可是，在资本主义比较发达的中西欧，这条道路是走不通的。因为，在东方落后国家，资本主义没有得到充分的发展，资产阶级的政治统治尚未完善，其经济基础也相当薄弱，资产阶级意识只是在比较有限的领域中占据优势地位。而中西欧的情况则不同，在这些先进的资本主义国家中，资产阶级的统治日益带有"总体"的性质，它不仅依靠国家暴力，而且更多地凭借意识形态的控制。因此，在分析革命失败的原因之后，早期西方马克思主义者提出：中西欧的无产阶级革命应当是"总体革命"。

弗洛姆继承并发展了西方马克思主义总体革命的理论。他指出,"欧洲那些最民主、最稳定和最繁荣的国家,以及世界上最强盛的美国都表现出最严重的精神病症候。"①这种危机的可能是人类走向毁灭的深渊,因此,小修小补的改良已经无济于事,应当将整个社会体系彻底改变。② 同时,他继承了马克思关于人的全面发展的思想,提出人道主义社会主义社会的目的就是消除资本主义社会中人的全面异化状况,实现人的全面发展。他说:"马克思主义的目的在于建立一个超越资本主义社会的人道主义社会,一个以人的个性的全面发展为宗旨的社会。"③他始终认为,马克思从未放弃人的解放和人的全面发展的目标,但是,马克思对资本主义的批判和对社会主义人性目标的探讨,被一种强烈的经济思考所压倒,因而没有看到人身上的非理性力量。弗洛姆认为,马克思的人性观暗含着人性善的假设:只要摧毁人的经济枷锁,人的善良本性就会表现出来。这种人性假设导致马克思的思想中最危险的三个错误④:首先是他忽视人的道德因素。他假定人的善行会随着经济的变化而自动表现出来,事实却是,只要人们的道德观念没有发生变化,他们就不可能建立一个美好的社会。如果没有形成一种新道德倾向,一切政治和经济的变化都会落空。其次是对实现社会主义的可能性作出了错误的判断。再次是断言生产资料社

① Erich Fromm, The sane society, London: Routledge, 1991, p. 10;[美]埃利希·弗洛姆著:《健全的社会》,欧阳谦译,中国文联出版公司1988年版,第9页。

② Cf. Erich Fromm, The anatomy of human destructiveness, New York: Penguin Books, 1982, p. 293.

③ Erich Fromm, Beyond the chains of illusion: my encounter with Marx and Freud, New York: Simon and Schuster, 1962, p. 143.

④ Cf. Erich Fromm, The sane society, London: Routledge, 1991, p. 264.

会化是资本主义向社会主义协作社会转变的充分必要条件。这也是他对于人的过于简单、过于乐观和理性主义解释的错误。在弗洛姆看来,实际上,在进行总体革命的同时,应当进行心理变革和道德更新。心理变革和道德更新与总体革命一道,组成了建立新社会的具体路径。要达到心理变革和道德更新,关键在于恢复人道主义精神,以人的创制型品格的形成和人的潜能的实现为目的,在社会各领域实施人道主义道德变革计划,从而改变人的道德观念,形成新的助长人的发展和满足人的需要的道德观,这就是他的"普遍伦理学"所提出的主张。弗洛姆认为,在这种"普遍伦理学"中,道德和社会是为人服务的,不是根据个人是否符合和遵从现有的道德来裁判善恶,而是根据社会是否促进人的解放和全面发展来确立道德。他真诚地希望通过制定这种新的普遍的伦理准则来拯救异化的社会,矫治被扭曲的人格,从而建立一个能促使人全面发展的健全社会,最终实现理想人格的健康发展。

第一节　经济领域的道德变革

针对经济领域的异化状况,弗洛姆提出了以下几项变革措施:以人的充分发展为目标代替以生产的发展为目标;实施社会保障制度,维护人的生活权利;确立消费道德规范,实行健康的消费方式。

一、以人的充分发展为目标代替以生产的发展为目标

他提出,工业社会应当以人的充分发展为终极目的,而不是以最大限度地生产和消费为目标。生产必须服从于人的发展和需要,而不是相反。生产应该以对社会有用为原则,而不应当以能否

带来利润为原则。他十分赞同马克思关于异化的畸形人和全面发展的人的论述,他说,是人的最佳发展,而不是最大限度地生产的发展是一切规划的标准;必须以人而不是以技术作为价值的最终根源。①"以人的充分发展为中心,而不是以最大限度地生产和消费为中心,完全可以建设一个工业社会。"②因为西方消费者的需要是由支配生产的人制造的虚假需要,所以,要以人的充分发展为目的,就必须改变异化的经济过程,使生产为人性的真实需要服务,而不是为那些人为地制造的虚假的需要服务。具体途径就是:

1. 在工业社会中实行"公有社会主义"的原则

"它们的目的在于建立一种工业体制,在这种体制中,每个劳动者都将成为有主动性和责任感的参加者,劳动将会具有吸引力和意义,不是资本雇佣劳动力,而是劳动者役使资本。"③弗洛姆认为,按照马克思主义所定义的社会主义社会,必须建立在两个前提之上:生产资料和产品分配的社会化以及中央集权的计划经济。马克思和早期的社会主义者坚信,如果实现了这些目标,全人类都将从异化状态中解放出来,获得全面发展,而一个公正友爱的无阶级社会也将自动出现。要达到这个目标,必须由工人阶级通过暴力或者投票权去夺取政治权力,实现社会工业化,实行计划经济。然而,事实上,苏联在经济领域中实现的生产资料社会化和计划经济并没有创造一个自由、友爱和非异化的社会;相反,却存在严重的收入不平等、国家权力和阶级差别过大的现象,尤其是无视人的

---

① Cf. Erich Fromm, The Revolution of hope: toward a humanized technology, New York: Harper & Row, 1968.

② Erich Fromm, The crisis of psychoanalysis, Greenwich, Conn. : Fawcett Pub. , Inc. , 1970, p. 87.

③ Erich Fromm, The sane society, London: Routledge, 1991, pp. 283 - 284.

主体地位,使人从属于物。因此,马克思主义社会主义的不足之处,是过分强调反对财产权和纯经济因素。而其他社会主义思想流派的社会主义目标则显得实际一些,他们强调的是工人在其劳动中的社会地位和境遇,以及他与其他工人的关系。弗洛姆进一步提出,经济领域的伦理变革应当像这些社会主义者一样,关注劳动组织和人与人之间的关系,而不是首先强调所有权问题。他认为,社会主义生产是以一种联合的方式而不是一种竞争的方式来进行的,人是以一种合理的非异化的方式来进行生产的。这就要求人把生产置于自己的控制之下,不让生产作为一种盲目的力量来统治自己。真正的社会主义制度应当是一种崭新的生活方式,是一个人与人相互团结和相互信任的社会,个人在这个社会中看到自己的存在,并且摆脱了资本主义制度所固有的异化。这种公有的人道主义的社会主义才具有建设性的解决办法,它彻底改造了经济社会制度,是使人不再被当做他自身以外目的的手段的社会。

2. 实施人道化的劳动方案

即改变劳动的境遇,提高人们的参与兴趣,改变工作气氛,提高工作效率。实际上这是具体建设公有社会主义的方案之一。针对机械化的生产和管理方式,弗洛姆得出结论:这是一种不利于人格健康发展的方式,只会导致人的不满、漠然和厌烦。建立理想的工业社会,关键不是生产资料的所有制问题,而在于"创造一种新的劳动境遇,人在这里可以为对他有意义的事物献出毕生精力,他可以知道他自己在做什么,并且可以影响他所做的一切,他感到与他人的团结而不是分离"①。他提倡以"合作管理"的方式,即实

---

① 　Erich Fromm,The sane society,London:Routledge,1991,p.321.

现第一线的工人、职员、工程师、贸易联合体和消费者代表的共同管理，以决定有关生产、价格和利润的利用等一切问题。这样劳动者会以更积极的态度参与到生产中，这种管理和劳动方式使劳动境遇成为具体的方式；工人由许多生产小组组织起来，即使整个工厂有数千名工人，这些小组也能使每个工人作为一个真实具体的人而同小组联系起来。这是一种调和集权和分权的方法，每个人都能积极参与管理，负起责任，同时又能形成一种必需的统一领导。另外，还要使工作者明确自己的工作同整个企业的联系，企业的兴盛就是个人的富裕。要做到这一点，必须使工人具有丰富的科学文化知识和高超的技术，并且将它们付诸生产实践。同时还必须使工作者对企业的管理决策发生重要影响，工作者只有对关系到他个人工作情况与整个企业的决策具有影响力时，才能成为一个积极的、兴致勃勃的、负责的参与者。这种积极参与的目标不是为了小团体利益，而是为了整个人类。弗洛姆指出，如果某一个企业的工人或职员，所关心的只是他们的企业，那么这种自私自利的态度只不过由个人扩大到"群体"而已。

3. 企业的自治权必须受到集中计划的约束，使之符合社会及人的目的

弗洛姆认为，人道主义的社会主义主要关注的不是法律上的所有权问题，而是对庞大的、强有力的工业实行社会管理的问题。对国民经济起重要作用的部门要实现国有化，且这些企业也要实行合作管理。小型企业进行合作经营，国家通过税收等方式给予鼓励。对社会需要而没有充分发展的行业，要由社会提供经费促其发展。他还提出，应当通过立法限制大企业的股东和经理仅仅根据利润和扩大生产的利益决定产品生产的权力，使生产方向的决定权不是资本占有权本身而是消费者的真正需要。

二、实施社会保障制度,维护人的生活权利

在分配领域,弗洛姆反对收入平等的观念,认为这种观念绝不是社会主义的要求。而且,收入平等既是不切实际的,也是不应当和不值得追求的。① 但是,应当使每个人的收入水平能够保证一种具有人的尊严的生活。"维护人具有的不可剥夺的生活权利"② 是生产、分配和消费过程中必须坚持的一条原则。这种权利是没有任何附加条件的,每个人,不管他劳动与否,都有权无条件地接受生活的必需品,有权接受教育和得到医疗保健。如果一个人(不管他是男人、女人或者青年)相信,他(她)无论做什么工作,他(她)的物质生活都不至于陷入困境,那么自由的领域必定会大幅度地扩大。如果这条原则可以实行,那么一个人可以用一年或者几年的时间改变他的工作或者职业,替自己准备一项更适合自己的新活动。当大多数年轻人进行职业选择时,一般都缺乏经验和判断力去认识什么活动对自己最适合。大概只有到 35 岁时,他们才能认识什么才是正确的选择,但是在现实生活中,那种认识一般都为时已晚。妇女的情形也是如此,如果她没有一种适合自己的工作,连谋生的基础都不具备,她就只有去维持一种不幸福的婚姻。另外,如果一个雇员知道他自己在寻求一个他更加喜欢而适宜的工作时不致挨饿,他就不会被迫接受他认为是在贬低他或使他厌恶的条件,因为在害怕被解雇的情况下,他要极力使老板愉快或屈从于老板,而此时坚持自己的权利,他就可能面临被解雇的危

---

① Cf. Erich Fromm, The sane society, London: Routledge, 1991, p. 334; [美]埃利希·弗洛姆著:《健全的社会》,欧阳谦译,中国文联出版公司 1988 年版,第 343 页。

② Erich Fromm, The Revolution of hope: toward a humanized technology, New York: Harper & Row, 1968, p. 125.

险。简言之,只有消除了劳动中和私人关系中经济基础的基本强制力量,每个人才可能重新获得行动的自由。但是弗洛姆提出,这个原则并不是以那种失业救济金或福利救济金的形式实施的。因为这两种救济组织运用官僚政治的方式,把人贬低到一种接受施舍的可怜人的地位,因此,许多人都害怕再去领取救济金。可行的办法是实施社会基本生活保障制度,即"年保证收入"(有时也可以称之为"负所得税"),这种年保证收入低于最低的劳动工资。而且社会应当确定一个最低的生活水准,同时也使现有的工资水平得到大幅提高,以使"年保证收入"与国家规定的有节制的而又充分的物质基础的水平持平。这种年保证收入同样能在经济中发挥重要的调节作用。他引用了不少倡导年保证收入的经济学家的观点来阐述他的主张,例如,C. E. 艾尔斯主张:"对团体的所有成员而言,不论其受雇所得多少,都保证有一种基本的收入,正如目前社会保险对所有 72 岁以上的人都能加以保证一样,这样必定会提供一个有效的需求流动量,而这正是经济越来越需要的。"①

当然,弗洛姆也认识到这种主张必然会有反对意见。这些反对意见认为:人是懒惰的,如果不工作就会挨饿的原则被废除,那么人人都不会愿意再工作。弗洛姆认为,这个假定是错误的,因为大量的证据表明,人有一种内在的积极主动的倾向,而懒惰只是人的病理性的症候。在资本主义社会的强制劳动系统中,工作缺乏吸引力,因而人们都希望逃避它。如果整个社会系统都以这样的方式加以改变,在工作义务中排除强制和威胁,那么只有少数病态的人才会喜欢无所事事,大多数的人会乐于工作。因为再也没有

① Erich Fromm, The Revolution of hope: toward a humanized technology, New York: Harper & Row, Pub. , 1968, pp. 126 - 127.

人为了不饿死而被迫接受资方提供的工作,工作就会变得很有趣,人们便会自愿接受它。只有契约双方可以自由接受或拒绝的情况下,契约签订的自由才是可能存在的。其中会有少数人喜欢一种类似于修道院式的生活,完全使自己致力于内在的发展,或者致力于哲学沉思和各种研究。当然,那些想利用资本所有权来迫使他人接受其劳动条件的资本家,肯定不会赞成这种生活保障制度的实行,因此,这种主张在现代资本主义制度中是不可能推行的。只有现在不自由的主要原因之一被废除,即不再有饥饿的经济威胁去迫使人们接受他们根本不愿意接受的劳动条件,这样每个人才能成为一个自由和负责的人。只要资本家还能够把他们的意志强加给"仅仅"拥有生命的人(这些人没有资本,除了给资本干活以外就没有别的出路),那么就不可能存在人的自由。①

他还提出,实施这种办法可以有一些变通的形式,即不以现金为基础,而是从实施免费的物品、交通和服务开始,再扩充到其他方面,正如实施义务教育一样。虽然目前这种主张似乎是一种乌托邦,然而对于一个健全社会而言,不论是经济上还是心理上,它都是合理的。

三、确立消费道德规范,实行健康的消费方式

人道主义主张,消费作为一种满足人类需要的行为,只是达到目的,即达到幸福的手段,是为人服务的,它从属于人格的充分发展。根据这一原则,人道主义消费原则是"消费活动应该是一个具体的人的活动,我们的感觉、身体需要和审美趣味应该参与这一活动——也就是说,我们在消费活动中应该是具体的、有感觉、有

---

① Cf. Erich Fromm, The sane society, London: Routledge, 1991, p. 335.

感情和有判断力的人;消费活动应该是一种有意义的、富于人性的和具有创造性的体验"。① 要医治消费异化的普遍病症,必须重新规定资本主义生产的健康消费方向,"生产必须以健康消费为目标"②,建立健康、人道的消费方式,恢复人的本性,达致人的真正幸福。需要通过以下途径实现这一目标:

1. 通过道德教育和相应的宣传活动来改变消费结构

政府有责任教育人们认识消费异化的现状,并且为人们树立更有吸引力的、合理而健康的消费形式,从而改变其消费行为和生活方式。他认为,国家不应当强迫公民去消费那些在它看来是最好的东西,而通过官僚机构的控制来强行节制消费,这也只会使人变得愈发追求消费。只有使人们愿意改变其消费行为和生活方式,才会形成合理的消费。所以,必须给人们树立一种更具吸引力的消费形式,他们才会愿意去改变习惯了的东西。当然,这些并不是一夜之间就会改变的,而"是一个渐进的教育过程"③。政府还可以提供财政上的补贴,生产人们希望得到的产品和服务来促进教育的进程。另外,还需要组织大规模的宣扬健康消费的启蒙运动,以配合政府的这些行为。他坚信,通过坚定地鼓励健康的消费形式,人的消费行为必将改变。

2. 国家制定健康消费的标准和规范

针对病态的消费,国家必须动员人类最优秀的思想家作出智力上的努力,即通过由心理学家、人类学家、社会学家、哲学家、神

---

① Erich Fromm, The sane society, London: Routledge, 1991, pp. 133 - 134;[美]埃利希·弗洛姆著:《健全的社会》,欧阳谦译,中国文联出版公司1988年版,第134页。

② Erich Fromm, To have or to be, New York: Harper & Row, 1976, p. 176.

③ Erich Fromm, To have or to be, New York: Harper & Row, 1976, p. 176.

学家以及社会上有影响的团体和消费者组织的代表组成的人道主义专家委员会,对商品和服务的价值进行研究,确定何种东西对人的生存有利或有害,从而区分健康的消费与病态的消费,确立健康消费的标准和规范。

3. 促使私人消费、物质消费向新型的、与创造力相联系的公共消费、精神消费转化

公共消费项目主要包括大力发展公共教育、公共卫生、公共交通、公园、公共娱乐设施等。他说:"在这种由私人方面到公共方面的转变中,由于更多收入被转移到高额税收方面,私人的花费必定会受到限制,而从那种令人窒息的、非人道的私人消费到使人们参与创造性的团体活动的公共消费的新形式,也必定出现一个可观的转变。"①

4. 承担历史责任,重建人与自然之间新的和谐

弗洛姆多次强调马克思关于人的发展目标是在人与人、人与自然之间建立一种新的和谐的观点。他认为,资本主义不断实行军事化,大垄断组织和军事官僚在政治上专横跋扈,各国都在加紧备战并制造破坏力越来越大的新式武器,毫无节制地滥用自然资源,毒化和污染环境,已经使人与自然之间的矛盾更为恶化。对此,他发出了发人深省的警告:如果人类继续浪费地球上的资源并破坏人类赖以生存的生态基础,人类的灾难很快就会到来。"当今的危机是人类历史上前所未有过的危机;它是生命本身的危机。我们面临的可能性:50 年之内,也许在更短的时间内,这个地球上的生命将要停止存在;不仅是因为核战争、化学和生物战争,而且

---

① Erich Fromm, The Revolution of hope: toward a humanized technology, New York: Harper & Row, Pub., 1968, p. 133.

还因为技术进步使地球上的土壤、水和空气不适合生命的维持。"①他呼吁现代人应当醒悟并担当起自己的历史责任：我们不仅要对当代人负责，而且要对子孙后代负责。一味地掠夺自然资源、污染我们的星球和不断扩充核军备，这是我们利己主义的最突出表现。我们留给子孙后代的将是一个被掠夺得不像样子的星球。② 他赞同新人道主义生态学者们的观点，认为人类摆脱人口、食物和环境危机的唯一办法是从根本上改变人的基本观念，特别是在生育、经济增长、科技、环境和如何解决冲突问题上的一些观念。同时，应当重建人与自然的和谐。理想的健全社会不仅要建立一种没有战争的和平社会，而且还要在人与自然之间建立起一种团结和谐的状态。这个社会中的新人的特征之一是"感到与所有生物共处一体，因此，不应去征服、奴役、剥削、强迫和毁坏自然界，而应去理解它并与它合作"。③

第二节　政治领域的道德变革

针对政治领域的异化状况，弗洛姆提出了自己的政治变革主张。他认为，必须通过有效的社会制约，真正实现政治民主化和制度人性化，因为任何一个国家的政治实践目标都不应当是一个集团对另一个集团或整个社会的统治，而是具有普遍性和涉及每个

---

① Erich Fromm, The crisis of psychoanalysis, Greenwich, Conn.: Fawcett Pub., Inc., 1970, p. 190;［美］埃利希·弗洛姆著：《精神分析的危机》，许俊达、许俊民译，国际文化出版公司1988年版，第170页。

② Cf. Erich Fromm, To have or to be, New York: Harper & Row, 1976, p. 189.

③ Erich Fromm, To have or to be, New York: Harper & Row, 1976, pp. 171 - 172.

人的一种活动。通过参与这种活动，个人能够充分展现其社会存在的重要性，并能够获得各种机会来表现他的潜在能力，证实自己是一个具有创造性与想象力的人，而不是一个可以永远被奴役、被驱使和随意摆布的机器。

一、实施政治民主并使之成为人道主义社会的方式

异化社会中的异化人是没有真正的民主可言的，因此，必须变革西方的民主制度，扩大公民的民主参与。其实施途径主要包括以下几条：

1. 建立一种中央集权式的民主同高度分权的民主相结合的制度，把市民会议的原则重新引入现代工业化社会

弗洛姆批判地分析了普选投票及多数表决权并未带来真正民主的状况。多数表决权有助于抽象化和异化的发展。虽然政治的发展使多数人的统治取代了少数人的统治，取代了国王和封建主的统治，但是这并不意味着大多数人就是对的，而民主的方式越来越呈现出这样的含义：大多数人的决策必然是对的。大多数人在道义上优于少数人，因而大多数人完全有权把自己的意志强加给少数人。多数人的决定被当做证实其正确性的主要依据，这是一个十分明显的错误。实际上，从历史的角度讲，一切"正确的"政治哲学、宗教或科学的思想，原本都是少数人的主张。另外，选举人只是在两位争夺他的选票的候选人之间，简单地表示出他的偏爱，而每个公民并不能或者很少能参与决策。一旦他投了票，他就把他的政治意志让给了他的代表，代表则把他的责任感和利己主义的职业兴趣混合起来，并由此实现选举人的意志，而每个选民除了等到下一次选举以外就再也无法起到什么作用。选举人除了对强有力的政治机器表示同意或不同意以外，就不可能再做什么，他

的政治意志听任于政治机器的操纵,因此,这样的民主是异化的。而真正的民主决策不可能在大众投票的气氛中实现,只能在相当于过去的市民会议的小型团体中实现。所以,应当建立一种中央集权式的民主同高度分权的民主相结合的制度,把市民会议的原则重新引进到现代工业化社会。具体方案就是,按照居民的居住区或工作地点,把所有的人组织在各个小型团体中,每个团体大约为500人左右,这些团体由不同的社会成员组成。让这些团体充分发挥作用,选出每年一换的行政人员和委员会,并讨论地方和国家的重要政治问题,让他们知情参政并影响议会和中央的决策。在这里,重大的问题可以得到彻底的讨论,每个成员都能够发表他的看法,能够听取并有理智地讨论别人的观点。

2. 设立非政治性文化机构,使公民决策获得准确信息

弗洛姆说,如果民主意味着个人可以表达他的信念和维护他的意志,那么民主的前提就是个人必须具有一种信念和意志。但是,在资本主义社会,异化的人只有意见和偏见而没有什么信念,只有好恶而没有意志,而且个人的意见和偏见、好恶和爱憎都被强有力的宣传机器所操纵。如果没有宣传机器和整个异化生活方式对他的影响,他就能够了解事实的真相,从而作出正确的决策。为了使公民获得真实材料,可以设立一个非政治性的文化机构,它的任务和职能就是收集和发布公民讨论所需要的事实材料。这个机构应当像学校一样,学校里的学生获得的知识一般都是比较客观的,不会受到政府的影响。因此,设立的文化机构可以由一些在各个学科领域如艺术、科学、宗教、商业和政治等领域中成就卓著、出类拔萃而且道德完善的人物组成。尽管这些人的政治观点会有所不同,但他们对绝大多数的客观事实材料的把握能够达成一致,即使在部分材料上意见不一,也可以呈现给公民。

3.每个公民参与作出的决策,必须能够对议会机构的决策施加影响

弗洛姆认为,这种小团体的决策可以按照上议院和下议院的形式发挥作用。小团体的决策可以构成真正的"下议院",它可以同普遍选举的代表机构和行政机构分享权力,使上情下达,下情上达,相互作用,彼此监督,因而决策就可以不断地自上而下并自下而上地产生出来。当然,这也取决于每个公民积极而又认真负责的思考。① 他认为,经过面对面团体的讨论和表决,决策中的不合理性和抽象性将会消失,政治问题便会真正受到公民的关注。这种公民通过投票而使自己的政治意志听任于超出他之外的权力的异化的民主状况将会得到改观。这样,公民才能真正回到自身,做到自主,在社会生活中发挥参与者的作用。总之,"如果民主制度从一种'旁观者的民主'变成一种积极的'参与民主',那么它就不会受到任何专制力量的威胁。"②因为在"参与民主"的情况下,没有官僚的控制,不会有领袖人物的突出地位,共同体的事就像是每个人自己的事情一样重要,共同体的共同利益是每个公民自己所关心的利益,实行这样的政治民主才会激励人并使人感受到生活的乐趣,也只有这种民主制度才能使每个公民成为社会生活的积极参与者,才能造就每个公民主动而负责的精神。

4.要使公民能够积极参与政治生活,就应该使经济和政治权力最大限度地分散,并用人道主义的管理来取代官僚主义的管理

弗洛姆提出,资本主义内在的发展逻辑表明,工业康采恩和政

---

① Cf. Erich Fromm, The sane society, London: Routledge, 1991, p. 343.

② Erich Fromm, To have or to be, New York: Harper & Row, 1976, p. 181;[美]埃利希·弗洛姆著:《占有还是生存》,关山译,三联书店1989年版,第191页。

府的规模都会日益膨胀,最后变成一个庞大的官僚机器,实行自上而下的集中管理。因此,"建立人道主义社会的先决条件之一,就是阻止这种集中化的发展趋势以及实行全面的分散管理。"①因为,如果社会变成了像 L.芒福德所描述的那种巨大的机器,即整个社会由一个中心来控制,那么从长远来看,法西斯主义的到来几乎无法避免。因为在这种状态下,人变成了任人宰割的绵羊,失去了批判思考的能力,消极被动地等待一位"知道"做什么并且如何做的伟人,同时在这种状态中,组成巨大机构的是层层的官僚机构,每个人只要掌握了权力,即使是智能低下的人都可以领导和掌控国家机器。官僚主义是行政管理机关采取的一种异化的管理形式,甚至是大多数人认为的必然的形式。但是弗洛姆认为,官僚主义像对待物一样来对待人,从数量而不是从质量的角度来处理事务。官僚们不愿承担责任,只遵循规则而不遵循信念的忠实,这是与个人积极参与决策的原则不相容的精神与方法,必须彻底抛弃。并且,应当实行新的管理方法,这种方法的主要特征是从人和具体情况出发,而不是遵照僵死的教条行事。他指出,如果让行政管理人员拥有充分发挥的余地、自发地对站在他们面前的人作出反应,并且不把经济置于至高无上的地位,那么非官僚主义的行政管理就有可能实现。

二、建立理性权威,促使人们朝积极自由的方向发展

建立理性权威是当代政治生活领域中的重要任务。各国的权威当局应当是理性权威的代表,因为理性权威有益于人类的发展,

---

① Erich Fromm, To have or to be, New York: Harper & Row, 1976, p. 184;[美]埃利希·弗洛姆著:《占有还是生存》,关山译,三联书店 1989 年版,第 193 页。

它所代表的权威关系的目标是帮助人展现理性和爱的潜能。理性权威是个人发展自我的条件,也是社会稳定安全的必要条件,还是国际间往来及构建和谐世界的重要基础。理性权威的外在标志是权威当局的能力和才能。虽然才能和权威本身有一种优势,但是它的目的不是奴役那些被他所约束的人们;相反,它产生的是一种"优势与劣势的人际间的相互关系"①,是为了缩短优势者与劣势者彼此间的距离,并使劣势者逐渐独立自主,以致发展到不再需要依赖,使权威的运作成为多余的东西。就像教师与学生的关系一样,教师和学生在利害关系上是一致的,教师对学生的支配遵循的是理性权威的条件,学生学到的知识越多,他与教师之间的距离就越小,当他逐渐可与老师并驾齐驱时,权威关系就瓦解了。因此,可以说,理性权威形成的关系容易导致权威关系的瓦解。而非理性权威则不同,例如,奴隶主和奴隶的关系就是非理性权威的关系,当奴隶主把权威作为剥削奴隶的基础时,他们二者的矛盾只会加剧。

弗洛姆呼吁,应当建立理性权威,为人类的发展共同努力。理性权威应当具有以下特征:其一,以人道主义作为权威运作的指导原则,能够提供人在社会中发展的可能性,即维持社会的公正、提供社会安全以及给予个人自由;其二,能促进个人的道德良知;其三,理性的权威应能促进人类和谐与团结。② 人道主义伦理学就是希望个人在理性权威的引导下,寻求健康全面的成长。一个具

---

① Erich Fromm, Escape from freedom, New York: Holt, Rinehart and Winston, 1941, p. 164.

② 参见陈秀容:《佛洛姆的人本主义》,台北唐山出版社1992年版,第67页。

有创制型人格的人,不会屈从于非理性的权威,而是自愿地接受良心和理性的合理性权威。只要他生存着,他就在不断地发展自身。那些非理性的权威当局应该实施改革,否则将为人民追求幸福自由的权力所瓦解。即使是理性权威,也必须随时接受个人基于人道主义所提出的建议或批判。如果个人和权威当局都能以普遍的伦理和人道主义精神实行改革和发展,健全社会便有了坚实基础。理性权威将达到这个目标:"个人以及个人的成长和幸福已成了文化的目标,生命无须由成功或其他什么东西来加以证实,个人不再从属于或被操纵于外在的权力(主要指国家和经济机器),个人的良心和理想不再是一种'内在化了的外部要求',而真正是属于他的、真正具有了他个人的特色。"①理性权威真正促进的是人的积极自由的状态,他使人能独立、自由、真实地思考,所思、所想、所感都是真正属于自我的状态。摆脱了传统的统治权威的束缚只是外部的自由,内心的自由才是真正的自由,即自由扩大的过程并非恶性循环,人可以自由却并不孤独,有批判精神却并不疑虑重重,独立却又是人类的有机组成部分,这是人的全面发展应当达到的境界。自由和民主是这种理性权威行使的原则。

　　在弗洛姆看来,建立理性权威已经有了现实基础,现代人已经能够比较客观地看待自身和他人,学会了互相尊重,能够把人当人来对待。政治自由也在增长,政治自由发展的最大成果就是建立了现代民主国家。现代民主政体的宗旨就是人人平等,政府成员由人民自己选举产生,人人有权参政议政。任何人只要能兼顾国

---

　　①　Erich Fromm, Escape from freedom, New York: Holt, Rinehart and Winston, 1941, pp. 270-271;[美]埃利希·弗洛姆著:《逃避自由》,陈学明译,工人出版社1987年版,第350页。

家的共同利益,都可以按照自己的意愿行事。这种自由的人在一定程度上是现实社会中"不从的人",他们不受他人的操纵,不受宣传的影响,按照自身的发展目标来塑造自己。

三、实施构建世界和平的伦理对策

弗洛姆认为,世界和平是人的健康成长和创制型人格发展的必要条件。世界和平秩序一日不建立,人类就一日无法摆脱恐惧并达致人的全面发展。构建世界和平应当是人道主义伦理学一个极其重要的目标。

1. 世界和平是人道主义伦理思想的重要目标

在《为了永久和平》一书中,康德曾把"单纯的休战"与真正意义上的和平加以区别。他说,单纯的休战是假和平,真正的和平应当是一切敌意和一切战争的终结状态。弗洛姆继承并发展了康德的思想,把"和平"分为积极的和平和消极的和平两种。人们通常所谈论的和平只是消极意义上的和平,即"为了达到某些目的而追求一种无战争或不使用武力"①的非暴力状态。这个狭隘的含义并不是真正意义上的和平,它往往通过强权政治、武力压迫就可以达到。社会主义和资本主义两大阵营之间凭借强大的军备竞赛和核备战所形成的局势就是如此。这种核备战对全世界人民都是一种严重的威胁和摧残,它足以摧毁整个社会的、道德的和人格的结构②,人格必定会扭曲成恐惧、无情、狠心并将对所有价值冷漠。

---

① [美]埃利希·弗洛姆著:《人的呼唤——弗洛姆人道主义文集》,王泽应等译,上海三联书店1991年版,第183页。

② 参见[美]埃利希·弗洛姆著:《人的呼唤——弗洛姆人道主义文集》,王泽应等译,上海三联书店1991年版,第186页。

所以,这种暂时休战状态绝不是真正的和平。真正的和平应该是积极的、人类团结一致、和睦相处、人的精神得到充分发展的状态。在这种和平社会里,人们克服了异化,消灭了国家、政党、种族、团体的纷争,没有国界,人人都具有共同的平等权利,人与人之间都相亲相爱,人人都能超越自己的民族、国家的局限性;宗教的宽容和共存成了每个人生活中被普遍承认的原则;在世界每个地方都存在兄弟般的友好关系;每个人感觉生活在这个世界上就像生活在自己的家里一样。①

弗洛姆强调,积极意义的和平概念不是他的空想,而是源远流长,发源于东西方人道主义理论和宗教教义中,并在基督教历史中以及马克思等思想家的理论中得到继续发展。"人类的内部统一"是人道主义的重要内涵。各民族的先知们如埃卡纳托、摩西、孔子、老子、释迦牟尼、以赛亚、苏格拉底、耶稣等,不仅提出了相同的人性原则,而且都强调人与人之间的和谐,强调各国、各民族之间的彼此仁爱和依赖。他们的和平思想有两方面的内容:一是消除敌意、放弃武器、停止战争。"预言家们想象着那一天,即各国人民'要铸剑为犁,铸枪为镰。这国不举刀进攻那国,他们不再学习战争'。预言家们也想象着那一天,不存在任何'有希望获胜的国家'。"②二是各族人民克服隔阂和分离,达到彼此了解,实现大同世界。"当那日必有从埃及通向亚述去的大道。亚述人要进入埃及,埃及人也要进入亚述。埃及人要与亚述人一同敬拜耶和华。

---

① Cf. Erich Fromm, Beyond the chains of illusion:my encounter with Marx and Freud,New York:Simon and Schuster,1962,p. 171.

② Erich Fromm, Beyond the chains of illusion:my encounter with Marx and Freud,New York:Simon and Schuster,1962,p. 169.

当那日以色列必与埃及、亚述三国一律使地上的人得福。上帝将赐福给他们,说埃及我的百姓,亚述是我手上的工作,以色列是我的产业。"①和平伦理思想在基督教思想中通过"爱汝邻人"、"爱你的仇敌"(《马太福音》)的命令而得以继续发展。文艺复兴时期的新人道主义思想发展了希腊以及犹太基督教的传统,并且更加强调和平的重要性。因为思想家们认识到,在新教和天主教之间存在着极多非理性的狂热情绪,所以他们试图防止战争爆发。例如,古罗马人道主义者西塞罗和文艺复兴时期神学家库萨的尼古拉等都提出了人类是统一的共和国的思想。到17世纪至19世纪,启蒙思想家斯宾诺莎、洛克、莱辛、康德、歌德、弗洛伊德、马克思等人,更加强调人类团结、不分彼此的和平与和谐。康德提出了对一切人都有效的道德原则并论述了永久和平的可能性;歌德提出了世界皆是祖国的伟大思想;马克思则提出建立一个消灭剥削和压迫、以人的全面发展为目标的共产主义社会。

2. 阻碍世界和平的主要原因

尽管东西方文化具有伟大的人道主义传统和对世界和平的热爱和追求,然而人类历史却血流不断。虽然"从公元前1500年到公元1860年,人类签订的和约不少于8000条,每条和约都被当做永久和平的保证,但每条和约只能维持两年左右"!② 尤其是在不到100年里发生了三次大规模的战争(1870、1914、1939)。战争为何无法避免? 是什么原因阻碍了世界和平的进程? 对此,许多伦

---

① Erich Fromm, Beyond the chains of illusion:my encounter with Marx and Freud, New York:Simon and Schuster,1962,p.169;[美]埃利希·弗洛姆著:《在幻想锁链的彼岸》,张燕译,湖南人民出版社1986年版,第178页。

② Erich Fromm, The sane society, London:Routledge, 1991, p.4;[美]埃利希·弗洛姆著:《健全的社会》,欧阳谦译,中国文联出版社1988年版,第2页。

理学家和心理学家都作了认真的探索。后来,讨论人性的学者主要分为两派:一派是以动物行为学家 K. 洛伦兹为代表人物的本能主义者,一派是以心理学家斯金纳为代表人物的行为主义者。这两派的观点互相对立。洛伦兹认为,人类之所以消除不了战争,就是因为人类具有源于动物本能的"先天的攻击性",它在文化的包装下表现为人的"战斗性热心",从而表现为团体性、阶级性甚至社会性的狂热。这种狂热所瞄准的可以是如犹太人、匈奴人、德国人等具体的对象,也可以是"资本主义、共产主义、法西斯主义,或者任何其他主义"①等抽象的概念。斯金纳则认为,人类根本没有天生的特性,人的一切品格特征包括人类的侵犯性都是社会与文化制约和强化的结果。在弗洛姆看来,这两派的观点都不科学。他对人的破坏性及战争爆发的真实原因进行了广泛、深入而系统的研究。他提出,人的破坏性只是战争爆发的必要条件而不是原因,技术社会的发展导致人的破坏性不断增长;战争爆发的真正原因是人的贪欲和野心,而资本主义社会的发展导致人的贪欲迅速膨胀,是现代战争的温床。

A. 贪欲是发动战争的真实原因,资本主义社会是现代战争的温床

弗洛姆认为,本能主义者把战争的原因归结为人类的破坏天性是一种不负责任的"心理主义"谬论,只能误导人的注意力,而无法找到导致屠杀的真正责任者。他同意弗洛伊德与爱因斯坦通信时的说法:战争是由于团体之间的事实冲突以及缺乏强制性的最高法律来解决国际冲突所引起的;人类的破坏性并不是导致战

---

① 〔奥〕K. 洛伦兹著:《攻击与人性》,王守珍等译,作家出版社 1987 年版,第 283 页。

争爆发的原因，只是辅助因素：即政府一旦决定战争，国民易于从战而已。弗洛姆继承并发展了弗洛伊德的思想，明确指出，人的破坏性只是战争的必要条件，贪欲才是战争爆发的真实原因。他分析了物质"必需"与心之"所欲"的区别。生理需要受生理条件的限制因而是有限的；心理欲望却永无止境、永不满足，所以贪欲是各种宗教（佛教、犹太教与基督教）伦理观中的罪恶。从历史的角度来看，古巴比伦人、古希腊人以及现代政治家发动战争的原因都是由于其贪欲和野心，希望占有更多的可耕地、奴隶、财富、原料、市场，或统治者为了"提高他们自身的威望和荣誉的缘故而作出决策的结果"①。第一次世界大战爆发的原因就是如此，"德国的目标就是得到西欧与中欧的经济霸权，并想获得东欧的领土。西方盟国的动机也是一样"②，法国、俄国、英国、意大利等各国都有其野心，有些目的在秘密条约里清清楚楚地记载下来。如果不是因为这些目标，交战各方早几年就可以达成和平，而不至于再白白牺牲数百万无辜者的生命。

　　人的贪欲在前资本主义社会中并不十分明显，人们追求的只是生存的必需，或只要求达到传统上的生活水准。而到了资本主义社会，贪婪成了市民的主要动机。资本主义生产的内在规律要求不断地发展生产，因而必须不断地扩大消费。人变成了消费工具。统治者也是如此，他们不仅拥有政权，能够统率亿万人并控制最有破坏力的武器，他们的野心和欲望也被刺激得越来越膨胀。

　　①　Erich Fromm：The heart of man：its geniu for good and evil，New York：Harper Colophon Books，2nd，ed.，1980，p. 22.

　　②　Erich Fromm，The anatomy of human destructiveness，New York：Penguin Books，1982，p. 286；[美]埃利希·弗洛姆著：《人的破坏性剖析》，孟禅林译，中央民族大学出版社1999年版，第262页。

不仅如此,资本主义的"经济依赖于武器的制造(加上整个防卫机构的维持)"①,每年生产数十亿美元的武器,而武器的研发和生产正是战争的帮凶,甚至连经济学家们都深感忧虑。在弗洛姆看来,以上事实表明,资本主义文明是导致现代战争的温床。"文明越原始,我们发现的战争就越少。战争的密度与强度的趋势也是一样,是依科技文明的发展而上升的。越是拥有强权政府的强大国家,战争就是最多最烈的,而那些没有长期的首领的原始人,战争就最少最弱。"②

B.人类的破坏性是战争爆发的必要条件,工业社会导致人的破坏性急剧增长并带来核战争的威胁

虽然人的破坏性不是战争爆发的直接原因,却如同打仗需要武器一样是战争爆发的必备条件。弗洛姆强调,正是因为人的恶性和破坏性以及人性中深藏的对生命的漠视,才使得战争成为可能。他提出,人有两种完全不同的侵犯性:一种是生物学上合乎生存适应的、有益于生命的良性侵犯;另一种是生物学上不合乎生存适应的恶性的侵犯(破坏性)。正是这种恶性破坏性侵犯,构成了对人类生存真正的威胁。恶性侵犯是人在解决人类生存固有的矛盾时找到的一种答案和方式。恶性侵犯就是以人的本质需要为根源的回归方式,它源于人性,也是人性的产物。恶性侵犯包括三种类型:第一种是由于特殊环境所激发的破坏冲动所引发的暴力侵犯,如由挫折引起的暴力、由羡慕嫉妒引起的敌意攻击、报复性暴力、补偿性暴力和原始的喋血渴望。第二种是虐待狂式的残暴的

① Erich Fromm, The Revolution of hope: toward a humanized technology, New York: Harper & Row,1968,p. 2.

② Erich Fromm, The anatomy of human destructiveness, New York: Penguin Books,1982,p. 290.

破坏性。虐待狂式的侵犯是由绝对地、无限制地控制另一个生命的激情所引发的。这是一种把无能感变为全能感的补偿行为。第三种是由恋尸癖引起的暴力。它是对死亡的爱恋的破坏性，也称为爱死的定向。爱死是一种杀人的愿望、对暴力的崇拜，对死尸和虐待的兴趣。希特勒就是典型的恋尸类型。他为破坏所迷狂，为破坏而破坏，他的目的就是把人消灭，把生命毁灭。恋尸品格是最邪恶的破坏性和非人道的根源。而良性侵犯以生理需要为根源，它包括游戏性侵犯、自我肯定性侵犯以及防卫性侵犯。它的目的在于寻求表现技能（如体育运动中的击剑、比武等）或者在于受到威胁时，捍卫生命、自由、尊严和财产（如自卫）。

　　防卫性侵犯是生而具有的，恶性侵犯即破坏性，虽然源于人性却不是与生俱来的，"破坏性的程度与文明发展程度成正比"[1]。随着科技文明的发展，人的破坏性迅速增长，人道主义价值随之崩溃与丧失，由此导致人对生命的漠视并带来足以毁灭文明和地球上所有生命的核战争的威胁。原因在于这个幽灵般完全机械化的工业社会所奉行的两条原则：第一条原则是科技上可能做的，就应当做。[2] 在它的影响下，人类战争的规模、范围、人员伤亡、财富损失等都超越了以往的任何时代，战争对人类的影响及残酷程度也达到史无前例的地步。在它的直接指导下，人类还制造出具有巨大杀伤力的原子弹，它能在顷刻之间让数十万人消失甚至可能毁灭全人类。这极大地满足了那些极权人物的野心，也给无辜的人

　　[1]　Erich Fromm, The anatomy of human destructiveness, New York：Penguin Books,1982,p.25；［美］埃利希·弗洛姆著：《人的破坏性剖析》，孟禅林译，中央民族大学出版社1999年版，第15页。

　　[2]　Cf. Erich Fromm, The Revolution of hope：toward a humanized technology, New York：Harper & Row,1968,p.32.

们带来了无法避免的灾难。这条原则否定了一切人道价值,并代表了一种技术社会的最高价值。第二条原则是讲求最高效能与最大产出。① 这条原则使企业只顾及成本和利润,不顾其他;在这条原则影响下,人丧失了其应有的独立性、主动性、创造性,丧失了与自己、与生命的接触,丧失了一切人道主义的价值与信仰。这种结果不仅造成了人与人之间的敌对性,而且也带来了人们对生命的冷漠,对能够给他们自己及其子孙后代的生命造成威胁的核灾难的可能性无动于衷。

3. 构建世界和平的伦理对策

面对核战争的威胁,弗洛姆走出了书斋,积极投身到反对冷战、越战和核军备竞赛等和平运动中,并充当重要角色。不仅如此,他还积极探索构建世界和平的伦理对策。在他看来,人类面临的唯一问题便是战争与和平的问题。他一再呼吁,必须"意识到这种危险性,……这是现代人所必须正视的一种职责、一种道德和理智的律令"。② 同时,必须以道德的尺度来衡量战争与核军备竞赛。两次世界大战和其他战争给人类造成了数以千万计的人员伤亡,这是对人的尊严的践踏和生命的摧残,这就是恶。要使人类彻底摆脱毁灭的威胁走向持久和平的道路,必须采取下列措施:促进彼此了解与合作,以团结代替对抗;维护全人类的公正;建立以人的全面发展为目标的人道主义的社会主义社会。

A. 促进彼此了解,以团结取代对抗

---

① Cf. Erich Fromm, The Revolution of hope: toward a humanized technology, New York: Harper & Row, 1968, p. 33.

② Erich Fromm, Beyond the chains of illusion: my encounter with Marx and Freud, New York: Simon and Schuster, 1962, p. 182; [美] 埃利希·弗洛姆著:《在幻想锁链的彼岸》,张燕译,湖南人民出版社 1986 年版,第 192 页。

弗洛姆认为,所有和平措施的实施,关键在于各国及各国人民是否愿意促进彼此了解、化解宿怨,为建立一个更加美好、更加和谐的世界而共同努力。因此在各国之间,应当致力于消除仇恨心理和猜忌,促进彼此的了解和合作,"用团结来取代相互间的对抗。"①实现这一目标需要通过以下途径:第一,各国权威当局应当以人道主义作为权威运作的指导原则。维持社会公正、提供社会安全、给予个人自由,并且促进人的道德良知及人类和谐与团结。② 如果个人和理性的权威当局,都能以普遍性的伦理和人道主义精神推进改革和发展,人类的和平就有了坚实基础。第二,解除各国的心理武装③,促进人民的精神重建。心理因素的隔阂,是世界和平的最大敌人。核军备竞赛,正是因为各国政府和人民陷入了根深蒂固的互相猜忌和畏惧之中。人类应当彼此爱戴与敬重,以平等和开放的胸怀看待所有民族和国家;摆脱个人自恋和团体自恋,以理性和爱化解仇恨,为落实和平计划而努力。全人类的了解沟通和友好往来,既符合人性的需求也能促进良能的展现。解除心理武装、促进人民的精神重建,是建立世界和平的第一步也是最为重要的一步。第三,进行全球性的裁军计划。全球性裁军的主要原因有二:其一,几乎每个国家维持军备的代价都很高,必然削减人民的健康、福利和教育等方面的经费。如果能有效地重新分配资源,裁军措施将为全人类提供庞大的生活支援,人类生活

---

① Erich Fromm, To have or to be, New York: Harper & Row, 1976, p. 160;[美]埃利希·弗洛姆著:《占有还是生存》,关山译,三联书店1988年版,第169页。

② 参见陈秀容:《佛洛姆的政治思想》[海外学位论文],中国国家图书馆1990年版,第414—423页。

③ Cf. Erich Fromm, May man prevail? New York: Doubleday & Company, Inc. Garden City, 1961, p. 12.

将获得更多更普遍的改善。其二,核武器散播得越广,世界和平的机会就越低。尽管目前只有美国、英国、法国、苏联和中国拥有核武器,但毋庸置疑,还有一些国家也具备制造核武器的能力。如果不能尽快采取全球性的裁军措施,核力量将成为更多国家的权力。根本的和平计划,必须是消除所有的核军备力量,使国际间的敌对没有核武力的支持。各国政府应当真正基于人民福祉而服务人民,促使各国积极配合裁军计划。各国人民应当统一起来发动和平运动,督促政府当局,积极推进全面性裁军措施。同时还应当加强联合国重组并扩大其职权,使之具有监督国际性裁军的最高权力①,并使之在维护世界和平方面扮演举足轻重的角色。

B. 维护社会公平

许多有识之士已经发现了全社会的不公正现象,即当北美和西欧各国的大多数人在分享物质财富时,还有占全世界人口2/3以上的人的生活处于贫困状态。弗洛姆说,只要人类存在这样的不公正和不平等,仇恨就会存在而且难以消除。因此,全社会应当确立实施能保障所有人的平等和公正的原则和制度。除了维护人的不可剥夺的生活权利,实施基本生活保障制度外,还必须在全社会实施经济公平,援助第三世界国家和那些不发达的国家。第三世界国家与极权独裁国家的改革发展,是实现世界和平的关键。西方世界的进步与自由最终是无法与落后地区的饥饿、极权国家的奴役相互并存的。西方国家有道德责任对这些国家提供知识、物质、技术等援助,使全人类都能获得解放与发展。维护世界和平,不只是裁军和消除战争,更重要的是必须促使落后地区及被奴

①　Cf. Erich Fromm, May man prevail? New York: Doubleday & Company, Inc. Garden City, 1961, p. 16.

役地区的解放与全盘改革,必须促进东西方文化的交流与合作。只有全人类彻底摆脱各种人为的束缚,得到充分发展良善潜能的机会,人类才能水乳交融地联系为一体。对第三世界国家的援助,应当基于人道主义精神,而不是以某些条件作为交换的方式,强迫它们提供军事基地或迫使它们建立联盟。也不应当向第三世界国家强迫灌输资本主义和共产主义的理念,而应当使第三世界国家根据实情自主选择发展道路。

弗洛姆和当代许多其他思想家一样,希望提醒我们,任何以武力和暴力解决政治问题的行为不仅是徒劳的而且是不道德的,是一种罪恶,因此必须坚决反对通过核备战而达到安全目标的政策。他说,"和平不仅与战争无缘,而且和平是那些为了全体人民的共同利益在自由合作基础上建立起来的人们之间的关系的确定的原则。"[1]在健全社会中,每一个社会成员都应该感到他不仅对其他公民负有责任,而且对世界上的所有公民负有责任。[2]

弗洛姆对世界和平的宣扬和努力,与康德、卢梭、罗素等伦理学家对这一问题的思考相比,既有相同之处又有不同之处。相同的是,他们都肯定人类本身的目的性,肯定世界和平是人类发展的必要条件。不同的是,弗洛姆人道主义和平思想主要以精神分析方法和批判理论为其理论基础,以人必须有生存的尊严和免于战争的恐惧的道德因素作为基本考量。这一特点在当代伦理学家的主张中是唯一的,因而更值得我们重视。

---

① [美]埃利希·弗洛姆著:《人的呼唤——弗洛姆人道主义文集》,王泽应等译,上海三联书店1991年版,第115—116页。

② 参见[美]埃利希·弗洛姆著:《人的呼唤——弗洛姆人道主义文集》,王泽应等译,上海三联书店1991年版,第115—116页。

第三节　文化领域的道德变革

在弗洛姆的人道主义伦理学体系中,文化领域的道德变革也是其思想的重要内容。他认为文化领域的异化主要体现在教育领域和宗教领域,因此,必须同时对这两个领域进行道德变革。文化领域的变革涉及社会的经济和政治方面,以及人际关系、艺术、语言、生活方式和价值观念等方面。它的目标是给人的心灵注入一种新的精神、价值和理想,实现友爱、公正和个性。如果社会主义思想不能给予人的心灵一种新的精神,那么社会主义社会就不可能实现友爱、正义和个人主义的目标①,就无法促进创制型人格的发展。

一、教育领域的道德变革

弗洛姆对现代教育的种种缺点表示不满,建议对教育进行改革,并提出了自己的思路。

1. 实行人道化的教育

教育体制的变革主要是通过培养自主的创制型人格,使人的理性、情感和潜能得到充分表达和实现的人来完成。② 因此,他认为,人道主义的社会主义应实行人道化的教育。人道化教育的首要任务是明确教育目的,培养全面发展的人和创制型人格,使人的科学认识能力和艺术审美能力都得到发展,使人不仅成为物质的生产者,而且成为生活的享受者。教育也是为社会提供有创造性的人的基础,因此,教育应当培养这种自由自主的人。这种自由的

---

① Cf. Erich Fromm, The sane society, London: Routledge, 1991, p. 343.
② Cf. Adir Cohen, Love and Hope, New York: Gordon and Breach, 1990, p. 70.

人在一定程度上是现实社会中"不从的人"，他们不受他人的操纵，不受宣传的影响，按照自身发展的要求来塑造自己。对他们来说，教育不是堆积知识，而是一个自由发挥认识能力和审美能力的过程，为成为社会的充分参与者做准备。在教育的过程中，理论和实践要相互结合。弗洛姆认为，既然教育的目的在于人的健康发展，因此人道化的教育是终生的教育。从某种意义上讲，成年人比儿童更需要受教育，这是因为：第一，成年人受社会的毒害可能更深，他们可能随年龄增长越来越多地失去人性中美好的东西（如好奇心），他们在教育儿童的同时，也应该是儿童的学生。同时，成年人也要不断地学习先哲的教诲，坚定人生的信念，以抵御社会这个大染缸。① 第二，只有到成人阶段（30—40 岁），有了一定的人生经验，人对历史、哲学、宗教、文学、心理学等知识的学习和理解才会更容易一些。第三，人到 30—40 岁，对自己往往才真正有了正确的认识。人到了这个年龄，如果希望选择一种更适合自己的职业，同样需要学习。因此，社会不仅要重视儿童的教育，也要重视成年人的教育。教育应该给每一个人提供机会，既不限制儿童和青少年的成长，也要扩展成人的教育。

在人道化教育的实施过程中，应当消除建立在权力和宣传基础上的非理性权威，形成新的理性权威观念，这种权威观念既不同于非理性的独裁主义，也不同于无原则的放任自流。而且，教育要通过体力劳动和创造性艺术训练的结合，抵消异化的理智化教育的危害。艺术作为人的生活中不可分割的部分，要符合人的基本需要，逐渐消除接受型品格倾向，培养创制型品格倾向，为每一个创

---

① 参见郭永玉：《孤立无援的现代人：弗洛姆的人本精神分析》，湖北教育出版社 1999 年版，第 342—343 页。

制者潜能的发挥提供适宜的土壤。弗洛姆提倡"集体艺术",以一种有意义的、熟练的、创造性的、积极的、与人共享的方式,对世界作出反应。集体艺术作为共享艺术是与他人结合在一起的,其形式包括集体舞蹈、合唱队、戏剧、乐队等。集体艺术可以使人在一种富有意义和建设性的状态中与他人结合在一起,它与人的关联的需要相符合。人为了可以在世界上自由自在地生活,必须依靠他的所有感官把握外部世界。当他用他的感觉把握世界时,他就创造了艺术、仪式、歌曲、舞蹈、戏剧、绘画和雕刻。然而,现在通常所说的"艺术",却有着它的现代含义,它成了一个孤立的生活领域。一方面,艺术家成了一种专门的职业;另一方面,还存在着艺术的崇拜者和消费者。然而,艺术应当是每个人生活的组成部分。他还指出,在一个仍然保留真正节日和共同艺术表达方式的原始村落里,尽管它可能没有文字,但它在文化和精神方面,都会比我们这种有教养和报纸广播,但没有共同的集体艺术和仪式的文化更为先进和健康。

实施人道化的教育还应当采取人道的教育方式。这种教育方式的改变是以心灵与理智之间的新的统一取代情感的体验与思想之间的分裂。不管是哪个阶段的教育,从幼儿园、小学、中学等以至高等教育和成人教育,教师们都不再是官僚,他们是"他们的学生的共同的弟子"。教师在教学态度、教学气氛等方面,尽可能采取激励的方式而不是威胁和灌输的方式。老师以身作则,而不只是宣扬教条,这样才能达到促进学生的内部和谐与活力的目的。最重要的是,让学生将所学的内容与自己的生活、家庭和社会联系起来,而且对生命的成长有乐观的态度①。一方面,如果教育能够

---

① Cf. Erich Fromm, The heart of man: its geniu for good and evil, New York: Harper & Row, 1964, p. 51.

以这种方式来启迪学生,它就能获得学生对它的尊重,获得所有人对它的支持;另一方面,如果教育能够经受得起批评与责难,对学生的兴趣能够作出有效的反应,那么教育也就能够收到它应有的效果,还能够使学生感受到有意义的活动所带来的满足和快乐。

2. 教育的重要任务是揭示社会无意识,促进人道主义良知的发展

弗洛姆认为,人生活在社会中,社会性是人的属性。人格的核心是社会品格,社会品格的培育及其发展,为的是促使人乐意履行社会所期望的角色职责。另外,社会通过各种过滤器,对个人意识和欲望加以约束和控制,形成了社会无意识。这些对于社会正常发展起到了维护作用。但是,这些却对个人精神的充分发展有一定的阻碍作用,阻碍了人的第一潜能的实现和创制型人格的塑造与培养。从这个角度而言,个人与社会的发展似乎有着对立的一面。但是弗洛姆认为,我们不应当悲观,每一个社会并不能随心所欲地采取任何方式使人失去人性或强迫性地将人的本质加以扭曲。因为,当个人害怕被社会孤立放逐的时候,他也会害怕与自己内在的、代表自己良心和理性的内在之我分离。在个人的意识和无意识中,意识通常代表了社会之我,即代表个人所处的历史环境所造成的偶然局限性;无意识代表了根植于人的普遍性。无意识的内容既不善也不恶,如果要体现完整的个人,就应当将无意识转变为意识,使人能够实现他的本质。他还提出,社会无意识能够转化为社会意识,而且,发现、消除、转化这种无意识是有重要意义的,"认识到人的无意识意味着接触到了人的完整性,抛弃了社会设在每个人身上、最终设在每个人与同伴之间的障碍。……它确定了人类的解放,即人从与自己、与人类的异化这种社会状况中解放出来。"①弗洛姆把从无意识转变为意识的过程称为压抑的解除。压抑的解除首先是个人必须透过认识和情感的体验，并忍受社会的排斥，以达到充分的觉醒，达到充分的创制型倾向。个人解除压抑只是问题的一方面，而另一方面还必须通过教育揭示社会的无意识，从普遍的价值观出发来认识社会的动力，批判地估价自己的社会，以普遍的伦理超越社会内在的伦理，使个人与社会的意识能最充分地揭示"个人无意识"和"社会无意识"的内容，真正达到人的解放、自由和全面发展。

为了使个人与社会能彼此促进，最重要的是要提升人民群众的道德良知。如果没有伴随而来的道德改善，任何政治、经济等改革措施都将徒劳无功。人道主义道德是人自身力量的实现，它表现为人的潜能的发挥与增长。尽管个人具有第一潜能和人道主义良心，但是它们的实现需要外在环境的配合。因此，社会必须以教育和文化宣传的方式，使人认识道德与社会的各种规范，并使人能理性地、批判地遵守这些规范。社会应使其权威运作趋于理性，秉持人道主义的原则，不是以高压和恐吓政策来迫使人们服从或适应社会，而是通过教育人民，使人民能了解自我的尊严以及所应该获得的权利与自由，同时展现其关怀自我并敬重他人的人道主义良知。

二、宗教领域的道德变革

文化的变革还必须包括宗教的变革。一个为了人的创制型人格全面发展的健全社会，要使人类彻底摆脱异化的病症并走向健

---

① Erich Fromm, Beyond the chains of illusion: my encounter with Marx and Freud, New York: Simon and Schuster, 1962, p. 129.

康和全面发展,就必须在宗教领域进行彻底地变革。弗洛姆认为,虽然现代社会教徒越来越多,教会似乎也越来越兴盛,但是,只要是真正重视宗教经验的人,都不会被这种表面现象所迷惑,因为,"他们认识到对于宗教观念的真正威胁并不是来自心理学或者其他科学,而是来自于我们整个的世俗文化所引发的人的异化以及人对自己对他人的冷漠"①。只有当人的人格发生深刻变化,能够自由地思考、爱,并找到定向和信仰的新焦点时,他才能从偶像崇拜和权威主义宗教中解脱出来;只有当他能够接受一种更高级的宗教时,才能从较低形式的宗教中解脱出来。因此,这也是宗教领域道德更新的目的。他提出,宗教领域的道德更新实际上就是以人道主义宗教取代权威主义宗教。

1. 人道主义宗教的内涵

弗洛姆把那些可以促进人发挥其最高力量的思想与情感体系,不论是有神论的还是无神论的,都称之为人道主义宗教。这种宗教关心人本身,将人视为最高价值。其根本立足点是:相信人具有无限的潜能,相信人的理性的力量和动机的高尚性。这种人道主义宗教的体验是与天地万物同一的体验,以人与通过思想和爱把握的世界的关系为基础。② 也就是说,人道主义宗教是要帮助人通过理性的思考和创造性的爱而体验到天人合一的经验和境界。它的目的就是将人的能力充分施展出来而不是哀叹无力;它的美德是自我认识而不是服从;它的信仰是基于个人理性和感性

---

① ［美］埃利希·弗洛姆著:《精神分析与宗教》,贾辉军译,中国对外翻译出版公司1995年版,第69页。

② 参见［美］埃利希·弗洛姆著:《精神分析与宗教》,贾辉军译,中国对外翻译出版公司1995年版,第26页。

经验的对必然的确信,而不是随声附和;它的基调是欢乐并追求生活的乐趣和全面的幸福,而不是权威主义宗教般的悲哀与负罪感。[1]

他强调,人道主义宗教既可以是有神论的也可以是无神论的。如果是有神论的,则它的神(上帝)应该是人的自身力量的象征,意即人在自己的生命中实现自己,而不是代表权力及其对人的主宰和控制。他还说明了上帝概念的来源。"上帝"是一个历史性的概念,其在特定历史阶段中,表现为人对他自己的更高力量的体验以及人对真理和统一的追求。上帝不是统治人的力量的象征,而是人自身力量的象征。在人道主义宗教中,上帝是人能够潜在地成为或变成的象征;在权威主义宗教中,上帝是人的原始存在的占有:人的理性和爱。从特殊的意义上来说,上帝总是依赖于人能够成为的最高的善(good)。在人类发展初期,人类通过崇拜自然物而试图与这些原始的附着物连在一起而找到安全感。当人类感觉到自己的成长价值时,上帝就以人的形式出现。我们可以发现上帝的意义在两个维度上的发展:一是上帝的女性或男性特征;二是人所达到的成熟程度,这种程度决定了上帝的特征,以及他对人们的爱的特征。[2] 之后,上帝从一个父亲的形象变成他的原则的象征:正义、真理和爱。在这个发展过程中,上帝不再只是一个人、一个男人、一个父亲;他成了隐藏在多种现象之后的统一原则的象征。弗洛姆通过追溯上帝概念的历史发现,对上帝的说明就是对人的说明,上帝概念的历史必须总是,并且唯一地是人的历史。因

---

[1] 　参见[美]埃利希·弗洛姆著:《精神分析与宗教》,贾辉军译,中国对外翻译出版公司1995年版,第26页。

[2] 　Cf. Erich Fromm, The art of loving, New York: Harper & Row, 1956, p. 64.

此,"真正信仰宗教的人,如果他遵循着一神教思想本质,将不会对任何东西祈祷,不会从上帝那里期望任何东西,……上帝对他来说变成一个象征,在这种演化的早期,这个象征表达了人的全部努力,精神世界的王国,爱、真理和正义的王国。对上帝的爱,如果他要用这个词,将意味着渴望获得全部爱的能力,实现与'上帝'的同一。"①据此,充分发展的人完全可以通过自己的爱和理性力量,获得与上帝的同一。因为上帝对人类来说是用以表达在进化的早期阶段追求完满性的象征,是用以表达心灵世界方面的象征,是用以表达爱、真理、正义的象征。

弗洛姆强调指出,"人道主义宗教"并不是由思辨构成的,不是坐在书房里苦思冥想的结果,它的根基深深地扎在宗教思想与社会思想的历史当中,是由公正、平等、友爱、自由、幸福等人类理想积淀而成的。它的思想源流可追溯到早期的佛教、道教、基督教、犹太教,也可追溯到孔子、苏格拉底、斯宾诺莎和启蒙时代的一些优秀代表人物的言论中。所有这些体系中最重要的不是思想体系本身,而是构成其教义基础的人生态度。以早期佛教思想为例,释迦佛陀是一个觉醒的智者,他号召众生善用并体验人所具有的理性和爱,以摆脱人的不合理情欲的枷锁。根据佛祖的经义,人不仅要了解人自身的局限,还必须了解人本身的力量,大彻大悟之人可以达到最高的精神境界——涅槃,这并不是人的无助和顺从,相反却是将人的力量发挥到极致的境界。生命的价值,就在于真正地洞察与体验,当达到最自如的境界时,便会物我两相忘。这种教义,使人完全信赖自己、友爱生物,并否认任何凌驾于人的权威体系。在斯宾诺莎的宗教思想中也可以发现人道主义宗教的意义。

①　Erich Fromm,The art of loving,New York:Harper & Row,1956,p.71.

尽管他的语言是中世纪神学的,但在他的上帝概念中却见不到一点权威主义的痕迹。上帝只是宇宙的全体,他并不是全能的,并不能改变世界上任何东西,他也创造不出一个面目全非的世界。可见,"人必须正视自身的局限,并承认他依赖于身外无法控制的外力总体,但他的力量在于爱和理性。他可以发展它们并得到适度的自由和内在力量。"①

弗洛姆认为,耶稣全部教义的文本与精神也表明,早期基督教是人道主义的而非权威主义的,而仅过了数百年,在基督教不再是贫困卑贱的农民、艺人和奴隶的宗教而成为罗马帝国统治者的宗教之后,基督教中权威主义的倾向就占据了统治地位。但即便如此,基督教中的权威主义和人道主义精神的冲突从未停止过,而且,基督教和犹太教历史上的人道主义的、民主的因素也从未被征服过。

2. 建立人道主义宗教的措施

他指出,对于那些没有真正皈依有神论宗教的人来说,关键在于建立一种没有宗教、没有教条和教会制度的人道主义信仰。实际上,从佛到马克思,一切非神论的"宗教"运动都是这种人道主义信仰的先驱。人们并不是要在自私自利的物质主义和接受基督教关于神的概念这两者之间作出选择,也并不需要一种独立于社会生活之外的宗教,而是需要体现在社会生活本身当中的人道主义信仰的精神,表现在诸如劳动、闲暇和人与人的关系这些社会生活的各个方面。这是一种崭新的、非有神论的和非制度化的信仰。当然,对于那些已经信仰传统宗教并真正体验到该宗教的人道主

---

① 参见［美］埃利希·弗洛姆著:《精神分析与宗教》,贾辉军译,中国对外翻译出版公司1995年版,第28页。

义精髓的人是例外的。建立人道主义宗教的目的也在于确立人类的共同信仰①,消除有神论和无神论之无意义的争辩,真正促进人的全面发展和创制型人格的塑造。

对于个人而言,建立人道主义宗教信仰还应当做到以下几点:

第一,发展人的超越能力,克服贪欲。把人格中剥削型的、囤积型的、市场型的、接受型的倾向发展为建设型的创制型倾向。只有能够超越,才能心胸开阔,体验到自己的尊严和万物的和合,才能感觉周围世界的生机和趣味。弗洛姆指出,精神分析认为贪婪是人的病理现象,它存在于不曾发展出积极的、建设性的能力的人中间。而禅的目标也是克服贪婪,奉行施爱与慈悲。"达到禅的目标,意味着克服一切形式的贪婪,无论这种贪婪是对财产、名誉还是对'爱情'的贪婪;意味着克服自恋式的自我式的自我炫耀及全知全能的幻象。"②但精神分析和禅并非倾向于以压抑"邪恶"欲望来使人导向一种有德行的生活。精神分析把用理性控制非理性的、无意识的欲望的目标建立在心理学基础上并指出实现的途径,这直接关系到人的拯救;禅宗的目标是"开悟"体验,它能如实客观地洞察人的本性,帮助人释放自然的能量,引导人从被奴役走向自由。精神分析与禅具有共同的目标与伦理指向,两者间的协调配合更有助于净化人的心灵,实现人的道德完善,使人人能自爱,能肯定真正的人自身。但是,要达到精神分析和禅的目标,需要人的人格结构发生转变,即成为一个建设性的人,克服他的自负

---

① 参见陈秀容:《佛洛姆的政治思想》,台北三民书局 1992 年版,第 238 页。

② Erich Fromm, D. T. Suzuki, and Richard De Martino, Zen Buddhism and Psychoanalysis, New York: Harper & Row, 1960, pp. 136 – 137; [美] 埃利希·弗洛姆著:《禅宗与精神分析》,王雷泉、冯川译,贵州人民出版社 1998 年版,第 160 页。

和全知全能的幻想，谦卑地看待自己。

第二，反对权威、反对任何形式的偶像崇拜。如同精神分析与禅一样，每个人都应当坚持对任何权威的独立性。他指出，弗洛伊德批评宗教是有其理由的：弗洛伊德认为宗教的本质是虚幻的，是以对神的依赖来取代对会帮助人的、会处罚人的父亲的依赖。人对神的信仰，是继续他儿童时期的依赖，而不是成熟的行为，而成熟就意味着只依靠自己的力量。弗洛姆赞同弗洛伊德的看法，认为不管个人在实际生活中是否已经信仰传统的宗教，他都必须相信，没有任何力量可以控制和主宰个人，人只有靠自己才能从一切依赖中解放出来，使自己充满活力，也只有人自己才能负起自己命运的责任。

第三，通过宗教体验通向人道主义宗教。弗洛姆称之为 X 体验，这是一种人道主义宗教的经验基础。按照犹太教—基督教的传统说法，宗教体验是教徒感受神的参与的一种体验，是与神交融的体验，而弗洛姆主张的是关于宗教的包罗万象的体验。这种体验包括：(1)人把生活看做是需要不断寻求解决的一个问题；(2)总是渴望以最佳方式发挥个人的内在潜能，得到自我发展；其最高点是他的理性、爱、同情和勇气的最美好的发展；(3)人是目的，而不是手段；(4)对于世界有坦荡、团结意识、全身心参与的渴求；(5)克服自我的局限性，摆脱各种非创制型倾向，培养爱、创制性和认识真理的能力，善于运用自由的权利，并准备为坚守信念而吃苦。① 总的来说，只有当人通过努力，抛弃非创制型取向，代之以普遍的创制性力量，摆脱贪婪和非理性激情的控制的时候，X 体验

---

① 参见[苏联]M. A. 波波娃著:《精神分析学派的宗教观》，张雅平译，上海人民出版社1992年版，第254页。

才会成为可能。

弗洛姆强调,通过发展人道主义宗教,人类一定能够共同地并且坚决地否定偶像崇拜,抵制权威主义宗教,"并且有可能在这种否定之中,而不是在对上帝的肯定论述中达成更多的共识。我们一定会发现更多的人性和博爱"①。因为,无论我们是否信仰宗教,是否相信一种新宗教,或一种无宗教的宗教,或继承犹太教—基督教的传统,我们关注的是问题的核心而不是外壳,是经验而不是语言,一句话,我们关注的是人而不是教会。

第四节　科技领域的道德变革

当今社会,人类在建设物质文明和发展科学技术方面,取得了惊人的成就,但是,与此相伴随的却是一系列社会问题的出现和加剧,传统观念处在前所未有的崩溃之中,种种混乱和不安定困扰着人们的思想。弗洛姆指出,科学技术的异化是导致人类社会各种危机包括人格危机的直接根源。要建设一个健全社会,必须将技术重新置于人的控制之下。

依弗洛姆之见,当今人类社会正处在一个十字路口,有三条道路可供选择:第一条道路是通向完全机械化的社会,在这个社会中,科学技术高度发达,物质财富充分涌流,但是人却失去独立性、主动性和创造性,被贬抑为整个机械系统的一部分,而且这必将导致整个系统的骚乱,其结果不是核战争,就是严重的人类病症;第二条道路是用武力或暴力来改变这一局面,其结果必将导致整个

---

① ［美］埃利希·弗洛姆著:《精神分析与宗教》,贾辉军译,中国对外翻译出版公司1995年版,第80页。

系统的崩溃、暴力和野蛮的专政;第三条道路则是导向新的人道化的社会,在那个社会中,一切技术和工艺都是为人的健康和幸福服务的。① 弗洛姆相信,只有第三条道路才是我们必须而且是可能作出的选择,因为科技的异化只是"历史的两歧"。如果异化根源于"生存的两歧",那么它是不可能被消除的。根源于"历史的两歧",就不是人的存在的一个必要的组成部分,而是在人的生活过程中由人创造出来的。科学技术的发展就是"历史的两歧"。人为了控制自然而发展科学技术,同时科学技术的进一步发展又对人产生种种消极的影响,它干预人的生活,摧残人的本性,破坏了人与自然界的联系。但是,这种"历史的两歧"是暂时的,是可以得到解决的。② 在他看来,只要采取以下措施,并且合理地利用科学技术的成果,在内心深处超越纯功利主义的利害关系,就能够消除"历史的两歧",克服科学技术给人们带来的消极影响。

一、建立以人为本的发展计划

人道化工业社会的目标应当是以人为本,为人服务。他说,人道主义伦理学认为,技术社会的社会、经济与文化生活的改变应当是激发并促进人的成长和活力,而不是去损害它;它激活个人,而不是使人消极被动,变成接受型倾向的人;技术能力服务于人的成长。所有的计划都要受到这个价值判断和规范的指导,对于现代

---

① Cf. Erich Fromm, The Revolution of Hope: Toward a Humanized Technology, New York: Harper & Row, 1968, p. 94.

② Cf. Erich Fromm, Man for himself: an inquiry into the psychology of ethics, London: Routledge & Kegan Paul, 1947, p. 43.

化的电脑所作出的计划同样如此。要达到这种目的,人类必须在理性和追求最佳活力的希望的引导下重新控制经济和社会系统。①

在这种总目标指引下,电脑只是以人的生命和成长作为导向的社会系统中的一个工具、一种功能,而不是一种破坏并毁灭社会系统的癌症毒瘤。人自身的价值决定人对事实材料的选择,影响电脑的程序过程;人们通过运用其理性及其相关的情境,采用电脑所提供的适当的材料,自行作出决定。价值的获得建立在人们关于人性的知识、人性的各种可能的表现、它的令人满意的发展形式和有利于人的发展的真实的需要的基础上。而电脑将成为为人们提供许多便利和帮助、由人的理性和意志决定的工具。因此,在这个工业社会中,最关键的是:"是人而不是技术,必须成为价值的最终根源;是人的最佳发展而不是生产的最大限度的发展,必须成为一切计划的最终标准。"②计划制订者也应当清楚,自己作为整个系统的组成部分的作用和角色是什么。

弗洛姆意识到,这种人道化的计划是一种理论假设,这种假设建立在计划者都有一种希望社会和个人实现最佳幸福状态的美好愿望的基础上。然而,这样的假定是不能作出的,虽然那些计划者像大多数人一样,相信自己的动机是合乎理性和道德的。这些人都需要使他们的行为理性化,一方面是为了以道德的正直感支持自己,另一方面是对其他人隐瞒自己的真实动机。但是,在政府的

---

①　Cf. Erich Fromm, The Revolution of Hope: Toward a Humanized Technology, New York: Harper & Row, 1968, p. 96.

②　Erich Fromm, The Revolution of Hope: Toward a Humanized Technology, New York: Harper & Row, 1968, p. 96.

计划当中,政治家的个人利益常常会干扰他们自身的诚实,影响其制订人道化计划的能力。所以,弗洛姆提出,要建立真正的人道化计划,使政治家们和计划的制订者们能够落实这项计划的唯一办法就是:在决策过程中,让公民积极参与到计划的制订当中,并且积极寻求各种途径和方法,从而保证政府的计划真正受到所有计划者的控制。

二、社会应当激发人的潜能

弗洛姆强调,一个社会要达到健全,社会成员要过上美好的生活,最基本的要求就是,社会成员在对其所有能力的建设性运用中,必须是积极主动的。然而科技异化使人变得被动消极,要改变这种局面,应当采取以下几项措施:

1.以"希望"作为全社会的价值导向

如果一个社会要想沿着更有生命力、更具理性的道路进行社会改革,那么"希望"就是一个决定性的因素。要想改变科技异化的状态,必须关注"希望"的问题和当前"无望"的蔓延现象。现代社会中广泛存在着一种无望的状态,它表现为两种形式:第一种是消极等待,不期望现在发生什么,而是把希望寄托在下一刻、下一天、下一年或者彼岸世界,认为随着时间的流逝,将来会带给我们所需要的东西。这实际上就是一种放弃和顺从的表现。第二种是冒险主义,这是一种不顾现实的冒险和伪装,表现为人们轻视那些在任何情况下都不愿意宁死不屈的人。弗洛姆认为这是假冒的激进主义和绝望的虚无主义,而且它们已经在年轻一代身上逐渐蔓延开来。因此,对于"无望"现象的问题应当及时关注,它的后果将不仅造成消极失望、盲目顺从的人格结构,还会造成社会的毫无生机和活力的无望状态,所以,必须在全社会树立对生活对未来的希望。这种希望是人的内心中强烈的但尚未实现的积极性,是一种生存的状态和准备。这种积极性不是工业社会中的那些忙忙碌碌的活动状态,因为那些忙碌状态大部分并不是"积极"的而是被动的。这种希望是与生命和成长相伴随的。他以树为例来说明希望的意义。虽然我们不能说,一棵得不到阳光的树会把它的树枝伸向阳光射来的地方,这棵树与人一样也在"希望",因为人的希望是关系到情感与意识的。但是,树为了生长希望得到阳光,并以自己的树枝转向阳光来表现希望,这并没有错。这与一个想要诞生的婴儿、一个希望康复的病人是同样的道理。希望就像一只匍匐前进的老虎,只有当时机来临时,它才会跃起。他认为,对于希望应当抱着一种怎样的态度,在犹太法典《塔木德》中表现得非常清楚。犹太人在许多世纪中所忍受的社会、经济和政治压迫,使人很容易了解他们对于以赛亚的殷切期盼。但是,当期望破灭的时候,也使他们警觉到,希望和期盼会带给他们危险和痛苦。而拉比文学也一再告诉人们,对于以赛亚的到来,既不可急躁,也不可消极等待。① 这是"动态性的希望",是一种既期待救赎将会于此刻来临,又要准备去接受他有生之年可能得不到救赎,甚至在许多世代之后救赎仍不会来临的事实。② 希望意味着每时每刻都为那些尚未诞生的东西做好准备,即使我们活着的时候仍未来临,我们也不会因此而绝望。不过,希望必须伴随着信仰和坚毅,否则希望就会很脆弱,并会为了安宁和舒适而倾向于崇拜偶像,或者因为希望幻灭而倾向于暴力。

---

① 参见陈秀容:《佛洛姆的政治思想》,台北三民书局1992年版,第183页。

② Cf. Erich Fromm, You shall be as Gods: A Radical Interpretation of the Old Testament and Its Tradition, New York: Holt, Rinehart & Winston, 1966, p. 154.

2. 采取人道化的经营管理办法激活人的能力与主动性

有人认为,随着自动化程度的提高,个人的工作时间缩短了,休闲时间延长了,因此个人的能力和主动性的激活没有必要发生在他的工作时间里,而应当充分展现在他的休闲时间中。弗洛姆对此作出回应:如果一个人在生产过程中表现出消极被动,那么在休息时间里他也是被动的。如果他放弃责任,放弃参与和维护生存权利的过程,那么在其他所有的生命领域中,他始终都会是被动的角色和地位,并且个人的积极主动性是机器和技术代替不了的。因此,个人能量的激活对于实现技术社会的人道化来说非常重要。而要实现对个人能量的内部激活,就需要实现管理方式的外部转变,将异化的官僚政治方法转变为人道化的经营管理。异化的官僚政治有几方面特征:首先,它是一种单向的体系;所有的命令、建议、计划从上至下而来,执行计划的个体没有创造性的余地。其次,官僚政治方法并不对个人的需要、观点和要求作出反应,因此它是不负责任的。再次,官僚由于觉得自己是官僚机器的一个部分,因而也不愿意负责任,不愿意去作决定。而人道化的经营管理却不同于官僚政治方式,它主要依靠参与的方式激活人的创造性。尽管企业庞大,计划集中制订并采用计算机控制,个体参与者仍然在经理、环境和机器面前维护自己的权利,他不再是经营管理活动中不起积极作用的无能者。可见,在人道化的经营管理中,权力的运行不像在异化的官僚机构中那样都来自于从上向下的灌输,而是一条双行道:接受上层决定的下属按自己的愿望和利害关系作出反应;他们的反应不仅到达上层决策者那里,而且迫使他们倒过来作出反应。在决定过程中,下属有权向决定者提出挑战。当然,这种挑战需要一个规则,即如果有足够数量的下属要求相应的官僚机构回答问题,解释它的程序,决定者就必须对这些要求作出反应。①

弗洛姆还提出,现存的技术系统建立在对人的生存需求的压抑基础上,在现代技术社会,人处于一种异化综合症之中。因此,如果现代工业社会要实现技术的人道化发展,就必须引导消费的人道化发展,并且应当充分满足人类特殊的精神需要,否则人的系统还是无法正常运行。人道化的技术社会必须建立在对生命的热爱和尊重的基础上。所以,实现心理更新是我们对付新技术社会幽灵的必然选择。

弗洛姆研究技术人道化的目的,就是要唤醒困境中的人们,摆脱对机械和技术的盲目崇拜和依赖,重新建立对生命的热爱和对自由的追求。他指出,伴随着16—17世纪欧洲科学革命的胜利,近代科学的产生向我们提出了以观察和认识自然界为目的的原则,并将此视为控制自然界和改造自然界的先决条件。凭借自然科学的力量,技术的乌托邦比如飞行,已在我们的时代成为现实。他坚信,如果人类像对技术乌托邦那样,也倾注同样多的力量、智慧和热情,那么技术人道化一定能够实现,一种没有经济强制、战争和阶级斗争的,人们团结和平地生活在一起的新人类也将借助新的人道主义科学成为现实。

总之,进行心理变革和道德更新,必须做到在社会各个领域弘扬人道主义伦理精神,以人作为全社会的最高目标和最高价值,以人作为万物的尺度。人道主义原则应当作为全社会总体变革的首要原则。而且社会是一个整体,社会的方方面面是相互联系的,社

① Cf. Erich Fromm, The Revolution of Hope: Toward a Humanized Technology, New York: Harper & Row, 1968, pp. 100 - 101.

会变革本身也不可能单单在某一领域开展,各领域的道德变革应当相互结合,"只有当工业和政治的体制、精神和哲学的倾向、人格结构以及文化活动同时发生变化,社会才能够达到健全和精神健康。只注重一个领域的变化而排除或忽视其他领域的变化,就不会产生整个的变化。"①因此,弗洛姆强调变革的全面性、总体性,认为只有这样才能取得预期的结果。

实际上,弗洛姆的社会总体道德变革论强调的是社会的制度安排与创制型人格的发展之间的关系。他相信,社会是塑造人格的重要条件,社会成员的人格出现危机和病态,原因主要在社会而不在个人,说明社会患了重病。因此,只有从社会出发,治理好社会问题,才能从根本上解决好人的问题。据此,他提出,应通过社会各个领域的制度变革,使人的创制性得到充分表现。他的言下之意是,任何社会形态的功能都是通过社会制度体现的,只有在社会制度上得到了保证,人的潜能和创制性、主体性才能真正落到实处。人的主体性作用得到了体现,人的权利、尊严、价值也就得到了体现。

---

① Erich Fromm, The sane society, London: Routledge, 1991, p. 271.

第六章 实现新人道主义伦理目标的
内在机制——个体自我完善

创制型人格是新人道主义伦理学的理想,也是每个人的发展目标。个人应当自主培养和构建创制型人格,从而使自己真正成为道德完善、心理健康的人。创制型人格的形成与发展是人的各种内在因素和外在环境互动的过程与结果,在此过程中,各种要素相互作用、影响,最终产生一个相对稳定的人格。当然,外因必须通过内因起作用,外在的环境和社会的伦理变革只有通过个人的积极主动的行动,将外在的伦理道德规范内化为个人的品格,才能最终实现理想人格。因此,弗洛姆在强调社会的伦理变革的同时,非常重视对个体道德的研究。他提出:"人道主义伦理学相信,人的目标就是成为他自己。"①成为自己的最终途径就是根据人的本性法则展现他自身作为人的力量,充分实现人性中的所有潜能。因此,他说:"人生的主要任务是使自我成长,成为与他的潜能相符的人。人生奋斗最重要的成果是他自己的人格。"②

---

① Erich Fromm, Man for himself: an inquiry into the psychology of ethics, London: Routledge & Kegan Paul, 1947, p. 7.

② Erich Fromm, Man for himself: an inquiry into the psychology of ethics, London: Routledge & Kegan Paul, 1947, p. 237.

第一节　人的道德选择能力

虽然人格的培养和塑造非常重要,但问题是:人是否具有按照人道主义伦理学的目标来自由地塑造自己的人格的能力,他是否被排除了原则或偶然的可能性因素的影响或被事实所决定? 如果人格本身是无法塑造的,那么,社会环境的影响和个人的自我努力就无从谈起。弗洛姆希望人们在改变自己的道德面貌之前,认清人到底是自由的还是由环境决定的,人究竟在什么条件下才拥有道德的能力和自由。只有以承认人的道德观念的可变性为前提,只有证明人是自由的,才能谈论道德人格的塑造。关于人的道德行为能力问题的回答,对个人的发展和人类的未来有着决定性的意义。

一、人没有绝对的意志自由

在弗洛姆看来,人既不是善的也不是恶的,而是具有善恶两种潜能,促进生命的良善潜能是"首要的潜能",阻碍生命的邪恶潜能是"第二潜能"。人的潜能的展开和人性的实现,既受社会环境的影响,也是个人自由选择的结果。然而,人是否在任何时候都能自由地选择善? 依据精神分析的经验,弗洛姆研究并回答了这些问题。

首先,他回顾了关于选择自由的两种传统观点。传统的决定论者认为,人的选择没有自由,人的决定在任何意义上都是由先前发生的外部事件和内部事件所引起或决定的。人就像自然物一样受到原因的决定,如同一块从半空中下落的石头一样,没有不下落的自由,所以人是由环境决定的。反对决定论的人却主张,人有自由意志,必须对自己的行为负责,并且能够对自己的行为作出道德判断。这种主张有几种论证方法:有的人根据宗教的理由论证,上帝给予人在善和恶之间选择的自由,因此,人有这种自由;有的人论证,人是自由的,否则他就不能对他的行为负责;还有人论证,人有关于自由的主观体验,因此,对这种自由的认识是自由存在的论据。弗洛姆认为,这三种论据都无法令人信服。在他看来,传统对这个问题的回答,由于没有运用经验的和心理学的资料进行论证,因而只是以一般的和抽象的术语进行探讨,只把自由看做是普遍和抽象的概念,而没有关注形成具体决策的重要因素。只有斯宾诺莎、莱布尼兹、马克思和弗洛伊德的观点才有可取之处。斯宾诺莎认为,我们只具有自由的幻想,因为我们知道自己的愿望,但并不了解它们的动因。莱布尼兹也指出,虽然人们相信自己有选择的自由,但人的意志是由一些无意识倾向引发的。尤其是马克思和弗洛伊德的观点令人信服,这两位伟大的思想家既是决定论者,又不是决定论者,他们不主张单线的因果决定论。他们都看到了"根植于人的能力中的变化的可能性,这种能力使人能够意识到在他的背后驱使他行动的力量"。① 这种背后的驱动力,在弗洛伊德看来,是人的潜意识;而在马克思看来,是社会的经济规律。人受因果律的决定,但人能够通过知觉和正确的行动,创造和拓宽自由的范围,最终使自己获得最大的自由。这两位思想家还主张,行动的意志和奋斗是人实现自由的绝对条件。②

---

① Erich Fromm: The heart of man: its geniu for good and evil, New York: Harper Colophon Books, 2nd, ed., 1980, p. 126.

② Cf. Erich Fromm: The heart of man: its geniu for good and evil, New York: Harper Colophon Books, 2nd, ed., 1980, pp. 126 - 127.

弗洛姆在继承以上思想家的观点的基础上提出,就人与动物的区别而言,自由是绝对的,这种自由不在于选择什么,而在于选择本身,人作了选择就有了自由。在动物世界,从受某种刺激开始,到用一种固定的行为模式来解除刺激所产生的紧张为止,是一连串不间断的反应链条;而人类的反应链条即使被切断,对人的刺激同样存在,但是人的满足方式却多种多样,因此他必须在各种不同的行为方式中选择。不过,就人的发展而言,并非任何选择都是自由的,意志自由只是一个假设,而且这种假设对于个人来说并不公平。对于那些在物质和精神条件缺乏的情况下成长的人,那些从来没有体验过对他人的爱和关心的人,那些身体习惯于嗜酒恶习的人,那些根本就没有可能改变他的环境的人,他们无法"自由"地作出选择。因此,意志自由论至少有三个缺陷:第一,它并没有谈论具体的个人的选择自由。在实际生活中,有的人有选择的自由,而有的人却失去了这种自由,抽象地说选择自由适用于一切人,难以解决自由的问题。第二,它忽视了具体的人在具体的方案中的选择问题。传统的有关自由的讨论,尤其是从柏拉图到阿奎那的古典学者关于自由的讨论的困境在于,倾向于一般和抽象地讨论善恶问题,好像每个人一般都有在善与恶中进行选择的自由。① 实际上,人并不是在善和恶之间进行选择,而是在具体的方案中作出选择,这些方案可能引向善也可能引向恶,这时,人们就会发生道德冲突。因而,人就不会感到自己是自由的。第三,传统的讨论对选择自由和责任这两个概念的理解有些混乱,它并没有研究各种人格倾向。其实,与决定论相对立的自由问题是人格倾

---

① Cf. Erich Fromm:The heart of man:its geniu for good and evil, New York: Harper Colophon Books,2nd,ed. ,1980,p. 128.

向相互冲突的问题以及这些倾向的强度问题。

二、选择自由是以理性控制非理性的过程

弗洛姆对选择自由作出了界定,选择自由是在受理性支配的行为与受非理性支配的行为之间进行选择的自由。简言之,自由即用理性控制非理性。正如斯宾诺莎所指出的那样,被动情感或者理性都能决定人的行为。如果一个人的行为受被动情感支配,人就处于被奴役状态;而当他的行为受理性支配时,他就是自由的。弗洛姆举例说,一个烟鬼决定戒烟的事例可以说明这一问题。当烟鬼读了关于吸烟有害健康的报告之后,"决定"戒烟。第二天他感到情绪比较好,第三天情绪有变化,第四天他不想表现得不"合群",第五天他怀疑健康报告的正确性。最后他终于又继续抽烟。这说明他戒烟只是一种希望而不是在真正作决定。在作出真正选择前,他的那些戒烟决定只是一些计划和幻想,并没有现实性。只有当他面前有一支烟,并且必须决定是否抽这支烟时,这个选择才是真实的。从这个事例中可以看出,选择自由的问题并不是在两种具有同等善的可能性之间作出选择,也不是像在打网球和长途旅行之间作出选择,而始终是对照较坏的东西来选择较好的东西,并且人们又总是根据生活中的道德问题来理解什么是较好什么是较坏。因而,"人始终是在发展还是回归、爱与恨、独立与依赖之间的选择自由。自由是遵循理性的、健康的、幸福的、良心的呼声,以反对非理性情欲的呼声的能力。"①非理性情感是压制人、迫使人作出与他的真正利益相违背的行为的情感,它能够减

---

① Erich Fromm,The heart of man:its geniu for good and evil,New York:Harper Colophon Books,2nd,ed.,1980,pp.130-131.

弱和破坏人的能力,并使人痛苦。吸烟者可以为自己重新吸烟找出种种"理由",但那些理由都是弗洛伊德所说的"合理化",而并不是他真的用理性克服了非理性,而是用非理性战胜了理性。因此,选择自由始终是一个需要作出决定的具体行为。弗洛姆赞同苏格拉底、柏拉图、斯多葛派学者以及康德的观点,强调遵循理性命令才是人的真正的自由。

不过,个人是否有遵循理性的自由呢?在吸烟的事例中,如果烟鬼是一个具有接受倾向的人,他对香烟的渴求是他的接受倾向和焦虑的结果,并和这些动机一样强烈,强烈到使他不能战胜自己的渴求,除非有某种灾难性的变化改变他人格结构中的各种力量的对比。而对于另一种具有成熟和创制型人格的人来说,他不会作出与理性和他真正的利益相违背的行为,他不可能吸烟,因为他没有吸烟的欲望,因此,在吸烟的选择问题上他也是不自由的。可见,选择自由不是人们具有还是不具有的抽象能力,而是人格结构中的一种功能。有些人没有选择善的自由,是因为他们的人格结构中失去了按照善而行动的能力。有些人失去了选择恶的能力,也正是因为他们的人格结构中失去了对恶的渴求。从这个意义上,人是被决定的,因为他们的人格中的力量对比并没有给他们留下选择的余地。然而,这只是两个极端,大多数人并不仅仅具有一种人格倾向而是具有多种倾向,多种倾向产生矛盾和冲突,在力量对比中使人们作出选择。因此,行动就是一个人的人格中不同程度的倾向对比冲突的结果。

选择自由取决于哪些因素呢?弗洛姆指出,最重要的因素是矛盾倾向在人格结构中各自不同的强度,特别是这些倾向的无意识力量。当然,即使在非理性倾向很强的时候,下列意识也可以成为选择善行的决定因素:(1)意识到是什么构成了善与恶;(2)意识到在具体的境遇中,何种行为是达到期望目标的合适手段;(3)意识到愿望背后的力量,即发现自己潜藏的无意识欲望;(4)意识到人能够选择的真实可能性;(5)意识到一种选择是相对于另一种选择的结果;(6)意识到除非有行动的意志,否则意识也不会有效。①

弗洛姆还指出,人的选择能力是随着人的实践生活不断变化的,如果人不断作出错误决定,时间越长,人心就会更加冷酷无情;如果人不断作出正确决定,他就会更加温和并富有活力。可见,自由并不是人的固有属性,而是一种变化的能力。"除了作为一个词和一个抽象的概念以外,不存在诸如自由这种事物,而只存在一种现实性,即在作出选择的过程中,人的自主行动。在这种过程中,我们作出选择的能力大小随着每一个行动,随着我们生活实践的变化而变化。"②这种变化向两个方向发展:一种可能是更加增强人的自信心、正直和人的勇气的每个行为,并且也能提高人选择称心如意的可能性的能力,直到最终几乎不可能选择错误的行为;另一种可能是屈从和让步于减弱人的信心、勇气的行为,并且使人作出更多的让步行为,最终使人失去自由。这两个方向的最终点就是前面已陈述的两个极端——善人只会选择善,恶人必然选择恶。可见,弗洛姆并没有把善人和恶人看做是天生的;相反,他肯定了二者都是人自己不断选择的结果,分别是道德修养所达到的最高境界和堕落积累所造成的最坏情况。

---

① Cf. Erich Fromm, The heart of man: its geniu for good and evil, New York: Harper Colophon Books, 2nd, ed., 1980, pp. 132 – 133.

② Erich Fromm, The heart of man: its geniu for good and evil, New York: Harper Colophon Books, 2nd, ed., 1980, p. 136;[美]埃利希·弗洛姆著:《人心》,范瑞平、牟斌、孙春晨译,福建人民出版社 1988 年版,第 128 页。

　　总之,弗洛姆认为,自由就是人在现实的真实可能性(在理性和非理性欲望、成长和死亡)之间进行选择的可能性。而人的行为总是由各种人格倾向所引起的,这些倾向根植于人格中起作用的各种力量。如果这些力量达到一定的程度,它们强烈到不仅驱使人的行动,而且决定人的行动,那么人就没有选择的自由,反之亦然。不过自由受到现实的真实可能性的限制,这些真实可能性又是由整个环境决定的。所以,非决定论是不存在的,存在的是以独特的人类现实,即以意识为基础的决定论或选择论。每个事件都有原因,而在事情发生之前,有多种动力能够成为这一事件的原因,这些原因中哪种将成为有效的原因,取决于人在作出决定时刻的意识。这样,弗洛姆把理性、选择和自由三者有效地统一起来了。

三、人格决定道德选择

　　如前所述,在弗洛姆看来,道德选择和道德行为的动机是人格中不同程度的倾向对比冲突的结果。人所作的每一个选择,都分别由统治动机的善或恶的力量所决定。对某些人来说,这种特殊力量具有压倒一切的强度,因而只要了解他们的人格和当时的价值标准,便可预测他们选择的结果(尽管他们自己想象着是在"自由地"作出决定)。而对另外一些人来说,由于他们的破坏力和建设力均等,所以就不太可能预测他们的选择结果。不过,从他的选择也可以看出,他的人格结构中哪一组力量强于其他力量。即使在这种情况下,他的选择也是由他的人格结构所决定的。人格不同,人的行为就会有差别。行为的不同正是以人格结构为依据的。绝对的意志自由是不存在的,意志不是人格以外所具有的抽象能力;相反,意志只是人格的表现。"具有创制性的人信任自己的理性,他有爱人和爱己的能力,所以他有依德性而行事的意志。不具有创制性的人未能发展这种能力,他是非理性的缺乏意志力之情感的奴隶。"①

据此,弗洛姆得出结论说:人格决定道德选择。人虽然和其他生物一样,受制于决定他的力量,但是人拥有理性,并且能够认识这些力量。人能够通过理性积极参与对自身命运的安排,能够不断地追寻善。人也是唯一拥有良心的生物,良心可以使人知道自己该做些什么并尽力成为他自己;良心还能帮助人意识到生活的目的以及达到这些目的的行为规范。可见,人并不是环境的牺牲品,通过理性和良心,人能够改变影响那些内在及外在于人的力量;也能够培养和强化那些发展和实现善的条件。理性和良心是人格结构中的重要的内在力量。如果人格中的破坏力和非理性情感占据了统治地位,理性和良心就会相应地受到影响,不能正常发挥作用。

四、道德选择是在压抑和创制性之间的选择

弗洛姆批判了性恶论关于道德行为的本质的看法。性恶论认为,人生来就是自私的,并具有天生的破坏性;而道德行为就是抑制人的邪恶冲动,就是通过抑制邪恶来反对放纵邪恶。弗洛姆提出,这种观点是错误的,伦理的选择并非是抑制还是放纵邪恶。压抑和放纵都是奴役的表现。"真正的伦理选择并非在这两者之间,而是以压抑—放纵为一方与创制性为另一方之间的选择。"②

---

① Erich Fromm, Man for himself: an inquiry into the psychology of ethics, London: Routledge & Kegan Paul, 1947, p. 233;参见[美]埃利希·弗洛姆著:《为自己的人》,孙依依译,三联书店1988年版,第211页。

② Erich Fromm, Man for himself: an inquiry into the psychology of ethics, London: Routledge & Kegan Paul, 1947, p. 229.

　　从精神分析的经验和资料来看,压抑的类型分为三种:一是压抑邪恶冲动的行为;二是压抑邪恶冲动的意识;三是建设性地反抗这种邪恶冲动。第一种情况并没有抑制住冲动,所压抑的是这一冲动所导致的行为。这种压抑需要很强的意志力,或是出于惧怕权威的制裁,但它不会改变个人的人格结构,他的人格一如既往。这种压抑对于人的破坏倾向的防范效果也不太理想。第二种情况被弗洛伊德称为"压抑",这种压抑意味着冲动已经从意识中移开了,不允许它进入意识的领域,或者要迅速使它脱离意识领域,不过这种压抑的效果也不理想。因为被压抑的冲动并没有消失,而是以隐蔽的形式继续发挥作用,并且它对人的影响并不会小于有意识的冲动。第三种情况是建设性的,人通过生命促进力来反抗破坏性和邪恶的冲动。当人越是意识到这种破坏性和邪恶冲动,他的反抗力就会越强。人通过运用意志力量来实现自我的控制,这种反应并不是强调人的过失感和悔恨,而是人的内在的创制性潜能的存在和运用。所以,人道主义伦理学的目标不是压抑人的邪恶,而是创制性地运用人的内在潜能。"美德与人所获得的创制性程度成正比。"①也就是说,行善和做一个有德之人就是选择创制性的行为方式,就是既要否定放纵邪恶,也要否定压抑邪恶。创制型倾向是自由、美德和幸福的基础。因而,行善不是以压抑自己并作出自我牺牲为条件,而是追求自己幸福的条件和基础。当然,选择创制性的行为也需要个人的警惕性,个人对自己的警惕是他培养美德的条件和代价,但是这种警惕并不是一种像看守对罪犯般的监督和警觉,而是人的理性警惕,即人对培养自己的创制型

---

① Erich Fromm, Man for himself: an inquiry into the psychology of ethics, London: Routledge & Kegan Paul, 1947, p. 229.

人格所需要的条件的认识和改造,并尽力去除那些阻碍他的因素。一个人越是意识到自己的能力,并且创制性地运用这种能力以增进他的力量、信仰和幸福,他与自身异化的危险性就越小;进而他将会创造一种善循环。因为,欢乐和幸福的体验不仅是创制型人格行动的结果,而且是创制性行动的激励因素。对于欢乐和幸福的体验将更有助于善,换言之,越是让具有创制型人格的人感受到幸福,社会上的人就越会去恶从善,越想成为一个具有创制性的道德之人。

综上所述,弗洛姆认为,人并没有绝对的意志自由,所谓意志是人格倾向的表现。对于普通人而言,道德选择和道德行为动机是其人格倾向中力量对比的结果。每一次道德选择和道德行为都受到环境的影响,这种影响表现在行为之前,有多种动力成为这一行为的原因。但是,环境的影响最终取决于个体在作出决定时刻的意识,这种意识就是由他的人格结构是创制型倾向还是非创制型倾向所决定的。具有创制型人格的人能够以理性控制非理性,而具有非创制型人格的人,就可能做非理性控制的奴隶。

第二节　个人自身的道德问题

每个时代都有每个时代的道德问题,这些问题是由社会文化所决定的。但每个时代的问题都有其共同性和普遍性,因为它们都是人的道德问题的不同方面。当今社会各个领域都已异化,而人自身也存在着严重的道德问题。

一、精神病代表道德问题

弗洛姆指出,人具有的第一潜能是人的内在动力,来源于人的本性。如果人不能运用这些潜能,如果缺乏第一潜能实现的社会条件,人就容易产生精神疾病并导致人的不幸。这就像人具有行走和运动的生理能力一样,如果这些能力受阻,或者不能运用这些能力,就会产生严重的生理不适和疾病。

从精神分析的经验来看,每一种精神病都是人的内在能力和那些阻碍其能力发展的力量相冲突的结果。精神病症状就像生理疾病的症状一样,表现了健康人格反对损害健康人格的影响的斗争。① 当然,创制性和完整性的缺乏,并非总是导致精神病。如果一个人未能实现创制性,他可能有严重的缺陷,但是由于社会文化的影响,如果特定社会中的大多数人都没有达到创制性,那么其中的个人虽然失去了真正的幸福感,他却适应了这个社会,适应了其他的大多数人,这种适应就是一种补偿。他的缺陷已经被他所处的文化培养成了一种美德。人的缺陷是社会和文化的产物,而社会和文化又把这种缺陷当做特殊价值,以此保护个人不受精神病的伤害。一旦离开这个特定的社会,他就会得病。

弗洛姆引用了斯宾诺莎对这种缺陷与病症的论述:我们常常看见,很多人为了某物而激动,即使它不在眼前,也坚信它就在眼前。如果这个人不是在做梦而出现这类情形,我们会说他疯了。……而那些贪婪的人,除了金钱或财物之外,不思其他,以及那些虚荣心极重的人,除荣誉外,不知其他,……这些贪婪、虚荣心、淫欲等虽没有被看做是病症,也都是疯狂病的一种。② 弗洛姆认为斯宾诺莎的话在现代社会中仍然正确,因为今天有许多这样疯狂的人。这些疯狂

---

① Cf. Erich Fromm, Man for himself: an inquiry into the psychology of ethics, London: Routledge & Kegan Paul, 1947, p. 220;参见[美]埃利希·弗洛姆著:《为自己的人》,孙依依译,三联书店1988年版,第201页。

② Erich Fromm, Man for himself: an inquiry into the psychology of ethics, London: Routledge & Kegan Paul, 1947, p. 222.

的人在发展中没有形成创制型人格,他们主要表现为两种:精神病患者和所谓的"能适应社会的正常人"。其中有的人看起来很正常,似乎对社会相当适应,正因为他们适应了社会,被社会所同化而没有患上精神疾病,不过他们的心理并不健康,他们以单纯服从权威意志的行为放弃了自我,成为别人所期望的样子。而另外的一些人由于文化形态对他们不起作用而表现出严重的精神病。这些精神病患者是在人格塑造的过程中,企图认识自我、表达自我,但是并没有成功,所以通过精神病症状和遁入幻想生活来寻求拯救。在弗洛姆看来,前者比后者更为失败。因为后者是在寻求自我的过程中失败了,而前者却完全放弃了这种寻求。二者的共同点都是没有实现自身的潜能,丧失了创制性和理性,因而不能使自身得到发展。

因此,精神是否健康与伦理学问题紧密相连。可以说,"每一种精神病都代表一个道德问题。在人道主义伦理学意义上,未能实现整个人格的成熟和完整就是道德上的失败。"[1]具体来说,许多精神上的疾病是由于未能解决道德冲突而导致的。例如,一个经常受晕眩病折磨的教师,他的病有可能并不是生理上的原因,而是与他的道德信念有关。他是一个不得不表达与他自己信念相反的观点的有成就的教师。他的病是他的良好自我的反应,也是他的基本道德人格对他的生活方式的反应,这种生活方式迫使他侵犯自己的完整性并破坏自己的自主性。另外,对于人来说,"己所不欲,勿施于人"是一项最基本的伦理原则。人的成长、幸福、力量都是以对生命的尊重为基础的。尊重生命、尊重他人也尊重自己的生命,既是生命过程的伴随物,也是心理健康的一个条件。如

---

① Erich Fromm, Man for himself: an inquiry into the psychology of ethics, London: Routledge & Kegan Paul, 1947, p. 224.

果有人侵犯了他人,他自己必然会遭到报应的破坏。在生活中我们发现,破坏者并不幸福,即使他成功地达到了他的破坏目的,因为他的破坏削弱了他自身的存在。

二、"人对压力和权力的态度"是道德问题的特殊方面

"人对压力和权力的态度"是人的道德问题的特殊方面。从心理学立场看,它是一个决定性的问题;而在现实生活中,人们总是试图逃避它,并幻想它已经得到了解决。

弗洛姆指出:"人对压力的态度根植于他所生存的条件。"①人是物质需要和理性、意识的统一体。作为物质的人,他受制于外在的自然的权力和他人的权力。物质的压力可以剥夺人的自由,物质的压力可以说是对人的真正的压力。而作为拥有理性和意识的精神存在物,人能够认识真理,拥有信仰,人的这些独特性并没有因压力而失效,压力也绝不能驳倒真理,所以说,人又是自由的。但是,人的物质方面和精神方面是密不可分的。"如果他——不仅是肉体的他,而且是整体的人——受到较强的压力,如果他孤立无援,并感到害怕,那么,他的精神就会受到影响,精神的作用就会受到歪曲并导致瘫痪。"②外在权力是以两种方式对人的精神产生影响的:一是以强硬的方式,造成人对权力的惧怕;二是以软的含蓄的方式,即权力的拥有者允诺能够保护和照顾服从他的弱者,能够使人摆脱不稳定的负担,能够为个人在一定的秩序中安排一个

---

① Erich Fromm, Man for himself: an inquiry into the psychology of ethics, London: Routledge & Kegan Paul, 1947, p. 245.

② Erich Fromm, Man for himself: an inquiry into the psychology of ethics, London: Routledge & Kegan Paul, 1947, p. 246;参见[美]埃利希·弗洛姆著:《为自己的人》,孙依依译,三联书店1988年版,第222页。

位置,从而使个人获得安全感。弗洛姆强调,如果个人屈从于外在强力,屈从于这种威胁与允诺的结合,那么就意味着他在运用"退化"而不是前进的方式解决人的生存需要;他丧失了自己的权利和力量,即人的潜能;他的理性失去了作用,他只是接受来自外在权力的人所声称的真理;他失去了爱的能力,他的情感受到他所依赖的人的束缚;他失去了道德感,再也没有能力来怀疑和批评那些使他对人和事的道德判断失效的权力;他将成为偏见和迷信的牺牲品,他的良心也将受损,依据的将是权威主义的良心。总之,精神需要和精神的存在才是人的真正的本质,如果人屈从于权力,他失去的是自由,失去的是实现自己本质的能力,这将是人的不幸,是不道德的表现,是人的真正堕落。

可见,人是否屈从于外在权力,在压力之下是否还能发挥和发展人自己的潜能,是人解决生存矛盾的标志,也是他的道德水平的标尺。由于外在的权力对人实施的是软硬兼施的手段,所以当它主要采取软的形式而使硬的形式更具隐蔽性时,人就难以感到它的力量和压力,而自以为自己同它的矛盾已经解决了。

三、当今的道德问题是人对自己漠不关心

弗洛姆指出,当代人屈从于外在权力的情况更加严重。当然,现在这些外在权力不是过去那种独裁者和政治官僚的权力,而是市场、成功、舆论、"常识"的权力,是使人们成为其奴隶的机器的权力。因此,当今社会中的人同样具有自身的道德问题,这种道德问题"是人对自己的漠不关心"①。它表现为人们在经济、政治、文

---

① Erich Fromm, Man for himself: an inquiry into the psychology of ethics, London:Routledge & Kegan Paul,1947,p. 248.

化和科技等领域的异化,这也是人自身的力量和人自己的异化。
人们丧失了对个人重要性和独特性的意识,使自己成为外在于人
的目标的工具,并把自己当做商品来对待和体验。人在这种对自
己的漠不关心中,逐渐变成了物,变成了那种具有市场交换价值的
物;失去了自己的个性、尊严、价值和内在的力量。人不仅与自身
相异化,而且与他人相异化,因为人自身成了物品,因而也把邻居
和他人当成物品。结果是人们普遍感到自己的软弱无能,自己轻
视自己。同样,人们之间也不能相互信任,不相信自己有能力进行
创造;人们失去了良心,不再相信自己的判断能力。总之,现代人
盲目地跟随他人走在一条不知通向何方的人生道路上。他们相信
自己的理想和目的是外在于人自身的,因此,徒劳地在茫茫人世
间、在不可能找到理想和目的的地方寻找,唯独不去寻找那能使他
找到答案和解决之途的自我。

　　在人对自己的漠不关心之下,相对主义和主观主义盛行。有
些人认为,上帝和教会必须保持活力以维持道德秩序。另外一些
人却认为任何事情都是可以允许的,并不存在什么正确的道德原
则,利益才是生活的唯一原则。然而,人道主义伦理学却认为,
"善是肯定生命,展现人的力量;美德是人对自身的存在负责。恶
是削弱人的力量;罪恶是人对自己不负责。"①这也是客观人道主
义伦理学的首要原则。因此,人应当关心自己,应当为了自己而成
为真正的人、自为的人。

---

　　① Erich Fromm, Man for himself: an inquiry into the psychology of ethics, London:Routledge & Kegan Paul,1947,p. 20.

第三节　塑造创制型人格的自我完善途径

自我完善是人格培养和塑造的内在机制和主观途径。创制型人格的塑造关键在于个体自身的努力。只有通过自我完善改变人的心灵结构，把社会的普遍伦理转变为个体道德人格的内容，才能塑造现实的道德人格。在弗洛姆的人道主义伦理学理论中，自我完善的思想十分突出。他反复强调人要寻求自我、重塑自我，发展自身的生命力量，实现潜能，最终塑造创制型人格。具体而言，自我完善的途径包括加强理性认知和创造性思维、培养创制性的爱和人道主义良心、增强理性信仰、选择创制性的行动和重存在的存在方式等。

一、加强理性认知和创造性思维

加强理性认知和创造性思维是塑造创制型人格的第一环节。弗洛姆认为，通过理性获得真理性的知识，是人格充分发展的重要前提和保障。理性是创制型人格取向的重要组成部分，也是形成创制型人格的重要因素。理性与生命的实践目标联系在一起，是直接的行动工具。因此，在整个人格塑造过程中，主体应当用理性的观点认识和把握事物。

弗洛姆认为，怀疑能力是智慧的起源，虽然现在的各级各类教育如此发达，但现代人的怀疑能力却已经丧失了。现代人认为所有的知识都可以通过学习、阅读和咨询专家而获得，具有怀疑精神被认为是智商低下。因而，就连在儿童时期所表现出来的怀疑也由于遭到成人的呵斥而受挫，因而人们逐渐失去了这种精神。怀疑精神缺失的直接后果是人的理性怀疑能力的退化。

　　理性能力具体表现为创造性思维。创造性思维是人的创制性在思维领域的表现。客观性与主观性相统一是创造性思维的特征。要培养创造性思维必须做到以下几点:第一,主体对客体必须尊重,有能力按客体的本来面目认识客体。主体希望理解和了解事物,就必须按事物自身的本质来认识它的存在。第二,主体必须注意事物的整体性,观察现象的整体。如果主体孤立地看待客体的某一方面而忽略它的整体性,他就完全无法理解他所研究和了解的客体。客观性不但意味着需要客观地了解客体,同时也需要客观地了解主体,以主体的本来面目认识主体。创造性思维是由客体的性质和主体的性质所决定的,主体在思维过程中使自己和客体相联系。然而在错误的主观性中,思维不受客体的制约,因而容易转化为偏见、一相情愿及幻想。当然,"客观性并不意指超然,而是尊重;即客观性并不是歪曲和篡改事物、他人和自己的能力。"①通常所谓的"科学"的客观性往往就强调超然,而且也有人强调"没有兴趣才是认识真理的条件"。这一观点认为,为了达到所期待的结果,思考者的主观因素和兴趣有可能会歪曲他的思维。但实际上,如果一个人没有对事物的关心和兴趣,他又如何能够透过事物的表面而了解事物的本质呢? 弗洛姆认为,几乎没有哪一项重大的发现和见解,不是由思考者的兴趣所激发的。他强调:在这一方面,关键不在于是否有兴趣,而在于观察者有什么样的兴趣以及与这种兴趣相关的真理是什么。

　　然而,在现实生活中,人们缺乏对自我、他人和事物的了解,生活在一种幻想的锁链之中,不能正确认识自我和世界,这是由于人

---

　　① Erich Fromm, Man for himself: an inquiry into the psychology of ethics, London: Routledge & Kegan Paul, 1947, p. 105.

们缺乏理性认知,也缺乏对自我的无意识的了解和把握所导致的。因此,要返回真实世界、回归真实自我,就必须通过理性来实现。通过运用理性能力来认识自我的重要一环,是以理性来揭示无意识。正如弗洛伊德所言:"哪里有本我,哪里就有自我。"①要走出幻想,迎接真实,必须把自己从一个受无意识力量操纵的、无能为力的木偶改造成一个能决定自己命运的、有自我意识的、自由的人。一方面,对个体而言,必须认识到社会对人的本能力量的压抑;另一方面,要"进一步地揭示社会的无意识,即必须从普遍的人的价值观出发来认识社会的动力,批判地评价自己的社会"。②

二、培养创制性的爱和人道主义良心

在弗洛姆看来,培养创制性的爱和人道主义良心,是个体在塑造创制型人格过程中应当加强的修养内容。

在培养创制性的爱方面,弗洛姆认为,现代社会中人际关系冷漠无情,相互排挤,缺乏真正的爱,无论是夫妇之情、师生之情,还是同胞之爱都缺乏真情实意。人与人的情感成了一种交易买卖关系,成了人格出卖和人格剥夺的关系。人际交往中已经失去了关心、责任、尊重和了解等爱的基本要素。婚姻也成了肮脏的买卖,性的结合只是欲望的发泄和满足,亲子关系也已经紧张紊乱。另外,人们并不把爱的问题当成是人格结构中爱的能力和主动去爱的问题,而是把爱仅仅当成一种被动的情感。因此,在弗洛姆看

---

① Erich Fromm, Beyond the chains of illusion: my encounter with Marx and Freud, New York: Simon and Schuster, 1962, p. 101.

② Erich Fromm, Beyond the chains of illusion: my encounter with Marx and Freud, New York: Simon and Schuster, 1962, p. 132.

来,培养创制性的爱刻不容缓。创制性的爱是一种主动的活动,而不是被动的情感,是给予而不是接受。培养创制性的爱有一定的要求,它是一门实践的艺术。首先,它要求有纪律。纪律不应当是从外面强加于人的,而应当成为个人自身意志的表现;它使人愉快,而且人们让自己慢慢地习惯于某类行为,以致到后来,如果停止实践这种行为,就会想念它。其次,要集中注意力。在学习和培养注意力时,最重要的一点是学会独处,独处的能力是爱的能力的条件。另外,还必须学会集中精力做每一件事,例如,集中精力聆听音乐,阅读书籍,与人谈话,观赏风景等,尤其在与他人交往中首先应当能集中精力听人谈话。再次,要保持耐心。耐心是取得成功的必备条件。最后,要培养专注感,学会全神贯注。

就爱的艺术而言,除了上述一般艺术实践的四点要求以外,还必须具备以下特殊的要求:第一是克服自恋。"自恋是这样一种心理倾向:他只把自身的东西体验为真实,对他来说,外界现象没有真实性;他只是从对他有益或有害的角度出发来体验外界现象。"①对于精神失常者来说,唯一存在的现实是他心中的现实。弗洛姆认为,我们所有的人,都或多或少具有精神病患者的症状,因为这个世界被我们的自恋所歪曲,即使在国与国之间的关系上也存在自恋现象。与自恋相对立的是客观思维能力,这是按照事物的本来面目,客观地看待人与事物的能力,是能够把客观的图景和由欲望、恐惧和幻想所构成的图景区别开来的能力。客观思维的能力是理性,而理性背后的情感态度是谦卑。所以,培养创制性的爱意味着发展谦卑、客观性和理性,克服自恋。第二是拥有爱的信念。拥有爱的信念才有爱的力量和理想,爱的信念是相信我们

---

① Erich Fromm, The art of loving, New York: Harper & Row, 1956, p. 118.

自己,同时也相信他人,对人类的信任是这种信任的最高境界。树立爱的信念还需要勇气,因为它包含着对人类的一种责任和一种承诺,这是冒风险的能力和承受痛苦及失望的意愿。爱与被爱都需要勇气,需要有勇气去选择那些可以作为最高关注对象的价值,需要有勇气作出决断。第三是爱的能动性。爱应当是一种主动的行为,如果我爱,就意味着我处于一种主动地关心所爱者的常态中,始终保持思想和情感的主动活动,保持眼睛和耳朵的主动活动,避免内心的懒惰,做到这一点对于爱的艺术实践是必不可少的条件。爱的能力要求敏感、清醒、增强生命活力的状态,这种状态是人的创制性取向的结果。如果一个人在其他方面不具有创制性,那么他在爱的情感方面也不可能具有创制性。爱的形式有多种,无论是兄弟之爱、母爱、性爱、自爱以及信仰之爱,都是通向人格完整、灵魂救赎的人生实践。如果不努力发展自己的全部人格并以此达到一种倾向性,每种爱的尝试都会失败;如果没有爱他人的能力,不能真正谦恭地、勇敢地、真诚地和有纪律地爱他人,人们在自己的情感生活中也会永远得不到满足。

在发展人道主义良心方面,依弗洛姆之见,凡有助于我们整个人格充分发挥和展现其作用的行动、思想和情感,所产生的那种内心赞成、"正直"的情感,就是人道主义良心的特征。① 人道主义良心有助于提升人类的道德修养,因为人道主义良心不是对这样、那样的道德规则的遵从,而是"我们自己对自己的反应,它是真正的我们自己的声音,这声音召唤我们返回自身,返回创制性的生活,返回全面和谐发展——即成为彻底发展潜能的人。……如果爱被

---

① Cf. Erich Fromm, Man for himself: an inquiry into the psychology of ethics, London: Routledge & Kegan Paul, 1947, p. 159.

定义为肯定人的潜能、对被爱者之独特性的关心与尊重,那么,人道主义良心则能合理地被称为自爱、自我关心的声音"①。人道主义良心是相对于权威主义良心而言的。权威主义良心是一种内在化了的外在权威。人们经常有意无意地把父母、教会、国家、舆论之类的东西当做伦理道德的立法者来接受,这就使外在的权威内在化了,它们仿佛成了人自身的一部分。良心是比对外在权威的恐惧更为有效的行为调节器,人们可以逃避外在权威却无法逃避自身,因而也无法逃避已经成为自身的一部分的内在化权威。权威主义良心的内容取决于权威的要求或者戒律,主要的罪恶就是反对权威的统治,不服从是其主要的恶行,服从是其基本的美德。因而,在权威主义良心的束缚下,当人们运用自身的创制性力量时,就会产生一种罪恶感,因为这将违背权威的特权,正是这种有罪感使人变得软弱无力,而顺从于权威的统治。弗洛姆的权威主义良心实际上相当于弗洛伊德所谓的"超我"。而弗洛姆提出,人道主义良心不是我们急于迎合而又惧怕的权威的内在化声音,它存在于每个人身上并独立于外在的制裁和赞赏之外,是我们的总体人格对其合理功能或功能失调的总体性反应,不仅表达了真正的自我,同时也包含着我们在生活中对道德本质的体验,包含着对人生目的的认识和实现,表现的是人的自身利益和人的完整性,给人带来的是幸福。人道主义良心所遵循的规范是由人自己制定的,是真正的自律。人为自身立法,是基于人所共同面对的生存矛盾,而不是每个人特殊的境遇。因此,人为自身立法并不是依据自

---

① Erich Fromm, Man for himself: an inquiry into the psychology of ethics, London: Routledge & Kegan Paul, 1947, p. 210;参见[美]埃利希·弗洛姆著:《为自己的人》,孙依依译,三联书店1988年版,第152页。

己的主观行事,恰恰相反,人道主义的伦理是客观的。作为对人有好处的善,是以获得自身利益为目的的。人的自身利益是发展其第一潜能,塑造其创制型人格。因此,良心和人的创制性是相互作用的,人的生活越具有创制性,良心的作用就越大,这又会反过来增强人的创制性。人的生活越是缺乏创制性,良心的作用就越微弱,这就要求个体必须努力发展人道主义良心。当良心之声十分微弱时,要学会理解和倾听良心的呼唤,以便按良心而行动。当然,倾听和理解良心是极其困难的,因为,为了听见良心的声音,我们首先必须听从自己,听从自己要求具有自身独处的能力。但是在当今文化中,大多数人憎恨孤独,宁愿与浅薄而又讨厌的人为伴,做最无意义的事情,也不愿意独处,所以听从自己是难以做到的。同时,听从良心之所以困难,还因为良心发出的呼声不是直接的,而是间接的。我们也许只为许多与良心没有明显关系的原因感到焦虑,甚至得病。实际上,忽略良心最常引起的间接反应就是一种模糊的有罪感和忧虑感。

他提出,权威主义良心和人道主义良心在现实生活中并非是相互分离和相互排斥的,应该把它们看做人身上两种不同的内在潜力,但是不同的社会制度强调的重点有所不同。所以,为了克服当代社会对人格造成的病态和异化,必须发展人道主义良心。人道主义良心是人的内心呼唤,它是自发的道德。这意味着道德不能是强加于人的,而只能并且一定是从人自身产生的。人的活动应当是自由自觉的,它是在不受外在力量制约的情况下,自由发挥理性、创制性和爱的能力。

三、发展理性主义的信仰

弗洛姆认为,现代人异化的原因之一是缺乏信仰,或者说非理性的信仰盛行。缺乏信仰已经成为现代人生活异化的主要特征。随着现代社会的日趋实利化或实用主义化,现代人对人生信仰的理解越来越模糊不清,有的人把人生信仰等同于外在的宗教信仰,把自己内在的人生问题完全托付给教会或者上帝去解决,这是现代人的心理惰性和精神迟钝的病灶之一。有的人根本就缺乏基本的人生信仰。如果说过去人们反对信仰是为了解脱精神上的枷锁,是反对非理性的信仰,它表现了人对理性的信仰:人根据自由平等博爱原则,建立一种新社会秩序的能力,这在历史上是具有进步意义的。那么现代人缺乏信仰则表现了人的极度混乱和绝望。可以说,这也是现代社会和现代人的普遍性精神贫弱症。在历史上,理性怀疑是现代思想发展的主要动力之一,现代哲学和科学从理性怀疑中获得了最丰富的推动力,个人的发展也是如此。如果说怀疑论和理性主义曾是思想发展的推动力量,那么它们现在却使相对论和反复无常合理化了。

　　同时,现代社会中还存在着非理性的怀疑,对持非理性怀疑态度的人来说,生活中没有确定性的体验,任何事物都是可以怀疑的,没有什么是可靠的。弗洛姆认为,现代非理性怀疑的典型形式就是那种对什么都"不在乎"的态度,这种态度相信,一切皆有可能,没有必然。许多人对工作、政治、道德感到迷惑,他们还相信这种迷惑是正常的精神状态,而没有根据自己的思想、情感、感觉和意识去体验生活,只是根据他们的想象来体验生活。这种不在乎的态度最终也将导致相对主义的泛滥。

　　然而,弗洛姆严肃地指出,"人不能没有信仰而生活"①;"没

---

　　① Erich Fromm, Man for himself: an inquiry into the psychology of ethics, London: Routledge & Kegan Paul, 1947, p. 210.

有信仰,人就会软弱无能,毫无希望,并且会对其存在的本质感到惶恐不安。"①因此,要解决现代人的信仰问题,使之从软弱无能或奴隶般的偶像崇拜中摆脱出来,就必须认真对待信仰问题,必须发展理性主义的信仰。

弗洛姆强调,信仰是一个人的基本生活态度,是渗透在他的全部生活体验中的人格特征,它使人摆脱幻想面对现实,它表征着人对于生命价值和人生理想的"坚定性"。在他看来,"信仰"一词在《旧约圣经》中被称做"Emunah",是"坚定"的含义。由此意指人的体验的确定性和一种人格特征,而并非指对某物或者某人的崇拜、信赖和信仰。因此,信仰具有两个方面的特性:理性的和非理性的。非理性信仰意指对某个人、某种思想或象征的信念,并非出自于人自身的思想或情感的体验,而是以人对非理性权威的情感屈从为基础。这种权威被认为具有压倒一切的力量,它无所不知、无所不能。那些偶像崇拜以及对独裁领导的信仰,是现代非理性信仰的最极端的现象。

理性信仰则是基于在理智和情感的创制性活动中产生的坚定信念,它具有以下几个方面的特征:其一,理性信仰是理性思维的重要组成部分。在科学史上,有许多理性信仰的例子。从 N. 哥白尼、J. 开普勒、G. 伽俐略到 I. 牛顿等科学家,他们都是坚持理性信仰的典范。这种理性信仰根植于人自己的体验,是人对自己的思考能力、观察能力和判断能力的信赖,以及对自己的创制性的观察和思考能力的确信。其二,理性信仰表现在人类的道德关系领域。在人类的各种道德关系方面,信仰是真正的友谊和爱必不可少的

---

① Erich Fromm, Man for himself: an inquiry into the psychology of ethics, London: Routledge & Kegan Paul, 1947, p. 198.

性质。相信他人，意味着确信他的基本态度和他的人格核心的可靠性与不变性。信任是人们相互信赖、相互尊重和相互保持其人格完整的精神基础。信任他人还意味着我们相信人类所具有的潜能。我们都相信婴儿能活着、成长、走路和说话，而对于孩子那些可能不会发展的潜能，例如爱、幸福、运用理性以及诸如艺术天分等潜能的信任，情况就不太一样。这些潜能是种子，如果能给予适当的发展条件，就会生长并有所展现；如果缺乏条件，它们就会夭折。所以，我们对孩子的这些潜能应当充分信任，并通过教育促进这些潜能的发展。信任他人的最高境界是信任全人类，这种信任表现在犹太教和基督教的教义中；如同信任孩子的潜能一样，人类的潜能如果有适当条件，就能建立一个由平等、正义及爱的原则所统治的社会秩序。正因为人类还没有建立这样的社会，所以我们需要这种信任，它是一种理性的信仰，不是空想，而是以人类过去曾取得的成就、个人的内心体验以及个人对理性和爱的自身体验为基础的。其三，理性信仰以创制性体验为基础。没有哪种东西能成为超越人类体验之上的信仰的对象。如果一个人信仰爱、正义和理性的思想，不是出于自己的体验而是被教导说要具有这种信仰，我们就不能说他具有理性信仰。加尔文主义者对上帝的信仰，完全根植于确信人的软弱无能和惧怕上帝的权力，因而这就是一种非理性的信仰。所以我们真正应当解决的是，现代人的信仰究竟是对偶像、领导者、机器、成功的非理性信仰，还是基于我们自身创制性活动之体验的理性信仰。依靠理性信仰而生活，意味着创制性地生活，意味着获得唯一确定的存在感，这种确定的存在感源于人作为主体的这种能动性的体验。所以，相信他人统治的权力是与理性信仰相违背的，相信统治权力的存在就是不信任尚未实现的潜能会生长。同时，由于理性信仰根植于创制性体验，因此它是人的主动性而不是消极被动的体现。人们通常认为,信仰是消极地等待其期望的一种状况,其实这是非理性信仰的特征。发展作为创制性活动之体验的理性信仰,这是现代社会和今后几代人必须严肃对待的问题。

总之,理性信仰是人格的重要组成部分,对人类的信念是最崇高最坚定的,它使我们坚信人的完善和伟大理想,并执著地追求建立"为平等、公正和爱的原则所支配的社会秩序",这是每个健全社会和其中的新人的崇高理想。理性信仰是根植于理智与情感的创制性活动中所产生的坚定的信念,还包括真正的友谊和爱所必不可少的信任。因此,确立理性的信仰是个体道德成长和塑造创制型人格必须注意的重要问题。

四、选择创制性的行动和重存在的生存方式

无论是理论认知和创造性思维、创制性的爱和人道主义良心,还是理性的信仰,最终都是为了指导人的行为。因此,在生活实践中选择创制性的行动、体验重存在的生存方式,才是培养创制型人格的关键所在。

创制性的行动不是指某一种具体的活动,而是指人与世界相联系的任何一种积极主动的方式。弗洛姆提出,在人的个体化进程中,虽然不可避免地给人的生存带来自由与孤独并存的生存境遇,但是人并不是命定地要走逃避自由的道路,拥有被动的病态人格。对于每个人而言,如果能够选择创制性的行动、体验重存在的生存方式,就能够向积极自由和人格健全的方向发展。这种创制性的行动体现为两个方面:一是强调用爱心去工作。这种爱心不是把自己融化在另外一个人之中,也不是占有他人,而是在保留自己的个性和肯定他人的独立性的前提下,把自己与他人合为一体。

在爱心存在的背景下,工作不再是被迫劳作,而是一种创造。凭借这种创造,"人与自然合而为一"。二是发展人的自我和个性,实现人的潜能。创制性行动是人的能力的有意义的表达,在任何一种创制性活动中,工作者或者活动者和他的对象融为一体;在生产和创造的过程中,人将自身与世界结为一体。在创制性和创造性工作中,人是一个积极能动的参与者,劳动不是异化于他自身的力量,他在这种劳动中获得快乐而不是失落。在创制性行动中,人通过由我来计划、由我来生产、由我来看到工作结果,实现与自然、与世界的沟通。

选择创制性行动要求人采取与重占有的生存方式根本不同的重存在的生存方式,只有重存在的生存方式才能造就创制型人格。现代工业社会产生了各种各样的病态人格,病态人格采取的是重占有的生存方式。他们生活的中心就是对金钱、权力、荣誉的无止境的追求,他们并没有把自己的生命投入到生存当中去。而创制型人格则是以存在倾向为主导,是对生命的肯定、对爱的追求,是创造性的生命活力的体现。

重存在关注的是人,具有变化、积极、运动的特征,其力量来源于人类生存的特殊境况和人渴望通过与他人的统一来克服自身孤独感的内在需要。同时,重存在也是一种体验,它的先决条件是独立、自由和理性,其主要特征是积极主动地生存。"在这种生存方式中,人不占有什么,也不希求去占有什么,他的心中充满欢乐和创造性地去发挥自己的能力以及与世界融为一体。"①这不是指身体外在的活动,而是在内心创造性地运用人的力量,去展现他的愿

---

　　① Erich Fromm, To have or to be, New York: Harper & Row, 1976, pp. 18－19;[美]埃利希·弗洛姆著:《占有还是生存》,关山译,三联书店1988年版,第23页。

望、才能和丰富的天赋。这种重存在的人要求的是自我更新、成长、爱、超越孤立的自我、有兴趣、去倾听和去贡献。重存在意味着对爱的追求和笃信。在重存在这种创造性活动中,人体验到自己是活动的主体,人的活动是他的力量和能力的表现,人的活动和活动的结果结为一体,从而实现人与人、人与世界的紧密相连。他说,崇尚生的伟大哲人,其世界观都是以重占有还是重存在这一选择为核心的。佛说,谁想要达到人发展的最高阶段,就不可去追求占有。耶稣说,凡要救自己生命的,必丧掉生命;凡为我丧掉生命的,必得着生命。人若赚得全世界,却丧失了自己,赔上生命,又有何益处? 因此,在弗洛姆看来,生存方式的革命就是转向一种对生命的新态度,这种新态度就是一种重存在。重占有和重存在,其实也就是以人为中心与以物为中心之间的区别。重存在的方式存在于人的本性之中,人生来就有要求真正生存的深刻愿望,展现潜能,有所作为,与人结合,摆脱利己欲望的束缚。至于是重存在还是重占有的倾向占主导地位,取决于社会的结构及其价值观,同时也取决于个人的选择。我们只有不断地消除重占有倾向,放弃通过依附于我们所拥有的物和财产来寻找安全和个性,重存在的生存方式才会建立起来。只有重存在的方式占主导地位,人才能取得真实的存在,达到精神健全和充分发展。不过,放弃重占有的价值取向对大多数人来说比较困难。他们害怕这样做,因为觉得如此做了之后没有安全感;没有财产的支撑便寸步难行,甚至会遭受毁灭。实际上,他们没有认识到,只有扔掉财富的拐杖之后,人才能开始运用自己的能力并靠自己的力量行走。据此,弗洛姆提出,每个人都应当体验重存在的生存方式,它强调创造而不是索取,是自我更新而不是失去自我;还应当以重存在作为人生目标,本着爱和奉献的精神,努力从事创制性的活动。他还指出,只有从根本上抵制重占有的价值取向,发扬重存在的价值取向,以人格的充分发展作为人生最高目标,热爱和敬畏生命,培养批判的和理性的思维能力,"才能避免一场精神上和经济上的灾难降临"①。

个人在完善自我的过程中,经过提高理性认知和培养创造性思维的阶段,获得了对自我和世界的本质和过程的了解,接受了社会的道德准则和基本的道德知识;在培养创制性的爱和发展人道主义良心的阶段,主体在自发地肯定他人、同时维护自我的基础上,建立与他人、与世界的紧密联系,使自我和他人融为一体,并把道德认知和情感转化为自己的良心;在确立理性信仰的阶段,个人在面对日趋实利主义或实用主义化的现实生活时,仍然坚持对爱、正义和理性的信仰,执著地追求一个以人的全面发展为目标的新社会;在实践活动中,主体按照良心行动,主动选择创制性行为,体验积极主动的生存方式。个人经过多次行为选择之后,这一选择就变成了个人的习惯,据此,人不断地完善自我,创制型人格取向就在其间不断形成。

弗洛姆强调,作为每一个特定的个人,作为唯一的存在,在他的身上具有人的全部潜能,他的使命就是去实现这些潜能。实现了第一潜能的人就是一个具有创制型人格的人,全面发展的人。每个人自身人格的完善、人性善恶的实现,最终取决于人自己。所以,对于个人来说,只有对自己的生命和自己的选择承担责任,才能达到人的完美性,完善自我、塑造人格。因此他向世人大声疾呼:"善恶之后果,既非自动,也非命定,完全由人决定。它依赖于

---

①　Erich Fromm, To have or to be, New York: Harper & Row, 1976, p. 168;[美]埃利希·弗洛姆著:《占有还是生存》,关山译,三联书店 1989 年版,第 177 页。

人认真地关心自己,关心自己的生活和幸福;依赖于人愿意面对自己和社会的道德问题;它依赖于人有成为自己,并为他自己而存在的勇气。"①

①　Erich Fromm, Man for himself: an inquiry into the psychology of ethics, London:Routledge & Kegan Paul,1947,p.250;参见[美]埃利希·弗洛姆著:《为自己的人》,孙依依译,三联书店1988年版,第225页。

第七章　弗洛姆新人道主义
　　　　伦理思想总评

第一节　弗洛姆新人道主义伦理思想的理论意义

弗洛姆的伦理思想是 20 世纪西方伦理学的重要组成部分。弗洛姆继承传统的人道主义精神,提出人道主义伦理学家的责任就是敏锐地认识现存社会中人格理想与社会现实的矛盾,帮助人们确立人道主义规范,弄清对人来说何为善恶,从而促使个人实现他身上具有的全部潜能,使社会变成真正的人的社会,社会全体成员得到最大限度的发展。在这种责任感和理想主义的驱使下,他建立了一套以社会批判理论为武器,以精神分析为基础,以综合人性论为逻辑起点,以创制型人格理论为核心内容的伦理学理论体系。他的理论既从正面展示了创制型人格发展的可能性和条件,又从反面批判了那些阻碍创制型人格发展的不利因素,并且以独有的浪漫主义和乐观主义的热望和激情,力图把理论付诸实践,希望通过社会总体道德革命等措施以及确立社会和个人应遵循的伦理规范,使伦理学本身成为一门应用科学,为建立以人为目的的"人道主义的社会主义社会"服务。

弗洛姆的新人道主义伦理学又被称为新弗洛伊德主义伦理学或新弗洛伊德主义的马克思主义伦理学。所以,评述弗洛姆的伦理思想,首先可以从他对弗洛伊德和马克思的伦理思想的批判地继承和发展方面入手。

一、弗洛姆对弗洛伊德伦理思想的继承与发展

　　用精神分析方法探讨道德问题,是弗洛伊德理论的一个重要特征。弗洛伊德创建精神分析学说的初始动机,只是帮助精神病患者适应生活。随着研究的进一步深入,他越来越相信精神病人与正常人的心理只是程度上的差别,对精神病人的心理分析同样适用于一般人的心理过程。因此,弗洛伊德依据对精神病患者的心理分析,提出了一套关于人性的理论,尤其是在第一次世界大战后,他的大部分精力都运用在以精神分析来探讨宗教、道德、艺术和文明的问题上。他的思想是具有划时代意义的,这种意义不仅表现在他富有创造性的有关精神分析的研究成就上,而且表现在他敢于涉足人类心理活动的禁区,探讨人性、人格、人情以及一系列社会问题,对人类各种现象作出自己独特的解释。正如美国学者 B. 纳尔逊指出的:"如果有谁仅仅把弗洛伊德看成是一位心理学家,那么,很难说他了解了弗洛伊德一半的人品。"[1]

　　弗洛姆对弗洛伊德的伦理思想十分熟悉,虽然他曾与正统的弗洛伊德精神分析学派进行了激烈的斗争,但是他对弗洛伊德的伟大贡献持肯定的态度,也继承了弗洛伊德思想的主要成就,并以精神分析心理学理论作为新人道主义伦理学的理论基础,以精神分析方法作为伦理学的基本理论方法。同时,他并没有跟在弗洛伊德后面亦步亦趋,而是清醒地审视精神分析理论的缺陷,站在大

---

　　[1]　[美]B. 纳尔逊编:《论创造力与无意识》,载《弗洛伊德论创造力与无意识、艺术、文学、恋爱、宗教》,孙恺祥译,中国展望出版社 1986 年版,《火炬版前言》,第 10 页。

师的肩膀上改造和发展精神分析理论。

1. 在批判地继承弗洛伊德强调对个体内在动机进行微观分析的"无意识理论"的基础上,提出社会无意识理论

无意识理论是弗洛伊德精神分析学的理论基石。我们知道,对于道德行为的评价,必然会涉及行为者的动机和目的。而道德评价主要指向人的行为动机,这就必须以人的行为动机可以被认识为前提。弗洛伊德的无意识理论揭示了人的行为动机的部分内容。他强调人格结构的动力性质,认为人格是多种力量相互作用的动力系统,而非静态的结构。他指出,人的整个精神生活可以划分为三个方面:意识、前意识和无意识。人们的有意识思考和觉知,只代表整个人格的外表方面,是人的精神生活中的很小一部分,如同露在洋面上的冰山一角,而深藏在其后的无意识则如洋面下看不见的巨大冰山,是人类行为背后的内驱力,是在意识的局限下活动的人的本能冲动、被压抑的欲望的替代物,是心理的最低层部分。在意识和无意识之间还有一个部分是前意识,意指那种虽然暂时在意识之外,但可以进入意识之内而不受阻碍的记忆和欲望。无意识是真正的精神实质,是人的动力冲动、本能、内驱力、动机、种族遗传和未解决的冲突的根源。通过对梦的研究,他还证明了被压抑的东西在正常人身上同在不正常人身上一样继续存在,依然能发挥心理机能。

弗洛姆充分肯定了弗洛伊德对人的品格的无意识过程的发现,"在弗洛伊德理论中最富创造性和最激进的成就是'非理性科学',即无意识理论的创立"。① 弗洛姆在基本层次上接受了这一

---

① Erich Fromm,The crisis of psychoanalysis,Greenwich,Conn.:Fawcett Pub.,Inc.,1970,p.16.

理论,同样认为无意识才是人的真实意图的关键。无意识理论开辟了通向理解"虚假意识"和人的自我欺骗的道路,可以启发和帮助人们用理性控制自己的非理性情感、意欲。因此,无意识理论通过了解人的行为动机和真实本性,揭穿伪伦理学的判断,为伦理学的科学化打下了坚实的理论基础。

但是,弗洛姆并不满足于这一概念,因为它只是个人无意识。他也不赞成弗洛伊德仅仅把它理解为人的性欲和本能,并且把无意识和本能欲望作为人类一切精神活动的基础。弗洛姆认为,人是包括他自己在内的种种社会力量和制度的产物,社会因素对人的个性发展具有重要的作用。他正是按这一方向发展了弗洛伊德的个人无意识概念,提出了"社会无意识"概念。社会无意识是社会中最大多数成员共同具有的受社会压抑而未被意识到的心理领域。它是由社会不允许其成员所具有的那些思想和情感所组成,主要是指普遍的精神在社会中受到压抑的部分。个人无意识主要是由社会无意识所决定或塑造的,社会的功能就是使个人觉得他自己愿意去做想做的事。每个社会都为其社会成员建立了共有的社会无意识,而且能决定哪些思想和感情可以达到意识的水平,哪些只能停留在无意识的层次,其衡量标准是能否符合社会的需要。个人在大多数时候不能觉察这些无意识的内容和力量。个体因为害怕孤立,害怕具有与他人不同的思想和感情而被社会所遗弃①,因而几乎愿意接受任何与社会一致的东西。弗洛姆在考察社会无意识与意识的关系时,接受了马克思关于社会存在决定社会意识的观点,但是认为这个决定作用是通过过滤了的社会无意识实现

---

① Cf. Erich Fromm, Sigmund Freud'S Mission, Gloucester, Mass. : Peter Smith, 1959, p. 110.

的,即社会存在决定了只有部分的社会无意识通过社会过滤器才能成为意识。每个社会都用自己的社会过滤器压抑了个人的大量思想和情感,使这些思想和情感只埋在个人的无意识深处而不能被个人的意识发挥出来。一个社会越是不能代表该社会全体成员的利益,这种必然性就越大。弗洛姆还运用无意识理论对现存的资本主义社会进行了揭露和批判。由于个人作为"社会的人"始终受到压抑而不是完整的人,在意识层面上,个人总是带有社会所造成的种种局限性,是不完整的人,只有在"无意识"的层面,个人才能抛开社会的种种限制,成为完整的人。因此,要使人达到普遍的人、完整的人,就必须摆脱病态的不健全的社会。

2. 在批判地继承弗洛伊德的"人格理论"的基础上,提出社会品格理论

弗洛伊德以个人人格的心理—伦理分析为轴心展开其道德理论,并把个体作为其伦理学的最后落脚点,认为伦理学的最终目的是培养健康的人格。"在弗洛伊德的全部伦理思想中,占据中心地位的是其人格理论。"①他的人格理论意在修缮其无意识理论和本能理论中的泛性主义。弗洛伊德的人格理论主要包括两个方面:其一,人的行为方式由他的人格特征所决定,而人格又是由其童年时期的各种复杂经历决定的,因此,个人在具体的道德行为选择中,并没有多少"自由意志";其二,弗洛伊德把个体道德心理划分为本我、自我和超我三部分,提出在人格的各种因素中,理性(自我)的力量十分重要,但起支配作用的却是本我和超我。本我是道德心理结构中最底层的、原始的、充满本能和欲望冲动的无意

---

① 万俊人:《现代西方伦理学史》(下卷),北京大学出版社1992年版,第190页。

识部分,是一切行为动力的源泉,它们力图使自己获得满足,仅仅服从"唯乐原则","不知道价值、善恶和道德"①。自我是从本我中分化出来并得到发展的部分,是一种理性的道德机制,具有能动性,是后天习得的。它有两方面的作用,一方面,接受本我趋乐避苦的要求,想方设法实现本我的意图与目的;另一方面,它并不违背和对抗社会的伦理道德要求,尽力正视事实,符合社会需要,按照常识、理性和逻辑行事,遵循"唯实原则"。自我是人格结构中的"行政管理机构",执行着指导和调节的职能。超我在人格结构中是道德化、社会化、理想化的自我,依"理想原则"行事。"超我是一切道德限制的代表,是追求完美的冲动或人类生活的较高尚行动的主体。"②它是从自我发展和升华而来,是人性和人格中最高级的道德层次,是人格结构中"专管道德的司法部门"。三者的密切配合使人能够有效地与外界现实进行交往,以满足人的基本需要和欲望而又为社会所允许。一个行为正常、精神健全的人,是三部分统一和谐的结果,如果三者相互冲突,人就会处于失调状态,成为精神病患者。在人格的三个组成部分中,超我和本我都要求自我满足它们的需求。因此,在人格的稳定因素中,自我的作用十分重要,它要"整合"人格的三大部分,使三者融为一个统一整体。弗洛伊德认为,这种人格中稳定性因素的形成,主要取决于个体童年时期自我发展过程中各种生物本能获得满足的情况以及个体与外界交往中的奖惩经验。在这一阶段,如果自我发展良好,能

---

①　[奥]S.弗洛伊德著:《精神分析引论新编》,高觉敷译,商务印书馆1987年版,第58页。

②　[奥]S.弗洛伊德著:《精神分析引论新编》,高觉敷译,商务印书馆1987年版,第52页。

恰如其分地发挥其综合作用，那么就能建立起人的内心和谐并能与外界顺利交往。反之亦然。一个人在其童年阶段形成的人格特征，在他以后的一生中较难改变。因此，这就意味着，一个人在一定环境中的行为实际上是"被决定的"，而不是"自由的"。如果要想改变一个人在一定道德情景中的选择，那么除非改变他的人格。

　　弗洛伊德还有一个著名的论断，即性本能冲动对人的心理健康和人格发展，乃至对整个人类的科学文化具有极端的重要性。在他看来，人有两种本能：一种是维持个体生命的生存本能，另一种是延续种族的性本能。生存本能因为其满足过程相对简单，满足方式也很直接，其变化范围也小，对于人的精神活动和心理发展的意义不大；而性本能对人格的发展意义重大。因此，他提出了以性心理为主线的人格发展阶段论。他将人格的发展分为五个不同阶段：口唇期、肛门期、性器期、潜伏期、生殖器期。婴幼期是人格发展的最重要的阶段，一个人出生后长到6岁，其人格的基本模式就大致形成了，以后一直保持终生。正因为早期经验的重要性，一个成人的人格适应问题，追根溯源常常可以从他的童年生活中找到原因。可见，弗洛伊德的人格发展理论是以泛性论思想为基础的，在他那里，性心理的发展和人格的发展几乎是同义语，所以性心理发展的五个阶段也就是人格发展的五个阶段。这五个阶段是从低级到高级的发展过程，其首要条件就是顺利解决前一阶段的主要矛盾和冲突，不至于发生严重的心理障碍。反之，如果不能解决好前一阶段的矛盾和冲突，发生了严重的心理障碍，就不能完全过渡到较高阶段。弗洛伊德认为，很少有人能够真正达到人格发展的最高阶段即生殖阶段，因为人们很难顺利地、彻底地解决早期发展阶段所存在的各种心理矛盾和冲突。与生殖阶段相应的人格特征是生殖型特征，生殖型人格是他所推崇的理想人格。具有这种人格的人,不仅在性方面,而且在心理和社会方面都达到了完美的境界。具有生殖型人格的人,有能力控制和引导自身的力比多能量,使之通过升华的途径释放出来,为人类社会的文明和共同福利作出贡献。

弗洛伊德还将他的本能理论与人格理论合并起来说明人格特性的动力性。他提出,人格作为一种内驱力系统,它构成行为的基础,而不等于行为。性驱力是人格能量的源泉。他还根据一些复杂的假设,把不同的人格理解为各种性驱力形式的"升华"或"反应形式",并把人格特性的动力性解释为源于力比多的表现。

弗洛姆继承了弗洛伊德把人格理论作为其伦理思想的核心和目标的做法,进一步把社会的健全和个体自我完善作为实现理想人格的途径。弗洛姆认为,弗洛伊德首创了最一贯、最深刻的人格理论,因而他明确宣称,自己的人格理论源于弗洛伊德的启示:"以下所提出的理论,有几个观点本质上是追随着弗洛伊德的品格学的:即假定,品格特征是行为的基础,且行为必须是从品格特征推断而来的;品格特征所构成的力量虽然强大,但人对它可能是毫无意识的。弗洛伊德还假定,品格的基本实体并不是单一的品格特征,而是整个品格结构,单一的品格特征都是由此而形成的。"[1]同时,他肯定了弗洛伊德的人格特征的动态性质的因素的方面。他同样认为,人格是由不同的部分或倾向所组成。人格或者说品格是动力性的而非行为性的,行为特征掩盖着不同的品格特征。但是他反对弗洛伊德的泛性主义,而是把人格的基础放在人与世界的关系中来考察,并进一步提出了个人品格和社会品格

---

[1]　Erich Fromm, Man for himself: an inquiry into the psychology of ethics, London: Routledge & Kegan Paul, 1947, p. 57.

的概念及其关系问题。个人品格体现着成员间的行为差异,社会品格是同一文化中大多数成员的人格结构,是由共同的基本经历和生活方式的结果产生的。社会品格是个体人格中的重要组成部分,它就像是核心,个体品格围绕着它,随之变化。社会品格分为非创制性取向和创制性取向。他对社会品格的"取向"的描述和分析,与弗洛伊德的个人人格的五阶段的划分有相应之处。例如,将口腔人格发展为接受型人格,肛门人格发展为囤积型人格,生殖阶段人格发展为创制型人格等。而且,在此基础上,他对弗洛伊德人格成因论作了修正,认为不是本能,而是社会的经济结构形成了一定的社会品格。每个人的人格不是一种取向而是各种取向的组合,只是在其中,创制性取向和非创制性取向各自的比重不同,改变并决定着非创制性取向的性质。只有创制型品格才是健全社会中健全人的社会品格。他把社会品格看做是社会经济结构与该社会普遍流行的思想、理想之间的中介。"意识形态和文化通常根植于社会品格之中,而社会品格又是由某个特定社会的存在方式所决定的;主要的品格特征反过来又成了决定社会过程的创造性力量。"①不管是从经济基础变为思想,还是将思想变为经济基础,社会品格都起到了中介的作用。

3. 在批判地继承弗洛伊德的"本能理论"的基础上,提出人类满足生存需要的两大方式,并且爱生性就是人的首要本质

弗洛伊德在其早期著作中认为,决定人的行为的动力是人的生存本能和性本能。在后期,他又提出了生本能和死本能的新的二分法。"本能可分为两类——爱的本能,它企图将越来越多的

---

① Erich Fromm, Escape From Freedom, New York: Holt, Rinehart and Winston, 1941, pp. 296 – 297.

有生命的物质结合起来,形成一个更大的整体;而死的本能,它与上述企图相反,而是想使有生命的一切退回到无机物状态。生命现象就是产生于这两类并存但又矛盾的行动中的,直到被死亡带回到终点。"①生本能,又称为爱本能、性本能,自我保存本能是其具体表现。生本能指向人的生命的成长,追求生命、保护生命、发展生命,是一种建设性力量。死本能从一开始便与生本能联系在一起,它主要表现为外向型即能量向外投放(如破坏性、攻击性、战争等)和内向型即能量向内投放(如自责、自罪、自残、自我毁灭等)。生本能与死本能是生命活动的内在原则,是生命现象的内在动力,这两种驱力都倾向于追求一种彻底的表现。人类文明的发展就是爱欲生长的过程。②

　　由此可见,弗洛伊德认为,生命和生存的本质就在于生本能或爱欲。"弗洛伊德理论包含了对某些主要存在方式的结构的假定,因而具有本体论的意义。"③弗洛姆发挥了这两种本能中的生本能,而把死本能视为一种消极的本能。他认为人类对生的爱好是第一位的,而对死充满了厌恶。而且,他在关于人的境遇的论述中,提出了"存在的二律背反"的观点;还提出,在人类处理生存矛盾中,满足生存需要的方式有多种多样,但归纳起来有两种:一种是回归的方式,一种是发展的方式。回归的方式就是弗洛伊德所谓的死本能的倾向,主要表现为爱死、破坏性、施虐狂等;而发展的

---

　　① 　[奥]S.弗洛伊德著,车文博主编:《弗洛伊德文集》(第3卷),长春出版社1998年版,第577页。

　　② 　参见[奥]S.弗洛伊德著,车文博主编:《弗洛伊德文集》(第5卷),长春出版社1998年版,第269—270页。

　　③ 　[美]H.马尔库塞著:《爱欲与文明》,黄勇、薛民译,上海译文出版社1987年版,第76页。

方式不仅继承了弗洛伊德所谓的生本能的含义,而且发展为善的、能维持和促进生命的倾向和潜能,它表现为爱、团结、正义、创造性。在此,弗洛姆偏离了弗洛伊德本能论的基本理论,认为恶是回归的潜能,善是发展的潜能;人成长和发展的潜能是第一位的,是第一潜能,而阻碍生命的潜能是第二潜能,所以爱生性就是人的首要本质。同时,他也反对弗洛伊德把爱欲看成人的本质和驱动力,认为即使人的饥渴和性追求得到满足,他还是不会完全满足。爱欲和性本能构成了人的需要,但人的本质却不是生物性的需要,而是在解决生存矛盾过程中产生的精神需要。

值得一提的是,弗洛姆较为强调爱的潜能和力量。弗洛姆对爱进行研究的思路和方法借鉴了弗洛伊德的思想,而又远远超过了弗洛伊德的唯性论、泛性论。他对弗洛伊德把爱当做一种非理性现象,把性爱等同于性欲,把自爱等同于自恋和自私的观点进行了彻底的批判,并建立了自己独特的爱的理论体系。例如,他反对弗洛伊德认为力比多是一定量的力,一个人爱另一个人,就会损失力比多,所以有些人通过只爱自己即自恋而保持其力量。他也反对弗洛伊德提出的爱欲是文明的根源的观点。弗洛姆提出,爱是人的内在力量和潜能,爱他人与爱自己并不矛盾,爱他人也不会损失人的力比多,反而会使人更充实。爱是取之不尽的,如果一个人不爱他人便不能爱自己。爱是对人类生存问题的回答;爱的目的是使其对象获得幸福、发展和自由;爱的本质是"给予",爱的主要因素是关心、责任、尊重和了解等;爱是具有创制型人格倾向和成熟人格的人的一种主动能力;爱是在保持自身尊严和个性基础上的结合,等等。这一系列观点都是非常有价值的,也是对弗洛伊德爱的学说的批判与发展。

4.继承弗洛伊德从个人心理人格到社会文化心理分析的逻辑演进程序,提出总体异化和社会总体道德变革的理论

弗洛伊德在其晚年对人格及原始文化和道德的分析,都曾力图超出早期思想中狭隘的泛性论局限。不过,在弗洛伊德看来,性本能、本我是分析社会历史文化和道德现象的基石,应当以性本能来解释道德文化乃至一切,他还把文明同人的本能的对抗视为必然现象。他说,每个人都具有其不可根除的自我本能,爱欲即性爱是其核心,它产生于人性的基本能量"力比多"。人类文明以其超我的属性来反对和否定个体的欲望。性压抑是各种心理学病症的主要根源,也是人格变态和性禁欲主义产生的心理根源。文化压抑性本能,但性本能可以改变目标,通过升华和转移来创造文化,一切文化创造包括宗教、哲学、艺术等都是性本能替代满足的方式。文明对爱欲的压抑是不合理不公平的,文化超我即社会道德向人提出了过多过高的道德要求,使本我无法忍受而奋起反抗,引起个人神经症,从而使整个社会都可能患上神经症。他甚至还提出,"在对个体神经症的诊断中,我们的出发点是把病人与我们的'正常'环境进行比较。但是对患有同样神经症的社会,我们就没有这种适用的背景条件,这样我们必须采取其他方法。……尽管困难重重,我们还是相信终究有人敢于来研究文明社会的这一病症。"[1]

弗洛姆勇敢地接受了这一课题。他同样遵循着从个人心理人格到社会文化心理分析的逻辑演进程序。当然,他不是简单地继承弗洛伊德的思想,而是试图借马克思的理论来超越弗洛伊德。

---

[1]　Erich Fromm,The sane society,London:Routledge,1991,p. 20;[美]埃利希·弗洛姆著:《健全的社会》,欧阳谦译,中国文联出版社1988年版,第19页。

他提出,弗洛伊德错误地理解了人与社会之间的关系,人并不是反社会的。① 个人与社会的关系并不是静止固定的,也不是相互对立的。个人的发展离不开社会。个体人格塑造的外在条件就是社会环境,社会文化对个体人格的塑造具有巨大作用,特别是社会品格是个体人格的重要内容,它影响着个体人格的发展。但个体人格并不是无限可塑的,因为从社会的限制中,个体还会寻求最大可能的变革与解放。所以,通过健全社会可以促进个人的充分发展,而个人的充分发展也将促进社会的共同进步。工业文明和资本主义文明造成了对人性的压抑,并导致了人格危机,现代文明社会是患病的社会,它造成人的全面异化,而社会本身也已经总体异化。因此,必须对当今社会进行总体革命,彻底推翻现有的制度,建立人道主义的社会主义制度。在总体革命的同时,应当在社会各个领域进行道德变革,更新人的心灵。

弗洛姆反复强调弗洛伊德的精神分析学对于建立和发展人道主义伦理学的重要意义。他指出,弗洛伊德继承了西方人道主义伦理学的传统,相信真理和人的理性;弗洛伊德的人格理论认为人的本能力量在健康者那里,主要呈现为一种实现自我的生殖取向,暗含美德是人的发展的自然目标的观点,以及环境的阻拦会导致人的精神病品格,合适的环境会使人产生成熟的、独立的人格的观点,都有利于建立人道主义伦理学。弗洛姆正是在对弗洛伊德伦理思想的批判继承的基础上,建立了新人道主义伦理学。他力图借马克思的伦理理论以超越弗洛伊德,应该说,他在很大程度上实现了这一愿望。

---

① Cf. Erich Fromm, Escape from freedom, New York: Holt, Rinehart and Winston, 1941. p. 10.

二、弗洛姆对马克思伦理思想的阐释及补充

弗洛姆在青年时期是弗洛伊德主义的追随者,但是,当他学习马克思主义之后,却较少依靠弗洛伊德的理论,而是更加重视马克思主义理论的某些方面。在他晚年的几次谈话以及他着手写思想传记时,他强调马克思是他的思想发展中最重要的人物。在他看来,真正理解马克思的只有极少数人,其他人则"不是用极左就是用极右的观点来曲解马克思"①。所以,他毫不留情地批判了现代教条主义的马克思主义者,并坚决反对西方思想界和政治领导人对马克思理论的无知而造成的偏见和排斥的愚蠢表现,公开揭露和批判这种非科学或反科学的态度。对于弗洛姆而言,马克思是一位具有世界意义的伟人,他十分敬仰并崇拜马克思,"马克思决不是狂信之徒和机会主义者,他象征着西方人性的精华,他是一个不屈不挠地追求真理的人,他深入到现实的本质而从不满足于虚假的表面现象;他是大无畏的、刚正不阿的;他深切地关心着人和人的命运;他毫无自私自利之心,无虚荣感或权力欲;他始终是生机勃勃奋发向上的,并且把生命的活力带进每一个他所涉猎的领域。他代表了西方传统的精华:他坚信理性和人的进步。实际上他正体现了作为他的思想核心的人的概念。他虚怀若谷,所以他丰满如海;他需要他的同伴,所以他是富有的。"②马克思理论的世界意义就在于,马克思关注的不是个人的解放而是全人类的解放,

① Erich Fromm, For the love of live, New York: The Free Press, 1986, p. 103; [美]埃利希·弗洛姆著:《生命之爱》,王大鹏译,国际文化出版公司2000年版,第117页。

② Erich Fromm, Marx's Concept of Man, New York: Frederick Ungar Publishing CO. ,1966, p.83;[美]埃利希·弗洛姆著:《马克思关于人的概念》,徐纪亮、张庆熊译,香港旭日出版社1987年版,第75页。

他是以整个人类社会的发展和变化为基础来进行考察和研究的。其深刻性在于对人的本质的认识,无论是在方法上还是在内容上,都要比弗洛伊德的认识更深刻,更具有科学性。马克思还揭示了社会关系对人的生活的影响,这一思想为深入研究人与社会和自然的关系开辟了新的道路。同时,马克思以人类发展的历史为背景、以现实的人的活动为内容来研究人的方法,为揭示人的本质作出了贡献。马克思用世俗的形式阐明了人类的自我实现与人性化的概念。只有马克思的哲学思想才是人类新的希望的源泉,是当代社会流行的自暴自弃的悲观情绪的解毒剂。尤其是当代西方社会,更加需要这样一种超出了当前社会科学的实证主义和机械思想方法的狭隘领域之外的新的见解和希望。

具体来说,弗洛姆继承并补充了马克思伦理思想的以下内容:

1. 继承了马克思关于人的本性的理论,提出其独特的综合人性论

马克思十分关注人性问题,并在诸多著作中从不同角度深刻地论述了这一问题。他说:"假如我们想知道什么东西对狗有用,我们就必须探究狗的本性。这种本性本身是不能从'效用原则'中虚构出来的。如果我们想把这一原则运用到人身上来,想根据效用原则来评价人的一切行为、运动和关系等,就首先要研究人的一般本性,然后要研究在每个时代历史地发生了变化的人的本性。"①马克思把人性称之为人的本性、人的天性、人的属性、人类本性、个人属性等。

---

① ［德］马克思:《资本论》第1卷,人民出版社2004年版,第704页;或［美］埃利希·弗洛姆著:《马克思关于人的概念》,徐纪亮、张庆熊译,香港旭日出版社1987年版,第25—26页。

　　马克思提出的一般人性可以归结为人的有意识性、人的需要的多样性、人的生命活动的自由性以及人的社会性等。在《1844年经济学哲学手稿》中，马克思提出，有意识性是一般人性的第一个内容，"一个种的整体特性、种的类特性就在于生命活动的性质，而自由的有意识的活动恰恰就是人的类特性。……有意识的生命活动把人同动物的生命活动直接区别开来。"①人的有意识性是人的一般本性的突出表现，"蜘蛛的活动与织工的劳动相似，蜜蜂建筑蜂房的本领使人间的许多建筑师感到惭愧。但是，最蹩脚的建筑师从一开始就比最灵巧的蜜蜂高明的地方，是他在用蜂蜡建筑蜂房以前，已经在自己的头脑中把它建成了。"②这说明，人在劳动过程中是有意识的，人有意识地以自身的活动来调整和控制人与自然之间的物质交换过程，不仅改变了物的形态，而且在自然中实现了他所意识到的目的。他也把自由作为人性的基本内容，他说：自由是人的本质。人的自由本性表现为：首先，人应当是能思想的存在物；其次，人有自由的追求和向往。但这种"自由是对必然的认识。……自由不在于在幻想中摆脱自然规律而独立，而在于认识这些规律，从而能够有计划地使自然规律为一定的目的服务"③，它根据对自然界和人本身的必然性的认识，来支配我们自己和外部世界。他还把人的需要看做人的本性，"他们的需要即他们的本性"④。在最初的社会形态中，维持生存的物质需要几乎是唯一的需要。随着社会的不断发展，人的需要逐渐多样化、复

　　①　[德]马克思：《1844年经济学哲学手稿》，人民出版社2000年版，第57页。

　　②　[德]马克思：《资本论》第1卷，人民出版社2004年版，第208页。

　　③　《马克思恩格斯选集》第3卷，人民出版社1995年版，第455页。

　　④　《马克思恩格斯全集》第3卷，人民出版社1960年版，第514页。

杂化。马克思认为,从内容上看,人的需要包括三个方面:自然需要、精神需要和社会需要;从层次上看,人的需要可划分为生存需要、享受需要和发展需要。首先,虽然人具有动物性的自然需要,但是人的需要本性所外化的现实需要及其满足方式是建立在人们的相互关系的基础上的,不同的社会模式即不同的社会秩序对人的现实需要和满足方式有不同的影响。其次,现实的人总是从自己所处的现实社会关系条件出发来开展其逐利活动以实现其现实的需要,同时又按其发展的需要来不断地改变旧的社会关系,为自己需要的全面实现和无限扩展开辟道路。另外,社会性是人的一般本性的突出表现。马克思认为,人作为社会的存在,具有社会属性,社会属性是人的本质属性。在《1844 年经济学哲学手稿》中,他明确强调人的本质是社会生产交往过程中的社会联系。同时,他把劳动看做人的本质,把人的社会性同劳动联系在一起。他在《关于费尔巴哈的提纲》一书中指出:"人的本质并不是单个人所固有的抽象物,在其现实性上,它是一切社会关系的总和。"①"人即使不像亚里士多德所说的那样,天生是政治动物,无论如何也天生是社会动物。"②这种社会性是由社会的物质生活条件决定的,人与人之间结成的经济关系、政治关系、法律关系、宗教意识关系等,是人意识到并且能动地加以改造和发展的社会关系。

在人性理论中,弗洛姆继承了马克思关于人的需要的多样性、自由性、有意识性和社会性等人性理论,肯定了人是一种社会历史性的存在。他说:"马克思的'唯物主义'说明了我们必须从我们

---

① 《马克思恩格斯选集》第 1 卷,人民出版社 1995 年版,第 56 页。
② [德]马克思:《资本论》第 1 卷,人民出版社 2004 年版,第 379 页。

所见到的现实的人出发来研究人。"①他相信人从根本上是社会存在,例如个体人格主要受到社会品格和社会文化因素的影响,因此在分析现实的人性时,始终是将人置于具体的社会的历史条件中加以考察,认为现实的人性是由社会的经济政治条件决定的。"人的思想和情感产生于他们的个性,而他们的个性则是由他们的生活行为的总和塑造的——更确切地说,是由他们在社会中的社会经济和政治结构塑造的。"②在此基础上,他又试图从心理上对人的存在及其生存方式进行说明。在他看来,人不仅是一种社会的存在,还是一种自我的存在。对人的存在及其生存方式的选择来说,人的心理、意识等内在因素也具有重大意义;同时,他强调人性是自然属性与社会属性的统一,既包括人的自然权利和需要,又包括文化和社会因素。他进一步把对普遍的人性研究导向社会性:人虽有相同的生存处境和共同的精神需要,但他们在不同的社会文化环境中,为满足这些需要所采取的方式各不相同。方式的不同直接反映了人格结构的区别。换言之,人的本质是由文化或社会因素决定的,而不是由生物条件决定的,人的本质是自我创造的结果,而自我创造的每一个活动都深受社会文化因素的影响。可见,马克思对弗洛姆的影响主要体现在将人看做社会的现实的人,从具体社会的经济文化结构来理解人性和人格的发展。

但是弗洛姆认为,马克思低估了人的情欲的复杂性,没有充分认识到人自身的本质需要和规律,同时,也没有看到那些起源于人的生存状况的本质需要是人的发展的推动力。所以,弗洛姆提出,

---

① Erich Fromm, Beyond the chains of illusion: my encounter with Marx and Freud, New York: Simon and Schuster, 1962, p. 40.

② [美]埃利希·弗洛姆著:《精神分析与宗教》,贾辉军译,中国对外翻译出版公司1995年版,第35页。

人所拥有的自我意识、理性和想象力等特性,使人产生了寻找意义的生存需要:关联、超越、寻根、认同和定向的需要,满足这些生存需要的方式有多种,但主要可以归纳为理性的发展方式与非理性的回归方式两类:满足关联的需要表现为爱和自恋,满足超越的需要表现为创造与破坏,满足寻根的需要表现为友情与乱伦,满足认同的需要表现为个性和顺从,满足定向的需要表现为理性与非理性。这是人对其人生意义或者生命意义的情感和追求,是人的本质需要,也是人自身发展的最大动力。因此,只有满足这些需要才能确保人的精神生存。

2. 继承马克思的异化劳动理论,提出社会总体异化论

马克思在早期探讨了异化问题。在《黑格尔法哲学批判》中,马克思把国家比作政治领域的宗教,认为这是一种异化。随后在《论犹太人问题》和《〈黑格尔法哲学批判〉导言》中,他论述了金钱是人的劳动的本质和异化,并把"揭露非神圣形象中的自我异化"作为哲学的迫切任务。之后,在研究经济学的《巴黎笔记》和《詹姆斯·穆勒〈政治经济学原理〉一书摘要》中,他明确提出货币是一种异化,同时从劳动者同自己的活动与劳动对象和劳动目的等几个方面分析了异化问题。在《1844 年经济学哲学手稿》中,他提出了著名的劳动异化理论。在马克思看来,异化劳动使人失去了人的类本质,失去人的主体性,它的直接结果就是人同人相异化。异化劳动和社会关系的异化,不符合人性和人道,因此,应当扬弃私有制,未来社会应通过人并为了人而真正占有人的本质,达致"人向自身,向社会的人的复归"。换言之,人应该摆脱异化而解放。

弗洛姆在马克思科学揭示异化的社会根源的基础上,又以弗洛伊德的精神分析理论补充了马克思的理论,进一步从文化和心

理上探讨了造成当代社会总体异化的根源。人从自然界分离出来后,脱离了给予其安全保障的世界,从而滋生出一种疏远的孤独心理,经常被焦虑感和失落感所困扰;同时又觉得自然界和社会力量过于强大而个人无法驾驭,于是产生软弱感、自卑感,需要通过对上帝、国家、领袖等的崇拜求得庇护,谋得一种安全感。这是异化产生的心理根源。因此,从诞生时起,异化就是伴随着个人或整个人类的一种普遍状态,是人从自然状态过渡到社会生活的必然结果。异化作为一种病态的心理形式,自古就有,人类历史就是人不断发展又不断异化的历史。在现代工业社会,异化是全面的、普遍的,不仅存在着劳动异化,而且异化还蔓延至社会生活的各个领域,造成了社会的总体异化:政治异化、科技异化、教育异化、宗教异化、消费异化、人际关系异化,以及人自身的异化等。结果,现代西方社会的人疏远了自己,疏远了他人,疏远了自然,他已转化成商品,从而造成了普遍的人性异化和人格病态。

3. 继承马克思关于人的自由全面发展的理论,提出创制型人格的发展目标

人的自由全面发展是马克思主义理论体系的精华和核心,也是马克思终生追求的目标。马克思在观察和研究人类生产和生活方式变迁的基础上,发出了需要新人、创造新人的呼唤:当18世纪的"农民和工场手工业工人被卷入到大工业中的时候,他们改变了自己的整个生活方式而成为完全不同的人,同样,用整个社会来共同经营生产和由此而引起的生产的新发展,也需要完全不同的人,并将创造出这种人来"[1]。这种完全不同的人就是自由全面发展的人。马克思从人的发展角度把社会进步概括为三个历史阶

---

[1] 《马克思恩格斯选集》第1卷,人民出版社1995年版,第242页。

段:人的依赖关系占统治地位的阶段;以物的依赖关系为基础的人的独立性阶段;建立在个人全面发展和他们共同的社会生产能力成为社会财富这一基础之上的自由个性阶段。马克思把人的全面发展作为人的发展的最高阶段,并认为在这一阶段人的发展与社会关系的全面性相联系。实现人的自由全面的发展是马克思提出的人类社会发展的根本目的和核心,也是实现共产主义的目的。共产主义社会"将是这样一个联合体,在那里,每个人的自由发展是一切人的自由发展的条件"。① 马克思在《资本论》中还提出,共产主义是"以每一个个人的全面而自由的发展为基本原则的社会形式"。② 人的自由全面发展是一个综合概念,马克思在批判资本主义社会"畸形发展"的片面性、工具性和有限性的基础上,阐明了人的发展的具体内涵,即全面、自由、充分、和谐发展。

　　弗洛姆揭露和批判资本主义社会造成人格异化的目的,是为了寻找人的健康和全面的发展之路,这些在马克思的自由全面发展理论中找到了答案,因而他继承了马克思的新社会新人的思想,认为健全社会需要新人,新人就是具有成熟和完整人格的人,即自由全面发展的人。这种全面发展的人是人的发展目标,也是人道主义伦理学始终追求的理想和终极目的。但是在他看来,马克思并没有提出完整的人格的概念,所以他补充了这一概念,把人的自由全面发展的内涵明确规定为创制型人格的概念,创制型人格是人的全面发展在人格塑造方面的体现,它的主要特征就是独立而与他人结为一体,充分发挥其本质力量,全面实现其潜能。弗洛姆始终坚信,只有充分发挥人的力量,从而达到与自己的同类以及自

---

① 《马克思恩格斯选集》第 1 卷,人民出版社 1995 年版,第 294 页。
② [德]马克思:《资本论》第 1 卷,人民出版社 2004 年版,第 683 页。

然界的最终的新的和谐,人才能找到生活本身的意义。人的目的就是充分发挥他具有的人性。但创制型人格的实现在现有的制度和社会条件下只是一种理想,这种理想需要社会总体革命与社会道德变革相结合,在实现人道主义的社会主义社会后,通过个人的主观努力才能实现。

　　弗洛姆接受马克思伦理思想的基本出发点是:"马克思主义是一种人道主义,它的目的在于发挥人的各种潜能"。① 另外,他对马克思的唯物主义的理解也有独特的视角。弗洛姆严肃地批判了西方社会对马克思理论的误读。首先,他指出,为了正确理解马克思的理论,应当扫除的第一个障碍就是对唯物主义和历史唯物主义概念的曲解。他是将历史唯物主义作为方法论来解读的,认为马克思虽然从来没有使用过"历史唯物主义"或"辩证唯物主义"的字眼,但马克思的历史唯物主义是对社会发展规律的科学揭示,是对社会存在前提的认定。在人类思想史上,马克思的这一理论是对了解支配社会的规律所作出的最持久、最重要的贡献。其次,他认为,马克思的唯物主义方法,包括对人的现实的经济生活和社会生活的研究,也包括对人的实际生活的方式对思想和感情的影响的研究。他还把马克思的唯物主义和近代机械唯物主义区别开来。马克思和这种把历史过程排除在外的、机械的、资产阶级的、抽象的自然科学的唯物主义进行了斗争。马克思运用辩证法克服了 19 世纪唯物主义的缺点,根据人的活动而不是人的生理,发展形成了一种真正能动的有机的理论。再次,弗洛姆将历史唯物主义理解为社会实践本体论,认为马克思是一个本体论的唯

---

　　① 〔美〕埃利希·弗洛姆著:《人的呼唤——弗洛姆人道主义文集》,王泽应等译,上海三联书店 1991 年版,第 11 页。

物主义者,但他确实对这些问题不感兴趣,也就很少谈到这些问题。"马克思并不注意物质与精神之间的因果关系,而是把一切现象都理解为现实的人类活动的结果。"①弗洛姆对马克思理论的理解,应当说和近年来国内学者对马克思的重新解读(也强调实践范畴的本体意义)是有相同之处的。他正是在如此理解马克思理论的基础上,继承了马克思的唯物史观,"马克思的'唯物主义'说明了我们必须从我们所见到的现实的人出发来研究人,而不是从他的有关自身和世界的看法出发来研究人。"②作为一个人道主义伦理学家,他强调的是马克思注重人的主动性的一面,但并未否认历史唯物主义所揭示的社会发展的规律性。同时他运用唯物主义方法展开对资本主义社会的研究和批判,并且建构了自己独特的人道主义伦理学理论体系。

三、弗洛姆新人道主义伦理思想的理论贡献

弗洛姆的伦理思想在西方伦理思想史上有其独特的理论贡献。

1. 继承了人道主义传统,建立了新人道主义伦理学体系

弗洛姆明确提出,自己的伦理思想并不是独创,而是对伟大的人道主义伦理传统的继承。人道主义使其著作有机地统一起来。他如此解释人道主义:它"是一种把人以及人的发展、完善、尊严

---

① Erich Fromm, Beyond the chains of illusion: my encounter with Marx and Freud, New York: Simon and Schuster, 1962, p. 39;[美]埃利希·弗洛姆著:《在幻想锁链的彼岸》,张燕译,湖南人民出版社 1986 年版,第 40 页。

② Erich Fromm, Beyond the chains of illusion: my encounter with Marx and Freud, New York: Simon and Schuster, 1962, p. 40;[美]埃利希·弗洛姆著:《在幻想锁链的彼岸》,张燕译,湖南人民出版社 1986 年版,第 41 页。

和自由放在中心位置上的思想和感情的体系,它强调人本身就是目的,而不是达到任何其他东西的手段;它强调人不仅作为个人而且作为创造历史的参与者的那种积极主动的能力;以及强调每个人在其本身之内都拥有全部人性".① 新人道主义伦理思想不只反映了他对人类始终如一的关怀,更是对当代社会现实非人道性的伦理反思。在他看来,20世纪以来工业社会的迅猛发展,不仅没有消灭暴力、战争、饥饿、疾病及各种难以摆脱的灾难,而且衍生出更多的道德问题。人与世界、人与人、人与社会、人与自身的不和谐普遍存在,人的发展面临着极大的精神危机和异化危机,面对如此严重的危机,他倡导以人为目的和最高价值的新人道主义伦理学。他强调,在任何社会,都应该是人比物重要,尤其是在物欲横流、人情淡薄的现代世界中,更应该多保持一些人的尊严和价值;人应该过一种创制性的生活,使自身的潜力得到全面和充分的实现。当然,弗洛姆对人类命运的关注与其他西方马克思主义者对人类命运所作的思考有相似之处。西方马克思主义者历来关注人类自由、人性解放。从卢卡奇的社会存在道德论、A. 葛兰西的文化领导权理论和知识道德集团理论、马尔库塞的社会主义人道主义、阿多诺的绝对一体化批判、哈贝马斯的商谈伦理学、萨特的存在主义人道主义、A. 沙夫的彻底的人道主义和否定的幸福观、生态学马克思主义的消费异化理论,一直到一些后现代马克思主义者的生物政治学和道德游戏论,都从不同角度探讨了人道主义。弗洛姆的伦理思想与西方马克思主义者的伦理思想的不同之处就是,他主要以精神分析学作为其伦理思想的理论基础,这是弗洛姆

---

① Erich Fromm, Mars's Concept of Man, New York: Frederick Ungar Publishing CO. ,1966,p. 262.

对现代人道主义伦理学理论发展的开创性贡献。除此之外,他的新人道主义伦理思想内容之"新"体现在以下几方面:

A. 新人性论。弗洛姆对于人性的分析,以马克思的宏观社会理论为基础,延伸弗洛伊德的人格理论,而将社会因素纳入分析的框架,使人性由生物性延伸到社会性和历史性的范围,并参考人类学、历史学、心理学、精神病理学和以往伦理学中的人性论等方面的资料,形成了自己独特的人性论:首先,强调人与动物的根本差异,突出人类特殊的生存矛盾;其次,由于人的处境而衍生出本质需要:关联、超越等,这些精神需要是人性的本质内容;再次,人性善恶体现在满足需要的方式中。

B. 新人格论。弗洛姆的人格理论是其人道主义伦理学体系的核心内容,也是现代西方人道主义伦理学的一项新的贡献。弗洛姆的人格论是在继承前人的思想成果基础上的综合性的理论构建,他不仅继承了将人的自我实现看做人生的目的和道德的标准的传统,而且继承了马克思关于人的全面发展的理论。可以说,他通过汲取各家之长并有所发现,这种综合并不是一种简单的糅合,而是一种创造。首先,他以创制性作为人格类型的划分标准,创制性、自由与自主、理性、爱等第一潜能是创制型人格的重要组成因素,并提出美德应当是与人所实现的创制性程度成正比的。非创制型人格是反人道的,而追求创制型人格正是人道主义的本质和真理所在。其次,他继承了古典人道主义肯定人的理性、尊严和价值的思想,积极关注现代资本主义社会中人格的异化问题,对现代社会的病态人格和社会原因进行了深刻的揭露和批判,避免了弗洛伊德在人格问题上的自然主义倾向,并提出一种以整体的社会品格结构为基础的人格理论。更加重要的是,他对现代社会的病态人格和社会原因进行了深刻的揭露和批判,这是他的伦理思想的高峰。他的新人格理论也是使其伦理思想区别于现代其他人道主义学派的一大特征。这种在心理学的基础上重新建立的新型的人道主义伦理学，也"在伦理学领域实现了马克思人的宏观和弗洛伊德人的微观的创造性综合和统一"。①

　　C.总体异化论。弗洛姆在社会批判理论的基础上，建立了自己独特的总体异化论。他试图通过对资本主义社会的批判和对异化问题的关注，重新解释马克思主义，并构筑一种关于"人的发展"和"人的解放"的道路。他的总体异化论来源于法兰克福学派的批判理论和马克思的异化论。在《否定的辩证法》中，阿多诺认为，在资本主义发展早期，个人出于自我保护的目的，自发地组成了资产阶级社会的整体；在其后的发展中，这个整体被越来越紧密地编织了起来，成为强制的整体。一切个人都出于害怕毁灭的惩罚而被拖进了统一体之中，被同化进法律之中，甚至这种同化是违背他们自身的个人利益的。因此，这种统一性和普遍性的观念也就被确定为真理，尽管是虚假的真理，但却具有了意识形态的强力。于是，社会的统一性成了一切个人的先验规定性，一切个人只有依靠社会的统一性才能生存下来。一条无形而且无尽头的锁链把个体串联在一起，个体堕入总体性的魔法之中。在这个意义上，个体遭受着整体的否定，在整体的总体性凸显出来的地方，个体性则荡然无存。② 弗洛姆从伦理学的角度认识当代资本主义社会，证明了阿多诺所说的个人对社会整体的依赖。弗洛姆提出，在当

---

　　①　万俊人：《现代西方伦理学史》下卷，北京大学出版社1992年版，第237页。

　　②　参见张康之：《总体性与乌托邦》，北京大学出版社1998年版，第233—234页。

代资本主义社会中,经济、政治、宗教、教育、科技等各方面都组成了一个整体,扼杀了作为个体的人,扼杀着人的第一潜能的发挥,从而导致人性异化和人格病态的普遍性社会疾病。资本主义社会作为一个整体正处于全面异化中,这种异化是由于资本主义制度造成的。弗洛姆还批评了斯大林式的社会主义和无产阶级专政的现实,指出它虽然创造了一种国家资本主义的新形式,而且在经济上也获得了巨大成功,但在人道上却是有害的。因为,这种社会主义制度全面否定了人的个性和个人的充分发展;滋生了独裁和专制,使它有悖初衷,演变成一种庸俗的、歪曲的和虚假的社会主义。弗洛姆试图通过对异化的克服,实现人的解放,从而把社会形态推向一个更高的阶段。他为此所作的种种批判是深刻的,也是值得推崇和令人敬佩的。

D. 总体道德变革论。总体道德变革论是弗洛姆关于未来的人道主义的新人和新社会的道德理想。在弗洛姆看来,当代资本主义社会和苏联式社会主义社会对人的发展造成了严重的阻碍,社会已是患病的社会,个人已是病态的个人。因此,消除异化现象必须从社会制度的设计上做文章,即用具有真正的人道主义的社会主义制度的社会来取代资本主义社会和官僚主义的假社会主义。人道主义的社会主义与资本主义的最大不同,在于它能创造更加宽松和自由的条件,促使人的个性得到全面发展,促使人的潜能得以充分发挥,使一切人都能够成为真正具有主体性、创造性和独立地运用自己的才能和思想力量的人。总之,在这样的社会,人是最高价值,社会的目标是为人的潜能、人的理性、人的创造力的全面发展提供各种条件。而实现人道主义的社会主义社会的重要途径,就是在经济、政治、文化、精神方面的道德革命。只有这样,才能消除社会领域的总体异化带来的人的异化,将人从物的奴役中解放出来;让人摆脱由异化造成的各种病症,恢复人类作为人和生命曾经长期失去的潜能,从畸形的人变成健全的人,从异化的人变成正常的人,最终让所有人都"向自由王国迈进",成为全面发展的人。

2. 重新确立了理性主义在现代西方伦理思想史上的地位

在西方伦理学发展史上,理性主义伦理学占有极其重要的地位,它与"感性主义伦理学"构成了两大基本路线,它们分别从人的理性本质或感性本质出发来理解和界定道德。西方理性主义伦理学传统发端于古希腊,古希腊理性主义伦理学由苏格拉底奠定基础,后经柏拉图的系统发挥,成为一个成熟的伦理学形态。之后,亚里士多德、斯多葛学派继续阐发理性主义伦理学的思想。欧洲近代理性主义伦理学是在反对宗教神学伦理学的过程中形成的,笛卡尔、斯宾诺莎是其主要代表人物。笛卡尔认为,应当由理性而不是激情来主导人的行为,理性规定道德意志,理性主导心灵情感。他还明确地把感情视为心灵中的低级部分,把意志或理性视为心灵中的高级部分。斯宾诺莎认为,意志与理智是同一的,生活应当接受理性的指导。同时,他也认为理性并不是绝对的,人的各种情感也有较大的力量和作用,他曾试图把二者统一起来。但在他看来,符合理性的生活才是德性的生活;决定人行为之善恶的,不是情感而是理性。德国古典理性主义伦理学以康德、费希特、F. W. J. 谢林、黑格尔为代表人物,主张理性具有至高无上的地位。康德明确区分了实用理性和纯粹理性,并且把道德原则建立在纯粹理性的基础上。黑格尔的理性主义伦理学体系达到庞大而缜密的顶峰时代。他说:"'理性'是世界的主宰,世界历史因此是一种合理的过程。"①他把

---

① ［德］G. W. F. 黑格尔著:《历史哲学》,王造时译,三联书店1956年版,第47页。

理性贯彻到一切领域,把理性看做无限权力和历史主宰,并由此导致了对历史的崇拜。在黑格尔之后,理性主义伦理学遭遇到前所未有的困境。伦理学家们发现,在人身上发挥作用的不仅有理性的因素,还有种种非理性的因素,如本能、情绪、欲望、意志等,这些因素在人的行为和思维中起着根本性的作用。而且,理性本身在运用中也是有限度的,一旦超出这个界限,理性就会犯错误。此外,与技术的应用和发展相伴随的,是人在劳动和社会生活中普遍的异化和物化,也就是说,理性的逻辑被贯彻到底的时候,也会导致非理性结果的产生。所有这些因素都促成了非理性主义的兴起。

在德国传统伦理学之后,以 A. 叔本华和尼采的唯意志主义为代表,开始了西方伦理学由近代向现代的转变。叔本华把人的非理性因素抬高到世界本原的地位,认为先有人的意志后有人的理性。"意志是第一性的,最原始的;认识是后来附加的,是作为意志现象的工具而隶属于意志现象的。"①尼采将叔本华的"生命意志"发展成为"权力意志"和"超人"。他说,世界是非理性的东西,他的日神和酒神分别代表了梦幻和醉狂,将非理性发展到了极致。而精神分析大师弗洛伊德则用欲望冲动解释一切,并通过对人格结构中的"本我"、"自我"与"超我"来分析人的存在。弗洛伊德的精神分析伦理学与非理性主义相通。弗洛伊德在晚年带有总结性的自传中说:"精神分析学在很大程度上与叔本华的哲学见解相似,叔本华不仅强调情感的支配作用和性的极端重要性,他甚至还意识到压抑机制,但是,这并不能说是因为我熟悉了他的学说。

---

① ［德］A. 叔本华著:《作为意志和表象的世界》,石冲白译,商务印书馆1982 年版,第 401 页。

我是一直到晚年,才拜读了叔本华的大作的。另一位哲人尼采的猜测和直觉,与精神分析学辛勤研究的成果也常常会出现惊人的一致,正是由于这个缘故,我有很长时间尽量避免和他接触;我这样做主要是想让自己的思想免受干扰,我倒不在乎哪些观点是谁先提出的。"①

　　非理性主义是对近代西方文化中所表现出来的理性万能和理性独断的公开挑战。但是非理性主义夸大个人主观意志、情感和本能的作用,并导致了彻底的虚无。尼采的上帝之死让虚无主义无可避免地站在了历史的终端,使西方文明最终陷入了进退维谷的尴尬境地。而弗洛伊德的精神分析伦理学进一步揭示出人类不易承认的心理奥秘:那个曾经让人类引以为自豪并总是冠之以理性的内心世界,原来只是让人难以启齿的非理性的情绪和本能冲动。如此种种非理性主义的理论揭示,在当代西方伦理学中成为一股强劲的潮流,从而对人的问题思考能力产生重大的影响,同时也导致了现代人的迷惘、焦虑、孤独无依的失落感和失意情绪。上帝死了,人类所倚靠的世界彻底坍塌,而人心也只是性本能冲动而已。凡读过这些非理性主义作品的人,大多数对理性在自身生活中所起的作用,都难以保持乐观的态度。

　　而弗洛姆继承了传统理性主义精神,重新确立了理性的至高无上的地位,主张以人的理性作为道德的前提和基础,理性使人超出自然而享有自由和德性,并把理性作为人性的第一潜能和理想人格的基本能力和必备条件,作为未来社会运行机制的原则。弗洛姆对理性主义的重建,旨在恢复伦理学的普遍有效的地位,并力

---

　　①　[奥]S.弗洛伊德著:《弗洛伊德自传》,顾闻译,上海人民出版社1987年版,第86页。

图坚守伦理普遍主义和绝对主义的立场。应当说这是他的伦理学的可贵之处,也使其人道主义伦理学获得了不同于现代西方其他人道主义伦理学的一般特征。

他提出,人道主义伦理学是一种以对人性的正确认识为基础的客观主义的规范伦理学,有其客观的道德规范。它并不是随着人类的意志、偏爱和愿望而存在的道德"事实",伦理学研究人的伦理行为和事实,这些伦理事实的属性和功能是客观的,它本身就有好坏之分,与人的感情和意愿没有关系;在断定某事物的善与恶时,必须依据对象的客观属性和功能,而不能单凭主观的意愿作随意选择。他的总体人性论试图正确理解人性,即将人理解为整体的人、理性和非理性融为一体的人。理性在人的本性潜能中占主导地位,人的生活受理性指导,他认为这也是以往传统人道主义伦理学体系的伟大见解。柏拉图、亚里士多德、斯宾诺莎以及晚近的杜威,都极力主张人能够运用理性把自己的冲动指向一定方向,使它能得到满足而又最有用处。作为精神分析伦理学家,弗洛姆同样承认非理性因素的作用,非理性的情感在人的成长和人格的塑造中甚至起着至关重要的作用,它们是人的第二潜能。人对自身的肯定不仅仅是对人的理性的肯定,而且是对包含了人的情感、本能在内的整体的人的肯定。人的自我完善不仅是理性能力的完善,也包括了爱等情感能力的完善。这样,道德不再是人对自身的战争,而是为了成为理想的、自身潜能充分发展的人而不断与偏离这一方向的倾向进行斗争的过程。应当说,他的这种理解是有其可取之处的,这样既看到了人的理性和自为性对于人的重要意义,同时也强调人的本能、情感对人的重要影响。在一定程度上,他以较丰富的人性论克服了现代非理性主义过分夸大个人主观意志、情感、本能作用所导致的主观主义和相对主义,同时也克服了传统

理性主义过分强调理性精神的局限性,在试图克服伦理学史上将
人割裂为理性与非理性相互对立的两部分的倾向方面作出了努
力。人类的理性的确是有限的,像传统理性主义一样过分强调人
的理性能力也容易发生错误;但是如果像非理性主义者所说的人
的本质只是生存意志、性欲望、生命力和本能冲动,那么人与动物
又有何区别? 人与动物身上都有非理性的因素在起作用,但不能
因此说人同动物一样都是非理性的。在理性和非理性因素共同组
成的人性构成中,理性是这个结构区别于一般动物性质的表征。
理性意识确实是人类所特有的,谈论人性不考虑人的理性是绝对
失误的,然而如果把人性本质全部归结到理性特征上,那就走上了
"理性人性论"的偏颇思路。如果像非理性主义者那样过度渲染
人性中的非理性因素,过分贬低理性的作用,不仅在理论上是不正
确的,而且在生活实践中也是极其有害的。缺少理性思考的审慎,
失掉价值理念的约束,必然导致现实生活中道德水准的沉沦。因
此,弗洛姆的理性主义把理性和非理性统一起来,承认人的存在状
态的完整性,并且强调人只有按照理性控制非理性欲望时,他才是
一个创制型倾向占主导地位的人。他的理性主义要求人们实事求
是地认识自身、社会和世界,要求健康的怀疑态度和批判力,要求
人们民主协商地解决认识上和利益上的差异,否认非理性权威的
运作,要求人们对全人类的命运保持使命感和责任感,对自己的行
为保持理智的约束。他试图建立的这种不受制于任何专断和权威
的理性主义伦理学体系,在现代西方伦理学史上是独具特色的。

**3. 促进了精神分析伦理学更稳健的发展,也为西方马克思主
义伦理思想的发展注入了新的内容**

　　弗洛姆虽然充分肯定了弗洛伊德的理论创新与马克思主义真
理性的知识和方法,但他并没有在二者的理论中直接找到消除人

格病态和社会病态、建立创制型人格和健全社会的办法。他认为，马克思正确地揭示了社会经济发展与人的思想意识之间的联系，为认识人的愿望和行动，把握人性和社会的本质奠定了基础，指明了方向。但是，马克思忽视了人自身的非理性的、本能的因素的社会作用。相反，弗洛伊德从人的潜意识和本能欲望出发，为了解人性、捍卫人的自然权利和反对社会习惯势力，提供了理论依据和指导原则。但是他的理论有两个最大的缺陷：泛性主义倾向；片面强调人作为生物所具有的本能和欲望，忽视了社会因素对人的作用。① 因而，可以说，"一个在宏观上是正确的，但缺少微观基础，一个是微观上正确，但缺少宏观指导……一个因为缺少中介而建立不起经济基础和上层建筑的实际联系，所以不便应用，一个由于片面夸大性欲的作用，忽视了对社会结构的研究而使个人品格达不到对于社会上层建筑的影响，因而难于用来分析社会集团和社会的运动变化。"②这两种理论都有缺失，却存在差异性和互补性，因此，可以将二者进行综合。他的这种尝试对精神分析伦理学和西方马克思主义伦理学的发展均具有重要的意义：

其一，促进了精神分析伦理学更稳健的发展

弗洛姆是弗洛伊德精神分析学理论的卓越阐释者，也是精神分析伦理学的当代发展者，获得了"美国新精神分析学派领袖"的

---

① 尽管弗洛伊德在道德的起源和本质问题上忽视了社会的作用，但这并不是说他不谈个人与社会的关系。相反，个人与社会之间无法避免的冲突，是贯穿他的理论始终的一条主线。首先，他把社会文明与人性对立起来，视社会文明为人性被压抑、升华的结果。其次，他根据社会文明与人的本性的对立，把社会文明与个人幸福对立起来，认为一个人越趋向于文明，他得到的幸福就越少。

② 张国珍：《论弗洛姆的社会性格概念》，《湖南师范大学学报》1988 年第 3 期。

称号。

　　弗洛伊德创立的精神分析理论首次使人类对自我的认识深入到无意识,为人类道德现象、特别是个体道德现象的研究开辟了新的途径。但是,弗洛伊德理论的局限性十分明显。因此,精神分析学派内部的思想家们为了克服这些局限,对弗洛伊德的学说进行了改造和修正。

　　弗洛伊德在世时,阿德勒和荣格先后与他分道扬镳。1911年,阿德勒开始反对弗洛伊德的本能学说,强调社会条件和人际关系对人格发展的影响,建立了精神分析的个体心理学理论,成为精神分析学派内部第一个反对弗洛伊德的人。阿德勒把弗洛伊德的"性本能"修改为追求优越、完善自身的潜力。他提出,"对优越感的追求是所有人类的通性"。① 这种优越感的目标起源于每个人都有的自卑感,这种优越感能够赋予个人生活以意义。阿德勒从个人与社会关系的角度,揭示人性中自卑与优越的两个方面,纠正了弗洛伊德的人性论中的纯生理性欲倾向,把对人性的研究置于更为实际和广泛的基础上,并且扬弃了决定论,强调了人的主体性和创造性。此后,荣格也独树一帜地建立起精神分析的原型理论。1914 年,荣格宣布脱离精神分析学会,创立"分析心理学"。他将心理学研究与历史文化研究相结合,取得了许多重大的理论建树,尤其是以具有普遍性的、超个人性质的"集体无意识"补充弗洛伊德的"个人无意识"。所谓集体无意识,是指人类大家庭全体成员继承下来的、并使当代人与原始祖先相联系的种族记忆,它通过种种原始的意象在人类的精神和文化中不断地显现出来。它普遍地

---

　　① ［奥］A.阿德勒著:《自卑与超越》,黄光国译,台北志文出版社 1971 年版,第 52 页。

存在于我们每一个人身上。① 原型构成了集体无意识的主要内容。他描述了很多的原型,人生中有多少典型情境就有多少原型。其中重要的几种原型有:人格面具、阴影、阿尼玛和阿尼姆斯以及自性。人格面具是指当一个面对世界时戴上的面具。它涉及社会对某种性别的人的角色、个人所处的发展阶段、社会地位、职业看法等。阴影是指个人不愿意成为的那种东西,也就是人性的阴暗面。阿尼玛是指男性人格中的女性方面。阿尼姆斯是指女性人格中的男性方面。尽管这些原型各具特性,彼此冲突,但人格却不会四分五裂、善恶难容。相反,人格本来就是一个统一的整体,而且最终还能越过冲突实现更完满的统一,实现这种统一的力量就是自性原型。自性意指人的全部内在精神、内在人格的主体。在他看来,一切人格的最终目标,就是充分的自性完善和自性实现。可见,荣格超越了弗洛伊德和阿德勒过分强调生命的病理部分和在为人做分析工作时过分重视人的缺陷方面,而对个人精神发展的重要性给予了积极地关注和探讨。

在弗洛伊德去世后,一批年轻的精神分析学家试图克服弗洛伊德学说的局限性,建立"新弗洛伊德主义"的思想体系。除了弗洛姆以外,属于这批精神分析学家的还有 K. 霍妮、H. S. 沙利文、A. 卡丁纳、E. H. 艾里克森等人。霍妮的学说强调后天的文化条件特别是家庭环境、双亲对人格形成的作用。她坚决反对弗洛伊德把人的无意识冲动理解为性本能和死本能的冲动的观点,认为人不是受快乐原则统治,而是受安全需要支配。寻求安全、解除焦虑是人主要的无意识冲动和行为的主要内驱力。儿童能否满足这

---

① 参见[瑞士]C. G. 荣格著:《荣格文集》,冯川译,改革出版社1997年版,第40页。

方面的冲动和需要取决于家庭和双亲对儿童的态度。儿童在家庭的影响下形成了不同的人格。她把人格结构分为真实自我、现实自我和理想自我。总之，霍妮比阿德勒和荣格更尖锐地批判了弗洛伊德的局限性，更强调了文化和社会因素在人格形成中的作用，并且更明确地把治疗精神病的关键归之于改变社会环境。卡丁纳大量吸收人类学的研究成果，创立了"文化与人格相互作用理论"，强调人格在文化创造和变迁中的能动作用，认为人格既是文化的产物，又是文化的创造者。文化一方面促进了个体的发展，另一方面又为个体需要的实现制造了许多限制，制约着个体的发展。沙利文吸收了当时美国的精神病理学、心理学、社会学、人类学、哲学等领域的研究成果，提出了人际关系人格理论。他强调人格永远无法与个人生活于其中并因此具有其本质的人际关系的背景相脱离。人格是在人际情景中形成和表现出来的，是人际关系相对持久的模式，是一个人在与人相处的社会情景中经常表现出来的生活方式。艾里克森则把重点从本能驱动力的潜意识方面转移到自我和社会之间相互作用的意识方面，对弗洛伊德的人格结构理论作了重大的修正和扩展，对自我的实质提出了新的看法，强调自我的自主性和独立性。他认为，自我的潜力能够克服发展中的倒退和恶化，最终趋向完美。在人格发展中，他重视家庭和社会对青少年和儿童的教育作用，并修改了弗洛伊德的心理性欲发展理论。

从阿德勒一直到艾里克森的学说，都显示出心理学家们对道德问题日益强烈的关注。直到弗洛姆的理论出现，精神分析才开始真正进入伦理学王国，心理学与伦理学的现代联盟才真正建立起来，纯心理学的分析逐渐变成了一种特殊的精神价值分析。弗洛姆建构伦理学体系的过程也是批判地继承弗洛伊德思想的过程。弗洛姆对弗洛伊德理论的改造并不是泛泛而谈文化因素对人的影响,也不像霍妮一样把文化和社会因素只归结于家庭环境,而是把文化与经济、政治、宗教、教育等各个方面联系起来。

　　说到这里,我们还应当提到 W. 赖希和马尔库塞。赖希是弗洛伊德主义的马克思主义的创始人。赖希的理论体系主要由"性高潮"、"性格结构"、"性革命"三部分理论组成。他还把弗洛伊德的人格结构改造为:表层(社会合作层)、中间层(反社会层)、深层(生物核心层),认为这一理论可以沟通社会情况和意识形态之间的沟壑,论证马克思没有说明的经济发展转变为意识的过程。他还提出消灭家庭,建立"性—经济"道德等性革命措施。在实践上,他试图把政治革命、社会革命与心理革命、性革命结合起来。当然,赖希本人后来也放弃了这种综合的努力,而是公开承认他企图把精神分析学与马克思主义综合在一起的尝试在逻辑上已经失败了。而马尔库塞也是精神分析伦理学的代表人物之一。马尔库塞的综合主要体现在,通过对弗洛伊德关于人的心理结构理论的剖析,提出人的本质是"爱欲",并在此基础上把"爱欲的解放"与马克思的"劳动解放"结合起来。"爱欲"是人的生命本能,包括了人体的全部器官和各个器官对快乐原则的需求,它的目标是要维持作为快乐主—客体的整个身体。他赞同弗洛伊德的看法:人的历史就是人被压抑的历史。但在马尔库塞看来,在"物质生活资料贫乏"的阶段,人们对爱欲的压抑是"基本压抑",但在现代发达工业社会,物质缺乏的问题已经得到解决,爱欲所受的压抑是"额外压抑",它是统治阶级为了维护自己的利益和加强统治秩序而对人的生命本能实施的不合理压制。所以,为了恢复人的本质,使人从痛苦的深渊中解放出来,就必须解放爱欲,即夺取统治阶级的利益。马尔库塞还批判了当代发达工业社会借助技术的合理性来进行统治,压制社会中反对力量或否定力量,制造和操纵社会物质的一切过程。他尖锐地指出,工业社会成功地压制了人们内心的否定性、批判性和超越性的向度,最终使"个人"成为科学和技术的奴役物,成为单向度的人。

可见,赖希和马尔库塞仍然把性或爱欲等自然属性作为人的本质。虽然马尔库塞的爱欲不同于性欲,但爱欲仍然是性的升华。此外,赖希和马尔库塞仍然把弗洛伊德的力比多理论和本能理论视为构建自身理论的出发点。而弗洛姆却进一步发展了弗洛伊德的学说。

总之,通过继承马克思的社会理论和研究方法,弗洛姆试图克服弗洛伊德理论的局限,发展一种新的社会心理学方法,并通过人的品格结构分析将这种方法贯彻到伦理学理论研究之中,建构起独特的伦理学体系。这些内容既提醒我们看到精神分析的保守性,又使我们注意到:批判、改造精神分析的出路就在于理解社会现实。只有理解社会,才能彻底认识到将精神分析生物学化的方面错误。同时通过马克思主义的社会理论与心理学结合的方式构建伦理学体系,不仅极大地拓宽了伦理学研究的视野,而且为伦理学关于人类行为(动机与评价)、道德关系、道德心理及社会道德文化观念的研究开辟了新的道路。正因为如此,弗洛姆的伦理思想在法兰克福学派和新弗洛伊德主义学派中也是独树一帜的,他的努力使精神分析伦理学获得了较为稳健的发展,不仅在学术界受到了重视,而且在社会生活领域中也被广为接受。

其二,为西方马克思主义伦理思想的发展注入了新的内容

弗洛姆虽然身处西方资本主义社会,却对马克思主义进行执著的研究,并使马克思主义在美国得到传播,为马克思主义的重获

新生奠定了基础。不过,因为他把马克思主义理解为人道主义,并以精神分析理论来补充马克思主义,因此引起了苏联式马克思主义学派的猛烈抨击。实际上,他以弗洛伊德主义和马克思主义相结合的方式建构伦理学体系,本身就是对西方马克思主义伦理学理论进行创新的大胆尝试。马克思主义(包括马克思主义伦理思想)并不是一个固定不变的狭隘、封闭、僵化的思想理论体系,而是一个富有自我更新和生命活力的开放的、具有强大实践功能的思想理论体系。它的发展创新,需要吸收其他各种学说中合理的成果,否则将会失去活力。邓小平指出:"真正的马克思列宁主义者必须根据现在的情况,认识、继承和发展马克思列宁主义。"①因此,处于不同时期和不同制度下的马克思主义者就会有各自不同的学术任务和学术责任。这些情况显然与马克思创立马克思主义时的古典资本主义不同。社会发展的新情况要求思想家们作出新的思考和得出新的结论,而弗洛姆作为法兰克福学派的元老,在这方面作出了突出的贡献,他所思考的问题和所运用的方法也是值得肯定的。精神分析学作为心理学中一个特有的组成部分,在马克思主义经典作家的理论中并没有特别涉及,承认这一点完全无损于马克思主义经典作家的伟大,因为他们的时代对他们的要求不是去强调这些思想。而弗洛姆在时代的召唤下强调了对个体心理的微观分析,并且通过对微观心理学与马克思主义理论的比较,清楚地揭示了这两种思想的差异。可以说,这是为西方马克思主义伦理学的发展找到的一个新的理论生长点,也是对资本主义实现全面批判的一个基点,他将精神分析揭示的病态心理问题与对资本主义的批判结合起来,反映了发展马克思主义的要求。作为

---

① 邓小平:《邓小平文选》第三卷,人民出版社1993年版,第291页。

西方马克思主义伦理学家,弗洛姆的主要任务就是以适当的方式宣传马克思主义并对身处其中的资本主义社会进行批判,他关注的重点就是如何继承马克思主义的理论,批判发达工业社会和资本主义制度对人格造成的异化,构建人道主义伦理学,为建立一个促进人的全面发展的社会主义社会服务。尤其是他对资本主义社会和病态人格进行的全面揭露和剖析,是其伦理思想的特色部分,这些内容显示了他作为一名现代马克思主义伦理学家强烈的学术责任感和理想主义精神。

从弗洛姆的著作中我们还可以看到,他的综合创新的尝试有别于赖希和马尔库塞等弗洛伊德主义的马克思主义者对弗洛伊德理论换汤不换药似的微不足道的修正,而是坚决放弃本能理论。虽说他与其他弗洛伊德主义的马克思主义者的理论有别并不能说明他的综合就是科学的,但是,他从伦理学的角度对马克思关于人的本质理论的解读是严谨而认真的,对马克思学说的把握也是基本正确的。对于马克思来说,无论他的哲学、政治经济学还是科学社会主义,都是服从于"人的解放"这一价值目标的,而他确立的人的价值理想或者说人的理想状态则是人的全面发展。弗洛姆也正是以马克思的这一价值理想作为自己的新人道主义伦理学的价值目标,应当说这种继承有其合理之处。当然,在我们国家20世纪80年代关于"人道主义和异化问题"的大讨论中,也有学者对人道主义作出过一些不太恰当的理解。正如复旦大学俞吾金教授所认为的,在东方国家的马克思主义哲学教科书的视野里,形成了一种奇特的见解:"人"、"人性"、"人道主义"似乎都是资产阶级学者使用的概念,而马克思主义者则把这些概念一律斥之为抽象的说教。其实在马克思那里,人的自由、人的解放和人性的复归才是真正的目的,而传统的见解完全曲解了马克思主义的本真精神,把马克思主义与西方人文主义传统之间的关系完全掩蔽起来了。① 如此看来,弗洛姆所理解的马克思主义与西方人道主义传统的联系,以及认为马克思主义所关心的是人的解放和人的全面发展这一最终目标,抓住了马克思主义的精髓。

另外,他的确提出了一些新的思想和观点。例如,一方面,他从人的生存需要和人的品格结构对社会的影响方面入手,揭示了人的作用,这种微观研究是从一个与马克思主义不同的角度对人在社会中的作用问题进行的探讨;另一方面,马克思主义强调人的社会性并深入分析了社会存在对人的作用,但在社会存在是如何作用于人特别是通过什么中介作用于人的问题上尚有很大的研究余地。弗洛姆在这方面作了比较细致的分析,通过"社会品格"、"社会无意识"和"社会过滤器"等几个概念,力图解决经济基础和上层建筑相互作用的机制,以及社会如何引导和支配人们的思想意识的问题。弗洛姆进行批判的目的是为了找到人的解放之路,因此,在批判的基础上,他针对性地提出了建设健全社会,造就创制型人格的具体措施。尤其是他运用精神分析和文化观照所获得的人格心理分析类型,对于如何认识和分析现代文明条件下人的心理和道德品格的形成与特征,都极富启发价值。同时,他提出的以整体的社会品格结构为基础内容的人格理论,为其伦理学提供了一种新的社会心理学方法论,这些都是对西方马克思主义伦理思想的创新与发展。这些思想内容还可以不断深化我们对资本主义社会造成的人格全面异化的现实状况的认识,并且对于加强当代具有中国特色的社会主义精神文明建设都有建设性的价值。

---

① 参见俞吾金:《当代哲学关于人的问题的新思考》,《人文杂志》2002 年第1 期。

第二节　弗洛姆新人道主义伦理思想的
理论特色及其局限

综合考察弗洛姆的新人道主义伦理学理论,我们发现,与其他新人道主义伦理学理论相比,在形式上和内容上它都具有独特、鲜明的理论特色;同时,尽管其理论在西方伦理思想史上具有独特的贡献,但仍有不少局限性。

一、弗洛姆新人道主义伦理思想的理论特色
1. 从形式上看,现实社会批判与学理研究紧密结合、旁征博引并以通俗易懂的语言阐释专业知识,是其理论的两大主要特征

第一,现实社会批判与学理研究的紧密结合。弗洛姆不仅是一位具有崇高学术使命感和社会责任心的思想家,更像一位精心诊断和解剖人类自身的心理和行为的内在奥秘的社会医师。他敢于承担批判与建设的重任,既以犀利的目光审视当代社会的发展和进步,透过经济繁荣、物质丰裕的表象,探究社会和人的问题,又运用自身的学理资源对所发现的问题进行挖掘和研究,并为解决问题提供对策和处方。当然,批判针对问题,建设需要学理。英国历史哲学家 R. G. 柯林武德曾坚决反对语言分析的过度使用,因为这会导致哲学陷入"只问方法,不问意义"的困局。柯林武德提出,作为读者,理解哲学家就是要理解他所提出的问题,因为他的理论就是对这个问题的系统回答。据此,我们认为,伦理学家的命题是真是假,有意义或无意义,完全取决于它所要回答的是什么问题。真正有质量的"问题",应该涵盖两个层面:一是来自具体的历史境遇,时代的问题正是他真实的生命感受;二是在他所提炼出

的具体问题中,又内含着人类生存的普遍性矛盾,具有永恒的价值。因其有永恒性,后来的人们才会在一种"历史的相似性"中与伦理学家的"问题"发生关联,而伦理学家的思想才能成为现代人的文化生命资源。根据这一观点可以看出,对于弗洛姆来说,20世纪的西方社会病态丛生,社会内部道德和伦理力量正在崩溃,人的尊严、价值和意义的失落导致人已经到了非人的状态。他试图以一种独到的问题意识和理论思路去求解这个时代性的课题。就其价值关怀来说,他毕生所要解决的是,如何使心理学与伦理学结合起来,使伦理规范建立在对人的正确认识的基础上,为当今社会制定一套伦理规范,成为建立健全的人道主义社会的一个手段。在这样的价值关怀下,弗洛姆的伦理学理论有两重维度:一是批判的功能,二是理论的建构。弗洛姆堪称是现代西方社会现实的道德批判者和社会反潮流者。以卢卡奇、葛兰西等为代表人物的西方马克思主义者开创的新人道主义,其重要的理论特色就是现实批判精神,既批判旧的资本主义的人道主义,也批判一些马克思主义者所主张的社会主义或无产阶级的人道主义。这种新人道主义把人类社会的异化当做批判核心,把资本主义社会描述为一个完全与人的本性相悖的异化世界,而把共产主义社会描绘成为一个真正合乎人性的、能使每个人都具有名副其实的总体个性的人道主义社会。法兰克福学派作为影响最大的西方马克思主义学派,形成了"批判的马克思主义"社会理论,对现代资本主义社会进行了多学科的分析批判。对于社会批判理论来说,否定既是它的信条和目的,也是它的行动纲领。这种颇具激情的否定是由于现实的境况所决定的和历史发展赋予法兰克福学派的使命。① 弗洛姆

---

① 参见张康之:《总体性与乌托邦》,北京大学出版社 1998 年版,第 233 页。

作为法兰克福学派的元老,自然秉承了这种批判精神,以综合的人性论为前提,以人格论为核心,对资本主义社会的经济、政治、教育、宗教和科技等领域进行了全面批判,同时还对权威主义伦理学、非创制型品格、重占有的价值取向等进行了剖析。他的批判不仅注重心理分析,而且带有鲜明的人道主义价值论特色。当然也有学者认为,马克思着眼于资本主义经济基础和社会制度的批判,其目的在于从根本上推翻资本主义制度,而弗洛姆主要展开的是伦理批判而较少批判社会经济基础,尤其是所有制关系,因此是一种在不触动资本主义根本制度前提下的批判,这种观点对于马克思思想的理解是正确的,但对于弗洛姆的思想来说则有些误解。实际上,弗洛姆同样是从直接的物质生产方式出发,始终站在社会历史的基础上对资本主义进行批判。对弗洛姆来说,他遵从马克思的方法,不是从观念出发,而是从社会物质实践出发解释人格及其形成。所以,当他从人格发展的角度批判当代资本主义社会时,他的矛头指向的仍然是资本主义生产方式本身,是资本主义私有制,是当代资本主义的金钱拜物教,可以说这种批判是对马克思异化理论的拓展。

作为一位精神分析学家、人道主义者和具有古老的犹太教"救世情怀"的思想家,弗洛姆批判的目的并不是简单地破坏和摧毁而在于创造和建构,所以他又以创制型人格的发展为目的、以精神分析为基础,构建了一套伦理学理论,从正面展示了"人的解放"、"人的自由"、"人的全面发展"的可能性和条件。他力图通过自己的理论为人的存在困境指出一条光明之路,尽管这条路在20世纪通向的只能是乌托邦,但正是因为弗洛姆的"问题"有着时代和普适的双重性,才使他成为当代著名的人道主义伦理学家。

第二,旁征博引并以通俗易懂的语言阐释专业知识。弗洛姆曾谦虚地说自己没有抽象思辨的天赋，所能作的就是具体问题具体分析。因而在其著作中，他一反哲学和心理学的学院派的抽象晦涩，也拒绝华丽辞藻的修饰，并且从不滥用术语，从不进行那种从概念到概念的文字游戏，而是尽量做到旁征博引、深入浅出，并且综合运用多门学科知识，包括社会学、伦理学、宗教学、心理学、人类学等领域的知识成果，探讨当代社会中的重大问题。例如，他在研究并撰写《人的破坏性剖析》时，曾召集包括人类学、病理学、医学、生物学、遗传学在内的各方面学术专家一起磋商，向他们请教并共同探讨人类各种心理问题。因而较之法兰克福学派中的同伴来说，他的视角更广阔，知识更广博。在其著作中，他娴熟地引用大量的伦理学家、文学家和其他人道主义思想家、宗教家的著作以及社会科学的成果作为自己的论据，来证明自己的主张，又采用通俗易懂的语言来阐释专业方面的知识，以清新流畅的文字来叙述其思考成果。因而其理论既博大精深、深刻尖锐，又有较强的可读性和吸引力。读者在阅读其著作时既能获得智慧，又感觉轻松并能理解文中的深蕴。这从他的著作的畅销程度可见一斑。他的著作几乎本本都是畅销书。例如，《逃避自由》一书于1941年在美国纽约出版后，仅到1961年就已再版22次；《自为的人》1947年出版，仅至1964年就已再版17次。其他书同样如此。不仅在英语地区、德语地区，而且在包括中国在内的东方国家，他都拥有大批读者和研究者。不仅如此，弗洛姆还运用大众传媒宣传自己的思想，由于其语言的朴实无华、文字的简单平实、论述的切近时弊、剖析的深刻犀利，其理论赢得了大众的理解。

2. 从弗洛姆伦理思想的主要内容分析，新个人主义、道德理想主义和乐观主义是其理论的两大主要特色

第一，新个人主义。个人主义是西方伦理学最引人注目的理论特色,它是人们在关于人我群己关系(个人与他人及社会的关系、个人利益与他人利益及公共利益的关系)上所采取的偏向于个人利益的一种态度。尽管西方伦理学家们对个人主义的理解不尽相同,但是仍然可以概括为以下几点:作为个体存在者,每个人在本性上是自爱自利的;个人是社会的基本单元,先于社会而存在;个人利益先于他人利益和公共利益;公共利益由个人利益组成并且最终是为了个人利益;个人利益不应为了公共利益而被损害或无条件地被牺牲。① 个人主义肇始于古希腊早期,为文艺复兴时代以来大多数西方伦理学家所传承和发展。而在现代,由于来自各种群体主义(特别是集体主义)的挑战,现代伦理学家们普遍倾向于放弃极端个人主义而走向温和的个人主义和有限利他的个人主义,注重个人与社会、个人利益与他人利益及公共利益的融合,这种学说可以称做新个人主义。这种学说强调的不再是个人正当利益的最大化而是个人社会价值的最大化。据此,我们可以将弗洛姆伦理思想划归其中。弗洛姆对理想人格与理想社会的建构,不是将焦点置于个人主义和自由主义或集体主义和权威主义的争论和选择之上,而是以人道为本。在他看来,个人与社会的关系,不是静止和相互对立的。个人的自由发展虽然重要,但一定社会的组织和权威的运作,可以提供条件满足个人的需求,可以保障个人发展自我、肯定自我。个人具有与生俱来的一些生理需要,这些需要必须给予适当的满足;但是个人的品格、喜好、焦虑和渴望等,却不是生物性的本能,而是社会塑造的。所以,个人可以发挥其创制性、理性和爱等第一潜能,并在历史过程中创造他自己。但

---

① 参见杨方:《第四条思路——西方伦理学若干问题宏观综合研究》,湖南大学出版社2003年版,第92—93页。

是,还需要社会环境作为条件,才能使个人的潜能具体化。因此,个人与社会是互相促进、相辅相成的,凭借健全社会的建立可以促进个人人格的全面发展,而每个人的全面发展也将促进社会整体的共同进步与繁荣。①

第二,道德理想主义和乐观主义。弗洛姆的新人道主义伦理学具有现代西方许多人道主义学者所没有的积极的道德理想主义和乐观主义。这种理想主义和乐观主义体现在:一方面,承认个人的人格发展与社会文化之间的矛盾冲突,并对现代资本主义社会和苏联式社会主义对于人性的压抑提出了强烈的抗议和批判;另一方面,对人的发展和理想社会始终抱有乐观的态度和必胜的信心。首先,对人的理性、人性抱有乐观的态度。他相信人具有理性因而能够超越自然,理性是把人类从自我毁灭中拯救出来的力量。理性是人最终得以实现自我的力量,还让我们对人类抱有信心。他提出,人的本质需要的满足过程是人性善恶的展开过程,善的潜能是第一潜能,恶的潜能是第二潜能,只有当适合成长与发展的条件缺乏时,人才会变得邪恶。其次,相信理想人格和理想的社会主义社会必然会实现。新人道主义伦理学的最高理想和最终目标,是社会全面体现普遍伦理学的原则,使人能够最大限度地实现和发展他的全部潜力,而这个过程就是人的解放、人的自由和人的全面发展的过程。而且,他相信,只要普遍伦理与创制型人格能在社会和个人中占主导地位,社会内在伦理和非创制型人格就可以转化为积极的因素。当然,这种转化只有在历史和社会变革的过程中才能真正实现。因此,他常常引用马克思的话说,当普遍伦理和创制型人格成为社会的主导因素时,就意味着人类史前史的结束。

---

① 参见陈秀容《佛洛姆的政治思想》,台北三民书局1992年版,第123页。

在他看来,这种结局是必然的,"社会内在伦理和普遍伦理之间的冲突将会减小,而且当社会变成真正的人的社会,即社会全体成员得到最大限度的人的发展时,这种冲突最终消失。"①他还指出,社会主义揭示了人们心中对美好社会的向往和期盼,"社会主义的吸引力在于社会主义中的理想主义成分,以及社会主义对人们精神和道德上的鼓舞。"②他重申,社会主义的本质就是提醒社会主义的设计者和建设者,社会主义的发展不能脱离理想之梦,不能把社会主义降低到仅仅屈从于现实这一层次上。而且他坚信,我们的时代只是一个过渡,既是一个终结也是一个开端,只要我们选择正确的途径,理想社会必然会实现。"所有这些事实并不足以摧毁我们对人的理性、善意与健全所抱的信心。只要我们能够想到其他的选择途径,我们就没有迷失方向;只要我们能够一起协商,一同计划,我们就有希望。我们有能力达到伟大导师们设想的那种人道境地。"③这种积极的理想主义和乐观主义,与法兰克福学派的其他成员在晚年对社会变化的前景弥漫着的一种悲观主义情绪形成了鲜明的对比。"霍克海默尔在晚年转到'祈求上苍'或'渴求彼岸世界'的宗教立场。阿多诺哀叹'除了绝望能拯救我们外,就毫无希望了'。"④马尔库塞提出:"社会批判理论并不拥有能在现在与未来之间架设桥梁的概念;它不作许

---

①　Erich Fromm, Man for himself: an inquiry into the psychology of ethics, London:Routledge & Kegan Paul,1947,p. 244.

②　Erich Fromm,The sane society,London:Routledge,1991,p. 247.

③　Erich Fromm,The sane society,London:Routledge,1991,p. 363.

④　欧力同、张伟:《法兰克福学派研究》,重庆出版社1990年版,第18页。

诺,不显示成功。"①而弗洛姆一生始终坚信,人能够依靠自身力量实现人的完善,也相信通过复兴人道主义,人类一定会建立一个以人的全面发展为目标的健全的人道主义的社会主义社会。

二、弗洛姆新人道主义伦理思想的局限

尽管弗洛姆的人道主义伦理学在现代西方伦理思想史上有其独特的理论贡献,在理论方法上也给我们留下了不少富有启发性的成果,但它仍然存在不少局限性:

首先,他的新人性论的不足之处在于,预设人性之善,并以此为标准对病态与常态作清晰的分野。按照通常的理解,人性善和人性恶的问题是对于人的行为动机的最高概括。性善论主张:人行善的动力和根据在人的本性之中,作恶只是环境的原因,并非出自人的本意。弗洛姆的人性论也具有这样的倾向。弗洛姆认为,《旧约》并没有提出人基本是堕落的主张。亚当和夏娃对上帝的不服从并没有称做罪恶,而且《旧约》中的看法是人有行善和作恶的能力,人必须在善和恶、福和祸、生与死之间作出选择。只是在后来的基督教中,亚当的不从才被当成罪恶。到文艺复兴时期,启蒙思想家们把人的邪恶看做是环境的结果,换言之,善被看做是人的本性,恶只是人性的异化。弗洛姆声明自己也是这一观点的拥护者。他提出,促进生命的善的潜能是"首要的潜能"、第一潜能;阻碍生命的恶的潜能是"第二潜能"。如果人成长和发展的环境符合人性的内在需要,人性的善就能够得到实现;如果生命正常发展的条件受到阻碍,受到阻碍的生命力就会转化为对生命自身的

---

① ［美］H.马尔库塞著:《单向度的人》,刘继译,上海译文出版社 1989 年版,第 231 页。

破坏。当然,弗洛姆相信人之性善,其意义是非常深刻的。他是为了社会进步,人心向上,勿使人自暴自弃,同时也是为了针砭时弊,改造社会,力图创造一个促使人全面发展的社会环境从而主张人性本善的。尽管如此,他把人性归结为善,本身就是一种绝对化的认识,是一种理论上的局限。实际上,人性的形成是一个发展变化的过程。人类的"整个历史也无非是人类本性的不断改变而已"。① 因此,在笔者看来,弗洛姆在说明了行善作恶有赖于条件之后,就不应当再抽象地谈论人性之善恶了。

其次,他的人格理论也有不少局限。其一,把人格与品格等同起来的做法是不当的。弗洛姆特别关注品格的内涵和作用,但他几乎没有把人格与品格作出具体的区分,甚至经常把二者等同起来。当然,弗洛姆看到了道德人格中包含道德品质的重要内容,尤其排除了心理学上的气质的内容,这是正确的,但他没有注意到二者的严格区别。一般而言,所谓道德人格,就是人格的道德规定性,是一个人做人的尊严、价值和品格的总和,是具有稳定性和确定性的内在价值原则和价值观念的主体。而道德品格,简言之,就是道德品质,"是一个人的一系列道德行为所表现出来的比较稳定的特征和倾向,它是个人的道德认识、道德情感、道德意识、道德信念和道德行为习惯等心理要素的表征"。② 道德人格与道德品质是两个相互联系又有所区别的概念。道德人格包含了一个人所有的道德品质。道德品质总是与具体的情境、关系、道德行为相联系,与道德实践活动的感性对象相联系,在此条件下需要这样的道德品质,在另一情境中则需要另一种道德品质,因而多种多样,随

---

① 《马克思恩格斯选集》第 1 卷,人民出版社 1995 年版,第 172 页。
② 唐凯麟:《伦理学》,高等教育出版社 2001 年版,第 185 页。

境而迁,在道德实践活动中得到丰富和发展。而道德人格则寓于道德品质之中,是贯穿于各种道德品质之中的同一规定性,它规定和支配着道德品质,是变动中的道德品质的同源体。"道德品质是道德人格的'流',而道德人格则是道德品质的'源',因此,我们不能用对'流'的把握来代替对'源'的揭示。"①其二,对于当代社会中病态人格类型的划分,也是一种从预先假定的心理状态出发、由逻辑推论得出来的。在他看来,回归和发展的方式是人为了达到与世界的和谐统一。以发展的方式求统一,就是发挥人的第一潜能改造世界,所以是创制型人格;而以回归的方式求统一,不是改造世界而是顺应世界,因而阻碍了人的潜能的发挥,所以是非创制型人格。这种顺应世界的方式可以有多种,或者是等待恩赐(接受型),或者是掠夺(剥削型),或者是守住已有的(囤积型),或者是把自己当成物进行交换(市场型)。以这种逻辑推理方法划分人格类型也是值得商榷的。有人认为对人格类型的划分应当采用归纳而不是演绎的方法,否则那些人格特征就不可能符合人们的实际。② 笔者认为,这种说法是有道理的。唐凯麟先生在他的《个体道德论》中,分别从静态和动态两个维度对各种实有的道德人格进行分类。静态维度的划分是:从道德人格对社会占主导地位的道德价值体系的角度可分为逆反型、认同型和超越型;从道德主体的为人处世的行为"风范"的角度可分为自私型、自尊型和超我型;从道德人格自身的完整和健康状况的角度可分为自我分

---

① 彭定光:《道德人格的再认识》,《湖南师范大学社会科学学报》1992 年第3 期。

② 参见张国珍:《现代西方伦理学批判研究》,湖南师范大学出版社 1992 年版,第 269 页。

裂型、自我平衡型和自我同一型。动态维度的划分是:从道德人格主体适应社会道德要求的主体性程度的角度可分为被动适应型、主动适应型和主动创造型;从道德人格的发展变化的方向的角度可分为反向变异型和正向变异型;从道德人格的自由度的角度可分为他律、自律和自由三大类型。① 相比较而言,这种从动态和静态方面对实有人格类型进行多层次划分的方法当然更加科学。

再次,道德更新论过于强调微观革命而忽视变革私有制的宏观革命,是其理论的致命弱点。一般而言,社会革命可分为宏观革命与微观革命。宏观革命是社会政治、经济的变革,它与政权的更替相联系;微观革命是人们道德观念、心理的革命,它不随政权的更替而立即更替。弗洛姆看到了微观革命的重要性,他的道德更新论试图通过剖析当代社会的弊端,对资本主义制度进行批判,达到更新人的道德观念、解放人的思想的目的。这种努力是值得肯定的。但是,他过分强调微观革命而忽视了变革私有制的宏观革命,因而有人把弗洛姆的人道主义的社会主义称为赫斯式的伦理社会主义,理由是赫斯的伦理社会主义的重要特征就是泛爱论:爱是新社会的基础。他主张反对阻碍实现这种社会主义社会的自私自利和利己主义,并拒绝采用武力和严峻的阶级斗争学说。他认为,社会主义的正当性是用道德观念来证明的。② 他们认为,弗洛姆的人道主义伦理学实际上继承和完成了赫斯所开始的工作——

---

① 参见唐凯麟:《个体道德论》,湖南师范大学出版社1993年版,第282—292页。

② 参见[英]D.麦克莱伦著:《青年黑格尔派与马克思》,夏威仪译,商务印书馆1992年版,第168页。

从斯宾诺莎主义出发,创立名副其实的爱的本体论哲学。① 同样,国内也有不少评论者在评论弗洛姆的爱的理论时,把它与费尔巴哈的"爱的宗教"联系在一起,认为这种爱的理论仅仅是一个可望而不可及的彼岸世界,只是哲学家的理想,他们常常引用恩格斯当年批判费尔巴哈的那段著名的话来批判弗洛姆:"这样一来,他的哲学中的最后一点革命性也消失了,留下的只是一句老调子:彼此相爱吧! 不分性别,不分等级地互相拥抱吧! ——大家都陶醉在和解中了!"②虽然本书对此看法不敢苟同③,但也知道这正是他忽视宏观革命和变革私有制所带来的误解所在,因而这也是他无法越出马克思的原因之一。

第三节　弗洛姆新人道主义伦理思想 在当代中国的现实价值

　　弗洛姆的新人道主义伦理思想是西方马克思主义伦理文化的优秀成果。虽然弗洛姆主要生活在西方资本主义国家,其活动的

---

　　①　参见侯才:《青年黑格尔派与马克思早期思想的发展》,中国社会科学出版社1994年版,第206页。

　　②　《马克思恩格斯选集》第4卷,人民出版社1995年版,第240页。

　　③　在弗洛姆伦理学说中,爱是一个重要概念。他认为,爱、理性、创制性和自由是人所具有的第一潜能,是创制型人格取向的组成部分,也是调节人与世界关系的伦理范畴,其性质是由创制型取向决定的。弗洛姆明确指出,没有哪一个字眼比"爱"更为模糊。其实,爱只是一种情感,但拥有爱的人所具有的人格不同,会产生不同的行为:有的行为具有破坏性,是恶的;有的行为具有创制性,是善的。所以,弗洛姆仅仅是把爱看成人的潜能和能力,他说:"除了努力积极发展你的全部个性,使之形成一种创制型人格倾向外,一切爱的尝试都是一定要失败的。"而且,培养创造性的爱只是塑造创制型人格的一个重要内容之一,必须纳入到改变现行社会制度的斗争中,最终是和总体革命紧密联系在一起的。

主要时期还是在 20 世纪 80 年代以前,但是弗洛姆的伦理思想并未过时。因为即使资本主义和社会主义两大制度有本质区别,而且国情和文化传统也不相同,然而,人类社会的历史进程具有自身的规律性;历史的规律常常通过相似的情境和发展进程体现出来。我国正处在全面建设小康社会、发展中国特色社会主义的初级阶段。我们的社会主义伦理文化建设与处在发展时期的资本主义伦理文化建设面临着较多的也较为相同的挑战。因此,弗洛姆伦理思想对我国当前的社会主义伦理文化建设具有重要的参考和借鉴意义。

一、帮助我们深化对"以人为本"原则的认识

人道主义是弗洛姆伦理思想的核心和主旨。他强调,任何社会都应该是人比物重要。在他看来,马克思尽管曾无情地批判过资产阶级人道主义的抽象性、虚伪性,但是马克思从来没有否定其积极意义,而是指出了它对人类社会进步的推动作用。马克思正是通过对资本主义社会"异化"导致的非人化现象的深刻揭露,展示了自己的理论中蕴涵的极为深刻的人道主义思想,从而表明了马克思主义的人道主义与西方传统的人道主义之间的关系:置于科学批判基础上的积极的扬弃。马克思的观点是,社会发展的终极目的是以人为本的发展,是实现人的全面解放。从某种意义上说,社会主义的起因之一就是对社会上不人道现象的反抗。因此,马克思强调重视人的尊严、基本权利及道德的力量,并置丁极为重要的位置,认为这是社会发展过程中所要解决的核心问题。

从我国的历史情况来看,封建统治长达数千年。在这种社会结构中,人的尊严、权利、行为及道德准则并没有得到真正意义上的认知,其价值取向也是扭曲的。虽然诸子百家学说从不同的角

度阐释着人的价值和尊严，但是时代的束缚使人无法摆脱对人道认知的局限性，难以在真正意义上倡导人道主义思想的价值。1949—1978 年间，由于片面强调阶级斗争，人道主义成了禁区，尤其是"文化大革命"中，将人道主义等同于资本主义，用阶级斗争的理论摧残一切文化、一切文明成为一种时髦，大量非人道的行为在阶级专政的旗帜下得到了认同，道德失去平衡，伦理变为真空。这种做法对社会主义精神文明的建设进程造成了极为不利的影响。

中国共产党在十六届三中全会通过的《中共中央关于完善社会主义市场经济若干问题的决定》中，提出了以"以人为本"为核心的"科学发展观"，这是一个突破性的历史贡献。人的全面发展是马克思主义的一个极其重要的价值目标，即使在社会主义初级阶段，也应该坚持不懈地追求人的全面发展。所以，"以人为本"原则的提出赋予了人的全面发展的时代内涵，这是我们党坚持解放思想、实事求是的思想路线取得的一个重要理论成果。第一，人的全面发展是指人的能力、素质、独特个性、社会关系等诸方面得到自由而充分地发展。党的十六大报告指出：人的全面发展应该是四个素质的提高和进步，即人的思想道德素质、科学文化素质、身体素质和审美素质的全面提高和进步。第二，人的全面发展与社会发展是同一过程的两个方面。首先，人的全面发展是社会经济文化发展的前提。人是历史活动的主体，是一切物质财富和精神财富的创造者，社会经济文化的全面发展，物质财富的创造，人民生活水平的提高，从根本上说都离不开人的全面发展。其次，人的全面发展只有在全面发展的社会中才能实现。第三，坚持以人为本，促进人的全面发展，同坚持以经济建设为中心是内在的统一。以人为本是发展的目的，以经济建设为中心是达到这个目的的手段。社会经济的发展、社会生产力的提高，是实现人类社会进步最基本的动力。总之，"以人为本"强调的是人的利益高于一切，尊重人的尊严和权利，强调人的全面发展与科学发展。

应当说，弗洛姆的新人道主义伦理思想和以人为本的原则，在社会发展、社会价值、社会职责上有着共同的理论品质。新人道主义和以人为本在对社会经济发展的要求上具有高度的同一性；二者的理念与准则，都是以人为基本出发点，主张全面认同人的价值、尊严和权利；视每个人的自由、平等、全面发展为最高目标；都是要尊重人、关心人，把人放在中心位置，施之以爱；强调了人性基础上的最基本的道德品质。

弗洛姆的新人道主义伦理思想具有强烈的理想性和批判性，强调人的潜能的实现，论证了人的利益、需要的正当性，主张"自爱"与"他爱"的统一，社会发展与个人发展的统一。它以主体、理性作为考察人的问题的方法论尺度，以人道反对权威，为新的社会制度的诞生而壮行助威，因而对权威的盛行进行了彻底的批判。这些思想可以帮助我们深化对"以人为本"原则的认识，因此也是我们可以借鉴吸收的优秀成分。当然，我们的社会与资本主义社会在性质上完全不同。在社会主义社会中，以人为本和人道主义与社会发展的要求在本质上是一致的。不过，这一本质上的一致并不排除在实际发展过程中还存在着这样那样的不协调，二者之间存在着一些不一致的地方。但是，社会主义社会的性质决定了我们既可以重视人的发展，把人的发展当做根本，同时又能够重视社会的发展，重视社会各方面的发展和完善，最终为人的发展创造有利条件。

二、对解决当代中国若干道德建设问题的启示

弗洛姆新人道主义伦理思想不仅在总体上能深化我们对"以

人为本"总原则的认识，同时在对当代中国主体性人格建构、个人品德建设、社会主义制度伦理建设等问题上具有重要的参考价值。

1. 对当代中国主体性人格建构和个人品德建设的参考价值

当今中国进入有史以来经济最为辉煌、物质财富最为丰富的时代。然而，贫困了数千年的国人在经济迅猛发展的时代，就像当年的"政治挂帅"一样，又走向了"经济挂帅"。利益标准、物化机制、交换原则渗透到一切非经济领域。拜金主义、享乐主义和利己主义得以滋生和蔓延。人们在物质财富的强烈刺激下，贪婪地追逐财富、地位、名利。然而这些"心理欲望"永无满足之时，人们在物欲面前失去了自我，失去了精神家园和依托。总之，经济的飞速发展，带来了种种负面效应；文明创造了激增的物质财富，却造就了可怕的精神危机。在 20 世纪 80 年代初，我国理论界开展了一场轰轰烈烈的关于异化与人道主义问题的大讨论。对于异化问题，当时主要有两种针锋相对的观点：一种观点认为社会主义存在异化，持这种观点的人在当时也有偏颇之处，他们有把异化概念泛化、永恒化的倾向；另一种观点认为社会主义不存在异化，持这种观点的人主要运用马克思关于异化的理论，对那种认为社会主义存在异化的思想进行了尖锐的批评与反驳，讨论的最后结果以社会主义不存在异化而收场。但是，不可否认也不容忽视的是，在我国现阶段存在着弗洛姆曾经猛烈批判的病态人格的类似表现。我们应当正确理解和对待这一问题。

弗洛姆以资本主义社会全面异化和人格病态的事实告诉我们：资本主义社会虽然生产力发达、物质富裕、科技进步，但却是一个不健全的社会，社会的总体异化使人性扭曲和人格病态。因此，一个理想的健全社会不仅仅是物质丰富的社会，更应该是人的全面发展的社会。衡量社会进步的标准是人的发展，生产力的发展为人的发展创造条件。他的理论还说明,发展虽然以物质财富的增加为基础,但只有当生产的目的不是为了满足资本追求利润的需要而是最大限度地满足人们的基本生活需要时,物质文明才能真正服从和服务于人的发展的需要,人类才能从人性异化和重占有的生活方式中解放出来;而且真正意义的发展至少应该包括物质文明和精神文明两个向度。因此,在我国建设社会主义现代化,全面实现小康社会的进程中,我们可以借鉴弗洛姆对总体异化的批判理论,汲取西方发达资本主义国家的教训。目前,对于全面建设小康社会、加快推进社会主义现代化,发展具有决定性意义。因此,我们必须以经济建设为中心,坚持聚精会神搞建设、一心一意谋发展,不断解放和发展社会生产力,实现国民经济又好又快地发展,为建设中国特色社会主义打下坚实基础,为促进人格的健康成长和人的全面发展创造条件。但是,在发展的过程中,我们必须转变发展观念,清除西方的畸形发展观对我们的不良影响,纠正那种不考虑人民群众的需要、利益和发展而片面追求经济增长的错误倾向,明确促进人的全面发展是社会主义的本质要求,坚决抵制重占有的生活方式,确立起符合人的真实需要的伦理规范,追求以人的充分、自由、全面发展为目的的物质享受与精神享受并重的均衡发展。只有在高度发展生产力的同时,注重人的进步与人的全面发展,避免重蹈资本主义社会的覆辙,我们才能真正建设小康社会,早日实现健全的社会。

　　当然,人的全面发展,最重要的就是主体性人格的建构,因为不管何种社会制度、何种社会模式,也不管社会发展到哪个阶段,其落脚点都在社会主体上。在马克思看来,人的主体性、人的自由的内涵的最主要成分就是创造性。按照马克思的思想,在人们拥有了理性与自由后,在进行了具体的、现实的、实践的改造后,也即人们在社会制度、人的精神状态方面发生了革命性变化后,就应在不受限制和压抑的状态下进行创造性活动,这时的人类社会就进入了真正的人的社会,人的史前史也就真正结束了。而这时的人是真正主体意义上的人,是摆脱了社会对人的束缚的人。弗洛姆的人格理论正是继承了马克思关于人的创造性的思想,高扬着人的主体性。他提出,理想的人格目标就是创制型人格的实现,创制性最重要的是创造人自己,使自己成为一个具有自由自主能力、具备创制性的爱、创造性的思维和创制性的行动的人。道德关注的主要问题就是人的创制性。弗洛姆不仅倡导创造性对于社会和社会成员的重要意义,在批判异化社会的时候也批判了社会对人的创造性的压抑和扼杀,因而他的这些思想是值得我们充分肯定的。可以说,他的创制型人格与我们提倡的主体性人格有异曲同工之妙。

回顾我们以往对人的研究,可以说不同程度地忽略了对人的主体性问题的研究,以至于导致了人的主体地位的缺失。在天与人的关系上,一提人的主体性,就容易联想到贬低自然的"人类中心主义";在人与社会的关系上,一提人的主体性,就容易将它与个人利益置于社会利益之上的个人主义联系起来;在人与人的关系上,一提人的主体性,就似乎被理解为缺失道德、缺失公正的自私自利。实际上,主体性人格强调的正是人的自主性、能动性和创造性,它的反面是依附的、奴性的、缺乏主体性的道德人格。И. С. 科恩说:"人格作为主体性的体现,早已被认为是同创造、精神修养和克服时间地点的限制分不开的,而无人格则总是同消极被动、不自由、心胸狭隘和没有尊严联系在一起的。"①反思当今中国社

---

① ［苏联］И. С. 科恩著:《自我论》,佟景韩译,三联书店1988年版,第47页。

会的人格现状,应该说,主体性人格的缺失也是较为严重的。究其原因,中国曾经是几千年封建专制的国家,因为专制制度的唯一原则就是轻视人类,使人不成其为人。统治者对人民实行的经济压榨、思想钳制、精神禁锢、个性贬抑,致使广大民众人格扭曲、人性萎缩、主体性沉沦。不容否认的是,即使在1949年后,由于"左"的错误思潮的影响和传统社会主义模式的束缚,我们的马克思主义研究和社会主义实践中曾经出现过忽视人民群众的物质文化需要和自由民主权利,压抑社会成员的积极性、能动性、主体性和创造性的严重弊端。因此,我们必须重视主体性人格的培养和塑造。事实上,主体性人格的提出也是当今"以改革创新为核心"的时代精神的重要体现,它对当代中国建设有着十分重要的意义:首先,主体性人格的生成和确立,具有彻底消解与根绝封建专制主义、推进社会主义民主制度建设与完善的历史责任。其次,建设中国特色社会主义的伟大事业是一项前无古人的创造性事业,只有切实培养和塑造主体性人格,才能真正坚持解放思想、实事求是、与时俱进,大力弘扬以改革创新为核心的时代精神,才能真正使全体人民发扬主人翁的精神,大力推进社会主义的建设事业。再次,实现社会主义现代化是当今中国的首要任务,而与这一进程相伴随的是不容忽视的物化和类似异化的现象。因此,主体性道德人格建设也担负着超越物化、克服异化的重任。

当代中国处于一个伟大的变革时代,这为人的主体性人格的培养和塑造提供了重要的条件。然而,主体性人格并不会必然在社会中生成,它是社会环境的影响和塑造以及个人在同化和社会化过程中的自我选择和自我完善共同作用的结果,所以我们应当从社会和个人两个方面同时进行人格建设。正如弗洛姆的观点,社会完善和个体的自我实现是形成健全人格的必不可少的两大支柱。主体性人格的培养首先离不开社会道德环境的整治和优化，因为良好的社会道德环境能够为主体性人格功能的发挥提供广阔天地，而且对主体性人格的塑造有一种强有力的推动作用。因此，培养主体性人格，必须优化社会环境，建立公正合理的社会政治经济制度，在制度安排和道德建设两个方面加强正确的价值引导；必须优化舆论环境，形成优良的社会道德风尚；必须完善社会抑恶扬善机制，做到赏罚分明；必须树立道德榜样，学习道德楷模。从个人方面而言，一切外因都必须通过内因起作用，所以加强主体性道德人格的塑造必须重视个体道德品质建设，加强自主建构。

从根本上来说，弗洛姆的人格理论和个体自我完善论实质上就是一种人的道德品质形成、发展及其所反映的人的价值关系的社会心理学分析理论，这一理论对于人的道德品质的形成与社会文化的客观联系和相互能动作用等问题的分析，是值得我们重视的。个体道德品质的形成，是社会道德建设的重中之重，也是社会道德建设的出发点和归宿。换言之，个体道德的建设是社会道德建设的基石，社会道德建设的根本和关键就在于把社会的道德规范最终转化为社会成员个人的道德品质和行为，最终塑造出理想的道德人格。党的十七大报告在加强社会公德、职业道德和家庭美德的基础上，明确提出了个人品德建设的问题，这是为社会主义道德理论体系建设增添的新内容。虽然以前我们的道德建设也会提出个体道德建设的问题，但是总的来说，先前的伦理学理论较少关注个体道德，或多或少地忽视了个体道德的研究。而现在，个体道德与个人品德建设的突出，将会由重社会道德建构转向社会道德建构与个体道德建设并重；由重道德反映客观社会规律方面的理论探索，转向对包括个体道德内在心理机制的共同关注；由重社会本位转向社会与个体之间的关系相统一。所以，当前进行个人品德建设研究,可以借鉴弗洛姆关于道德人格完善的理论和其他心理学的研究成果,加强道德心理学研究,同时以正确的价值规范引导个体道德品质的形成,发挥道德主体的作用,重视对主体、对个体的存在意义、个体何以守德、个体怎样守德的研究,并且把个人的品德建设最终落实在个人的道德实践和道德完善方面,使道德主体在道德认知、道德情感、道德意志、道德信念等方面得到全面发展,最终引导主体的道德实践。重视个人品德的建设和个体道德人格的塑造,有助于唤起个体的道德主体性,也有助于公民勇于承担道德选择的责任。

　　尽管社会主义个人品德的建设和社会主义道德人格的塑造与弗洛姆所提出的理想人格目标是一致的,都是为了人的自由全面的发展,为了人的解放。但是,现阶段我们进行个人品德建设提倡的价值导向与其他国家的价值导向有所不同。在美国这样的多元文化和多种宗教并存的社会中,也在倡导建立一套代表美国精神的一致性的核心价值观。1996 年,美国总统克林顿在对全国的演讲中,要求在公立学校中推行品格教育。他说:"我要求我们所有的学校都要进行品格教育,讲授良好的价值观和进行良好的公民教育。"①美国教学视导和课程研究协会建立了一个有关品格教育的特别工作小组;一些州采取立法的形式,要求在公立学校中开设以价值观为核心的品格教育课。同样,我们在加强个人品德建设时,也应当旗帜鲜明地坚持社会主义的核心价值体系。包括以马克思主义的指导地位,中国特色社会主义共同理想,以爱国主义为核心的民族精神和以改革创新为核心的时代精神,社会主义荣辱

---

　　①　转引自杨韶刚:《从道德相对主义到核心价值观》,《教育研究》2004 年第1 期。

观等为基本内容的这一核心价值体系，集中体现了社会主义意识形态的性质和方向，是社会主义思想道德建设的理论基础。它对于社会主义个人品德建设具有不可替代的重要作用，是社会对个人提出的普遍价值要求，为个人加强自身道德修养、锤炼优良道德品质指明了努力的方向。

2. 弗洛姆的道德变革理论对社会主义制度伦理建设的重要意义

弗洛姆的道德变革理论最突出的贡献就是看到了社会制度对人的决定作用，因此，他主张一切制度都应当以人为本，有利于实现人的全面发展和人格的完善，这是社会制度的价值目标。他的道德变革理论实际上就是反思社会制度道德与否的成果。他提出，在社会生活中，人是主体也是根本，如果人出现了问题，产生了精神疾病，就说明这个社会有问题，患了重病。只有治理好社会问题，才能从根本上解决好人的问题。因此，他提出，应通过社会制度的改革，使人的创制性得到充分展现。虽然他的道德变革理论含有较多的理想成分，在资本主义制度下只是一种美好的乌托邦，但它着眼于制度的伦理变革来考察理想人格的观点，对社会主义制度伦理建设具有普遍价值。

我们知道，社会主义作为对前社会主义尤其是资本主义的否定，理应将人类文明推向前进，然而苏联及东欧各社会主义国家政权却相继垮台，这些情况应当引起我们的重视。

恩格斯指出，只有社会主义革命的胜利，社会主义制度的建立，才揭开了"真正人"的发展的历史序幕，才开始了"人类从必然王国进入自由王国的飞跃"。① 的确，社会主义社会是共产主义的

---

① 参见《马克思恩格斯选集》第3卷，人民出版社1995年版，第758页。

第一阶段,是人的自主性彻底解放的开始。注重人的自由全面的发展,努力调动社会成员的积极性、主动性和创造性,促进人的解放,不仅应当是社会主义社会的价值目标,而且应当是社会主义社会制度安排①的内在要求。

邓小平同志曾明确指出,制度问题是带有根本性、全局性、稳定性和长期性的问题,"制度好可以使坏人无法任意横行,制度不好可以使好人无法充分做好事,甚至会走向反面"②。的确,"制度是否适度,是其他所有社会规则是否适度的前提;制度是否道德,决定了社会是否道德和人的生活是否道德。"③J. 罗尔斯对此也曾有十分精彩的阐述:"公正是社会制度的首要价值。离开制度的公正性来谈个人道德的修养和完善,甚至对个人提出严格的道德要求,那么,即使本人真诚相信和努力奉行这些要求,充其量也只是充当一个牧师的角色而已。"④尼布尔也有类似的论述,他在《道德的人和不道德的社会》中指出,造成社会道德"失范"的主要原因不在于个人的品德修养,而是制度本身的正当性出现了问题,引起了社会成员的怀疑乃至否定。

---

①　制度安排是社会根据需要为人们的各种活动设计、制定、供给一定的正式规则,如政策政令、法律规范、条例纪律等。同时,制度安排也包括对这些规则的运作程序或操作方法的设定。制度安排之所以影响人的行为选择,是因为任何正式规则都内含对行为人的权利和义务进行划分或分配的内容,任何正式规则都以某种社会强制力为保障。正是这两点,构成了制度所具有的社会赏罚或激励功能,使不遵守制度规定的权利义务伦理的行为者得不到利益并且受惩,使按制度行事的行为者得到应得的利益或至少不吃亏,从而起到为大众行为导向的目的。

②　邓小平:《邓小平文选》第二卷,人民出版社1983年版,第333页。

③　唐代兴:《公正伦理与制度道德》,人民出版社2003年版,《前言》第4页。

④　[美]J. 罗尔斯著:《正义论》,何怀宏等译,中国社会科学出版社1988年版,第22页。

　　社会主义制度本身也有一个不断发展和完善的过程。随着市场经济的不断深化,各种经济成分并存发展,社会利益发生分化,原有的经济模式和政治体制的弊端也充分暴露出来,就会导致偏离价值目标的现象。例如,邓小平同志就曾指出:"从党和国家的领导制度、干部制度方面来说,主要的弊端就是官僚主义现象,权力集中的现象,家长制现象,干部领导职务终身制现象和形形色色的特权现象。"①所以,就社会主义制度而言,并不能因为我们赋予了它先天的优越性和合理性而不加追问和质疑,而是应当从以人为本和人的全面发展这一价值目标出发,对社会主义制度的发展和完善进行伦理分析并加强制度伦理建设。

　　如何在制度设计中落实伦理道德?人们通常沿着两种不同的思维路向——制度的伦理化与伦理的制度化,去解析和建构制度与伦理之间的关系。前者重在对制度本身进行道德上的评判和矫正,强调制度本身的伦理性、合道德性,通过内容的建构促使伦理原则和道德观念在制度中的渗透与落实;后者强调将社会倡导、公众认可的道德规范转变成为具有强制效力的制度。相比较而言,制度的伦理化更应当成为目前我国制度变革与制度创新的首要选择。

　　制度的伦理化要求制度体现"以人为本"的原则,即制度的价值、理念和原则应该以人为本,制度的建构、安排和运行以现实的人为中心,充分肯定和尊重人的价值、尊严、权利等,真正促进人的自由全面的发展。这种制度的伦理化应该体现在两个方面:首先,是公平的制度,或者是符合绝大多数人的利益的制度。"以人为本"的制度必须是能够充分满足绝大多数人的利益,尤其是物质

――――――――

　　①　邓小平:《邓小平文选》第二卷,人民出版社1994年版,第327页。

利益需求的制度。其次,是有效的制度。制度的有效性,意味着其"激励—约束"机制的有效性。有效的制度应当是奖惩分明的制度,只有如此,才能最大限度地调动人的积极性、主动性和创造性,进而发展人的主体性。总之,制度是为人而存在的,人是制度的最高目的和最高价值,离开了人及其发展,制度就失去了存在的价值和意义。因此,制度的建立与选择、变革与创新是否与人的发展目标即人的全面而自由的发展相一致,应当成为制度评价的标准。

　　具体而言,为了达到以人为本、以人为目的的价值目标,在经济领域,我们必须自觉防范弗洛姆曾指出的片面强调经济发展而导致的各种异化现象。可以说,私有制必定导致剥削或经济异化,因而造成经济不公;只有公有制、共产主义才可能消灭剥削或经济异化,从而实现经济公正。目前我们发展的是社会主义市场经济,虽然我们同样要遵循现代市场经济的共同属性和一般规律,但是,社会主义市场经济是同社会主义基本制度和社会主义精神文明结合在一起的,它要体现社会主义基本制度的要求,充分发挥社会主义公有制的优越性。因此,如何让大众以道德的方式追求自身利益的最大化,努力克服市场经济所诱发的个体本位、为己取向、功利至上等消极道德现象,真正消除片面强调经济建设所带来的严重的弊端:企业利欲熏心,商人良知尽失,教师丧失师德,医生丧失医德等现象。尤其是不能放任为追求经济利益,而大量制造出大头娃娃、三聚氰胺、苏丹红、含砒霜的饮水、黑心棉、地沟油、毒米、假烟假酒假广告等现象和事件。这是政府应当特别关注的问题,因为这不是社会教育所能做到的,而需要通过制度安排才能生效。出现这种严重的社会道德危机的现象,说明我国目前的道德建设状况不容乐观,主要原因不在于道德教育的不到位,而是制度安排存在问题。我们不仅应当加强法律制度和监督制度的建设,同时必须加强生产领域、分配领域、消费领域等方面的伦理安排和道德评价,明确经济领域的伦理规范,确立以人的充分、自由、全面发展为目的的生产、分配、消费伦理规范,将生产、分配和消费引向科学、健康发展的轨道。

与此同时,在政治领域也同样应当警觉民主制度的异化和非理性权威盛行而造成的被动依附型人格现象。社会主义制度的建立,确立了人民民主专政的国家制度,确保了广大群众享有广泛的民主权利,为民主政治开辟了广阔的道路。民主政治体现了人民当家做主的权利。"社会主义不仅是人民民主专政,同样也需要民主制度与民主精神。"①社会主义民主制度的确立和政治民主化,是社会主义道德主体生成的重要条件。社会主义民主赋予了人民前所未有的自由和平等的权利,并为这些权利提供了广泛而现实的政治的、经济的保障。然而,由于我国的社会主义实践的时间还不长,传统的封建专制思想残余尚未肃清,又由于"左"的路线的干扰,政治民主化的进程始终充满曲折。造成几千年中华民族深重灾难的封建独裁专制和官本位,仍是造成腐败之风盛行的原因,这不仅会严重影响国家政治经济的稳定,同时也造成了对个人的自身价值和民主意识的压抑。这种独裁和权力对权利的践踏,导致以"民主选举、民主决策、民主管理、民主监督"为主要内容的人民民主权利难以实现。即使当前有规范化、制度化的民主选举,由于缺乏切实有效的运行机制,没有实际措施和制度保障,民主决策、民主管理和民主监督也与民主选举严重脱节,形同虚设。政府对于此种现象应当高度重视,公民参政议政的措施和个人参政议政的责任心等都是当前不容忽视的问题。因此,真正做

---

① 唐凯麟:《伦理大思路》,湖南人民出版社2000年版,第501页。

到"扩大社会主义民主,更好保障人民权益和社会公平正义"是我
国当前民主政治制度安排的重要任务。

　　在教育领域,如何警觉和避免教育异化状况,也是我们的教育
制度安排应当重视的问题。教育制度尤其是学校教育制度的建
立,是社会教育理想以及社会对劳动者的整体要求得以付诸教育
实践的基本保证。虽然任何国家的教育制度的确立,都必须同时
考虑两个因素并预设两个目标,即"教育既要培养普遍知识劳动
者,又要为开发科技生产力而培养与造就新型科技人才"。① 然
而,教育制度最根本的却是培养全面发展的人,全面发展是"作为
目的的本身的人类能力的发展"。人的能力主要包括三个方面:
劳动能力,主要是体力和智力的发展;道德素质和审美能力;潜在
能力,主要表现为人类特有的感觉、思维能力、情感意志和体力等。
然而,现阶段我国教育制度存在着违背这一目标的现象。《中国
教育改革和发展纲要》(以下简称为《纲要》)明确提出:基础教育
应把重点放在提高儿童和青少年的思想道德水平、文化科学知识、
劳动技能、身体和心理素质上来。要通过深化教学改革以及推进
小学毕业生就近入学、初中毕业生升学考试、高中会考和高考制度
等改革,切实减轻学生过重的学习负担,使学生在德、智、体等方面
生动活泼地得到发展,为将来进入社会和继续学习打下良好的坚
实的基础。很明显,《纲要》提出教育的目的就是培养全面发展的
学生,然而,"读死书、死读书"的现行应试教育并没有因为《纲要》
的下发而停止,反而愈演愈烈,对学生的全面发展造成了严重的影
响。当然,如果全面发展的目标仅仅停留在提倡和下文件的层次,
它必定是难以推行的,最重要的是改革现行教育体制,这是摆在我

---

　　① 唐代兴:《公正伦理与制度道德》,人民出版社 2003 年版,第 133 页。

们面前最为严峻的任务。另外,教育资源分布的不均衡、教育机会的不均等,都是现行教育领域突出的问题。针对这些情况,我们应当加强教育制度的伦理建设,确立公正合理的教育制度,不仅关注个体的教育权利的实现,同时强调以人为目的的教育制度评价标准。"只有教育制度本身是公正、合理的,才能够产生规范、有序的教育行为;只有教育制度是善的、体现伦理精神的,才能够塑造道德的、以人为本的教育环境。"①

在我国现代科技发展的进程中,科技制度的伦理缺失最为突出的问题就是科技制度目标的单一经济效益导向。这种单一价值取向的结果便是我国在环境、资源问题及网络等方面出现的严重问题。环境的恶化有目共睹,资源的枯竭触目惊心,人工授精、试管婴儿等生物技术引发了诸多伦理道德困惑;网络化生存方式造成人际关系的疏远与隔离,不少网民尤其是部分青少年的网瘾愈演愈烈……种种现象随着科技的迅速发展而变得更加明显。我们的社会出现了与科技异化类似的现象甚至还有更严重的趋势。对此,我们应当加强科技制度伦理建设。科学技术和工业社会的目标是以人为本,为人服务,必须作为价值的最终目标的是人而不是技术。社会主义科技制度伦理的建设应当明确这一价值目标,在科技政策制定活动中遵循这一价值理念和伦理准则,并且在这种理念和准则的指导下开展制度实践——进行伦理决策、制定伦理规则、实施伦理控制等理论与实践相结合的活动,以实现科学技术的可持续发展。

当然,现实社会中个人的发展与制度安排如何才能达到共生

---

① 郅庭瑾:《教育管理制度伦理问题研究》,《华东师范大学学报》(教育科学版)2006年第4期。

共荣的境界,是千百年来思想家们一直探索的理论难题。像弗洛姆一样,很多哲学家不惜花费一生的时间和精力,试图为人类探索一条通向自由、繁华、平等的人类大同世界的道路。他们希望在这个世界上,消灭了国家、政党、种族、团体的纷争,没有国界、没有人生依附,克服了异化,人的本质得到充分实现,人成为真正自由全面发展的人。但是,由于时代的局限,他们的理想均无法实现。只有在社会主义条件下,人的发展才能与制度的建设相统一,因为社会主义制度的最终目标和最高价值就是人的全面发展,这是科学社会主义一直以来所确立的目标,也是中国共产党自创立以来所追求的目标。不过,对于实现人的全面发展这一目标,任何一种努力都不是万能的,需要各个方面的协同作用,即通过社会主义制度安排、道德建设以及道德主体共同作用才能最终达到。因此,我们只有做到确立各项公正合理的制度,建立和完善社会主义思想道德体系,加强社会主义道德教育,大力加强个人品德建设,才能真正为全面建设小康社会、构建社会主义和谐社会服务,从而真正做到以人为本,促进社会全体成员的自由全面的发展。

参 考 文 献

一、期刊论文

1. ［奥］E.海因茨著:《弗洛姆的人道主义伦理学》,燕宏远译,《哲学译丛》1981 年第 4 期,原载于奥地利《科学与世界图景》杂志 1979 年第 4 号。

2. 侯才:《有关"异化"概念的几点辨析》,《哲学研究》2001 年第 10 期。

3. 韩庆祥:《马克思的人的全面发展涵义之商榷》,《哲学研究》1990 年第 6 期。

4. 韩庆祥:《"当代人类发展与中国人学研究"笔谈》,《中国社会科学》1998 年第 1 期。

5. ［美］霍尔、林德载、沃尔曼著:《新弗洛伊德主义学派的人格(个性)理论》,胡寄南译,《国外社会科学文摘》1961 年第 11 期。

6. 孔文清:《自由:积极的还是消极的?》,《华东师范大学学报》(哲学社会科学版)2006 年第 1 期。

7. 卡维波:《"期待另一个弗洛姆"》,初稿原载于台湾《当代》杂志 1991 年 1 月第 57 期。

8. 彭定光:《论道德人格的完善》,《道德与文明》1992 年第 2 期。

9. 彭定光:《道德人格的再认识》,《湖南师范大学社会科学学报》1992 年第 3 期。

10. 彭升、彭放珍、曾山金:《道德人格内涵新析》,《现代大学教育》2003 年第 2 期。

11.《十年来哲学发展的简单回顾》,《光明日报》1988 年 12 月 12 日。

12. 唐凯麟:《道德人格论》,《求索》1994 年第 5 期。

13. 万俊人:《弗洛姆的品格学及其伦理意义》,《江汉论坛》1989 年第 7 期。

14. 王守昌:《当代西方资产阶级哲学人物评介(五)——法兰克福学派精神分析学家弗洛姆》,《湘潭大学社会科学学报》1981 年第 3 期。

15. 王雨辰:《略论弗洛姆对马克思主义哲学的人学解读》,《武汉大学学报》(人文科学版)2005 年第 3 期。

16. 杨韶刚:《从道德相对主义到核心价值观》,《教育研究》2004 年第 1 期。

17. 俞吾金:《当代哲学关于人的问题的新思考》,《人文杂志》2002 年第 1 期。

18. 张国珍:《论弗洛姆的社会性格概念》,《湖南师范大学学报》1988 年第 3 期。

19. 郅庭瑾:《教育管理制度伦理问题研究》,《华东师范大学学报》(教育科学版)2006 年第 4 期。

20. Edgar Z. Friedenberg, Neo-Freudianism & Erich Fromm Commentary: A Jewish Review 34, 1962.

21. John Rickert, The Fromm—Marcus Debate Revisited, Theory and Society, 1986, 15.

22. Neil Mclaughlin, Origin Myths in the Sciences: Fromm, the

Frankfurt School and the Emergence of Critical Theory. Canadian Journal Sociology, 1999, 24 (1).

23. Robert Antonio, Immanent Critique as the Core of Critical Theory: Its Origins and Development in Hegel, Marx and Contemporary Thought, British Journal of Sociology Volume 32 Number 3 September 1981.

24. Valentina Harrell, Erich Fromm's Productivity, Journal of the American Academy of Psychoanalysis & Dynamic Psychiatry, Spring 2005, Vol. 33 Issue 1.

25. Gerald A. Ehrenreich, Erich Fromm = Humanist of the Year −1966, The Humanist, Ohio (American Humanist Association), Vol. 26 (July/August 1966).

26. Rainer Funk, Psychoanalysis and Human Values, International Forum of Psychoanalysis, Oslo (Scandinavian University Press) Vol. 11 (No. 1, March 2002).

27. Alfons Auer and Erich Fromm, Can There Be Ethics without Religiousness? Fromm Forum (English edition), Tubingen (Selbstverlag), No. 3 (1999).

二、著作

(一)经典著作及讲话等

1.《马克思恩格斯选集》(1—4 卷),人民出版社 1995 年版。

2.《马克思恩格斯全集》第 42 卷,人民出版社 1979 年版。

3. 马克思:《资本论》第 1 卷,人民出版社 2004 年版。

4.《马克思恩格斯全集》第 25 卷,人民出版社 1974 年版。

5. 马克思:《1844 年经济学哲学手稿》,人民出版社 2000

年版。

6. 邓小平:《邓小平文选》(1—3 卷),人民出版社 1993—1994 年版。

7. 胡锦涛:《高举中国特色社会主义伟大旗帜　为夺取全面建设小康社会新胜利而奋斗》,人民出版社 2007 年版。

8.《建设社会主义核心价值体系》编写组:《建设社会主义核心价值体系》,学习出版社 2007 年版。

(二)中文专著

1. 车文博:《人本主义心理学》,浙江教育出版社 2003 年版。

2. 车文博:《弗洛伊德主义原著选辑》,辽宁人民出版社 1989 年版。

3. 陈学明:《西方马克思主义教程》,高等教育出版社 2001 年版。

4. 陈学明:《弗洛伊德的马克思主义》,辽宁人民出版社 1989 年版。

5. 陈学明、吴松、远东主编:《痛苦中的安乐:马尔库塞、弗洛姆论消费主义》,云南人民出版社 1998 年版。

6. 陈学明、吴松、远东主编:《爱是一门艺术:弗洛姆、马尔库塞论爱情》,云南人民出版社 1998 年版。

7. 陈振明:《法兰克福学派与科学技术哲学》,中国人民大学出版社 1992 年版。

8. 陈秀容:《佛洛姆的政治思想》,台北三民书局 1992 年版。

9. 陈秀容:《佛洛姆的人本主义》,台北唐山出版社 1992 年版。

10. 陈国强:《简明文化人类学词典》,浙江人民出版社 1990 年版。

11. 崔宜明:《道德哲学引论》,上海人民出版社 2006 年版。

12. 复旦大学哲学系现代西方哲学研究室编译:《西方学者论〈1844 年经济学—哲学手稿〉》,复旦大学出版社 1983 年版。

13. 高亮华:《人文主义视野中的技术》,中国社会科学出版社 1996 年版。

14. 顾明远:《教育大辞典》,上海教育出版社 1990 年版。

15. 郭永玉:《孤立无援的现代人:弗洛姆的人本精神分析》,湖北教育出版社 1999 年版。

16. 侯才:《青年黑格尔派与马克思早期思想的发展》,中国社会科学出版社 1994 年版。

17. 江天骥:《法兰克福学派——批判的社会理论》,上海人民出版社 1981 年版。

18. 江怡:《走向新世纪的西方哲学》,中国社会科学出版社 1998 年版。

19. 刘放桐等编:《现代西方哲学》(修订本),人民出版社 1981 年版。

20. 刘军宁等:《市场社会与公共秩序》,三联书店 1996 年版。

21. 罗国杰:《人道主义思想论库》,华夏出版社 1993 年版。

22. 汝信:《论青年黑格尔的异化理论的形成和发展》,载《论康德黑格尔哲学》,上海人民出版社 1981 年版。

23. 宋希仁:《伦理的探索》,河南人民出版社 2003 年版。

24. 宋希仁:《当代外国伦理思想》,中国人民大学出版社 2000 年版。

25. 沈恒炎、燕宏远主编:《国外学者论人和人道主义》(第一辑),社会科学文献出版社 1991 年版。

26. 沈恒炎、燕宏远主编:《国外学者论人和人道主义》(第二辑），社会科学文献出版社 1991 年版。

27. 沈恒炎、燕宏远主编:《国外学者论人和人道主义》(第三辑)，社会科学文献出版社 1991 年版。

28. 石毓彬等编:《当代西方著名哲学家评传》(第四卷):道德哲学，山东人民出版社 1996 年版。

29. 石毓彬、杨远:《二十世纪西方伦理学》，湖北人民出版社 1986 年版。

30. 唐凯麟:《伦理学》，高等教育出版社 2001 年版。

31. 唐凯麟:《个体道德论》，湖南师范大学出版社 1993 年版。

32. 唐代兴:《公正伦理与制度道德》，人民出版社 2003 年版。

33. 佟立:《西方后现代主义哲学思潮研究》，天津人民出版社 2003 年版。

34. 万俊人:《现代西方伦理学史》(下卷)，北京大学出版社 1992 年版。

35. 万俊人:《佛洛姆》，(中国)香港中华书局 2000 年版。

36. 吴光远:《弗洛姆——有爱才有幸福》，新世界出版社 2006 年版。

37. 吴江:《异化问题述评》，《德国哲学》(第 2 辑)，北京大学出版社 1986 年版。

38. 王元明:《佛洛姆人道主义精神分析学》，台北远流出版事业股份有限公司 1990 年版。

39. 肖川:《主体性道德人格教育》，北京师范大学出版社 2002 年版。

40. 项退结:《迈向未来的哲学思考》，台北东大图书公司 1988 年版。

41. 徐大同:《20 世纪西方政治思潮》，天津人民出版社 1991

年版。

42. 徐崇温:《法兰克福学派述评》,三联书店 1980 年版。

43. 杨方:《第四条思路——西方伦理学若干问题宏观综合研究》,湖南大学出版社 2003 年版。

44. 衣俊卿、丁立群等:《20 世纪的文化批判:西方马克思主义的深层解读》,中央编译出版社 2003 年版。

45. 俞吾金、陈学明:《国外马克思主义哲学流派新编·西方马克思主义卷》,复旦大学出版社 2002 年版。

46. 袁贵仁主编:《人的哲学》,工人出版社 1988 年版。

47. 张伟:《弗洛姆思想研究》,重庆出版社 1996 年版。

48. 张伟:《"人道主义马克思主义"辨析》,上海社会科学院出版社 1995 年版。

49. 张国珍:《现代西方伦理学批判研究》,湖南师范大学出版社 1992 年版。

50. 张康之:《总体性与乌托邦》,中国人民大学出版社 1998 年版。

51. 中国社会科学院哲学研究所编:《论康德黑格尔哲学》,上海人民出版社 1981 年版。

52. 中国大百科全书总编辑委员会《哲学》编辑委员会:《中国大百科全书》(哲学ⅰ卷和ⅱ卷),中国大百科全书出版社 1987 年版。

（三）中文译著

1. [古希腊]亚里士多德著,苗力田主编:《亚里士多德全集》,中国人民大学出版社 1992—1994 年版。

2. [奥地利]A. 阿德勒著:《自卑与超越》,黄光国译,台北志文出版社 1971 年版。

3. [奥地利]A. 阿德勒著:《理解人性》,陈太胜、陈文颖译,国际文化出版公司 2000 年版。

　　4. ［美］A. H. 马斯洛著：《人性能达的境界》，林方译，云南人民出版社 1987 年版。

　　5. ［美］A. H. 马斯洛著：《动机与人格》，程朝翔译，华夏出版社 1987 年版。

　　6. ［美］A. H. 马斯洛著，林方主编：《人的潜能和价值》，华夏出版社 1987 年版。

　　7. ［美］A. 麦金太尔著：《德性之后》，龚群译，中国社会科学出版社 1995 年版。

　　8. ［德］A. 叔本华著：《作为意志和表象的世界》，石冲白译，商务印书馆 1982 年版。

　　9. ［美］B. 纳尔逊编：《论创造力与无意识》，孙恺祥译，中国展望出版社 1986 年版。

　　10. ［荷兰］B. 斯宾诺莎著：《伦理学》，贺麟译，商务印书馆 1958 年版。

　　11. ［匈］C. 卢卡奇著：《历史与阶级意识》，杜章智等译，商务印书馆 1992 年版。

　　12. ［瑞士］C. G. 荣格著：《荣格文集》，冯川译，改革出版社 1997 年版。

　　13. ［美］丹尼尔·贝尔著：《资本主义文化矛盾》，赵一凡等译，三联书店 1989 年版。

　　14. ［美］埃利希·弗洛姆著：《为自己的人》，孙依依译，三联书店 1988 年版。

　　15. ［美］埃利希·弗洛姆著：《健全的社会》，欧阳谦译，中国文联出版公司 1988 年版。

　　16. ［美］埃利希·弗洛姆等著：《禅宗与精神分析》，王雷全、冯川译,贵州人民出版社1998年版。

17.[美]埃利希·弗洛姆著:《在幻想锁链的彼岸》,张燕译,湖南人民出版社1986年版。

18.[美]埃利希·弗洛姆著:《说爱》,胡晓春、王建朗译,安徽人民出版社1987年版。

19.[美]埃利希·弗洛姆著:《弗洛伊德的使命》,尚新建译,三联书店1986年版。

20.[美]埃利希·弗洛姆著:《爱的艺术》,康革尔译,华夏出版社1987年版。

21.[美]埃利希·弗洛姆著:《占有还是生存》,关山译,三联书店1988年版。

22.[美]埃利希·弗洛姆著:《生命之爱》,王大鹏译,国际文化出版公司2000年版。

23.[美]埃利希·弗洛姆著:《精神分析的危机》,许俊达、许俊民译,国际文化出版公司1988年版。

24.[美]埃利希·弗洛姆著:《精神分析与宗教》,贾辉军译,中国对外翻译出版公司1995年版。

25.[美]埃利希·弗洛姆著:《人的破坏性剖析》,孟禅林译,中央民族大学出版社1999年版。

26.[美]埃利希·弗洛姆著:《逃避自由》,陈学明译,工人出版社1987年版。

27.[美]埃利希·弗洛姆著:《弗洛姆文集》,冯川译,改革出版社1997年版。

28.[美]埃利希·弗洛姆著,黄颂杰主编:《弗洛姆著作精选》,上海人民出版社1989年版。

29.[美]埃利希·弗洛姆著:《人的呼唤——弗洛姆人道主义

文集》,王泽应等译,上海三联书店 1991 年版。

30.［美］埃利希·弗洛姆著:《马克思关于人的概念》,徐纪亮、张庆熊译,(中国)香港旭日出版社 1987 年版。

31.［美］埃利希·弗洛姆著:《人心》,范瑞平、牟斌、孙春晨译,福建人民出版社 1988 年版。

32.［英］G.摩尔著:《伦理学原理》,长河译,商务印书馆 1983 年版。

33.［德］G.W.F.黑格尔著:《历史哲学》,王造时译,三联书店 1956 年版。

34.［美］H.马尔库塞著:《爱欲与文明》,黄勇、薛民译,上海译文出版社 1987 年版。

35.［美］H.马尔库塞著:《单向度的人》,张峰译,重庆出版社 1988 年版。

36.［美］J.罗尔斯著:《正义论》,何怀宏等译,中国社会科学出版社 1988 年版。

37.［奥］K.洛伦兹著:《攻击与人性》,王守珍等译,作家出版社 1987 年版。

38.［美］L.J.宾克莱著:《理想的冲突:西方社会中变化着的价值观念》,马元德等译,商务印书馆 1983 年版。

39.［德］L.A.费尔巴哈著:《费尔巴哈哲学著作选集》上卷,荫庭等译,三联书店 1959 年版。

40.［德］L.A.费尔巴哈著:《费尔巴哈哲学著作选集》下卷,荣震华、王太庆、刘磊译,三联书店 1962 年版。

41.［苏联］M.A.波波娃著:《精神分析学派的宗教观》,张雅平译,上海人民出版社 1992 年版。

42.［美］马克·柯克著:《人格的层次》,李维译,浙江人民出版社 1988 年版。

43. ［美］马丁·杰著:《法兰克福学派史》,单世联译,广东人民出版社 1996 年版。

44. ［德］M. M. 霍克海默尔、T. W. 阿多诺著:《启蒙的辩证法》,洪佩郁、蔺月峰译,重庆出版社 1990 年版。

45. ［德］M. M. 霍克海默尔著:《批判理论》,李小兵译,重庆出版社 1989 年版。

46. ［古希腊］柏拉图著:《理想国》,郭斌和、张竹明译,商务印书馆 1995 年版。

47. ［苏联］И. C. 科恩著:《自我论》,佟景韩译,三联书店 1988 年版。

48. ［美］R. S. 科恩著:《当代哲学思潮的比较研究:辩证唯物论与卡尔纳普的逻辑经验论》,陈荷清、范岱年译,社会科学文献出版社 1988 年版。

49. ［奥地利］S. 弗洛伊德著:《精神分析引论新编》,高觉敷译,商务印书馆 1987 年版。

50. ［奥地利］S. 弗洛伊德著,车文博主编:《弗洛伊德文集》(第 5 卷),长春出版社 1998 年版。

51. ［奥地利］S. 弗洛伊德著:《日常生活的心理分析》,林克明译,浙江文艺出版社 1986 年版。

52. ［奥地利］S. 弗洛伊德著:《一种幻想的未来;文明及其不满》,严志军、张沫译,河北教育出版社 2003 年版。

53. ［奥地利］S. 弗洛伊德著:《精神分析学引论新讲》,高觉敷译,商务印书馆 1987 年版。

54. ［奥地利］S. 弗洛伊德著,车文博主编:《弗洛伊德文集 3:性学三论与论潜意识》,长春出版社 2004 年版。

55. [奥地利] S. 弗洛伊德著, 车文博主编:《弗洛伊德文集 6: 自我与本我》, 长春出版社 2004 年版。

56. [奥地利] S. 弗洛伊德著:《性爱与文明》, 寒冰译, 中国戏剧出版社 2003 年版。

57. [奥地利] S. 弗洛伊德著:《图腾与禁忌》, 赵立玮译, 上海人民出版社 2005 年版。

58. [奥地利] S. 弗洛伊德著:《摩西与一神教》, 李展开译, 三联书店 1989 年版。

59. [奥地利] S. 弗洛伊德著:《弗洛伊德自传》, 顾闻译, 上海人民出版社 1987 年版。

(四) 英文著作

1. Austin Ranny, Governing: An Introduction to Political Science, 3rd ed., New York: Holt, Rinehart and Winston, 1982.

2. Adir Cohen, Love and Hope, New York: Gordon and Breach, 1990.

3. Bernard Landis & Edward S. Tauber, (eds.), In the Name of Life: Essays in Honor of Erich Fromm, New York: Holt, Rinehart & winston, 1971.

4. Erich Fromm, For the Love of Life, New York: Free Pr., 1986.

5. E. Fromm, D. T. Suzuki, and Richard De Martino, Zen Buddhism and Psychoanalysis, New York: Harper & Row, Publishers, Inc., 1960.

6. Erich Fromm, Man for Himself: An Inquiry into the Psychology of Ethics, London: Routledge & Kegan Paul, 1947.

7. Erich Fromm, The Sane Society, London: Routledge, 1991.

8. Erich Fromm, Escape from Freedom, New York: Holt, Rinehart and Winston, 1941.

9. Erich Fromm, The Fear of Freedom, London: Routledge, 1942.

10. Erich Fromm, The Revolution of Hope: toward A Humanized Technology, New York: Harper & Row, Pub. , 1968.

11. Erich Fromm, You Shall Be as Gods, London: Lowe & Bydone(printers) Limited, 1967.

12. Erich Fromm, The Art of Loving, New York: Harper & Row, Pub. , 1956.

13. Erich Fromm, The Dogma of Christ and Other Essays on Religion, Psychology and Culture, New York: Holt, Rinehart & Winston, 1963.

14. Erich Fromm, Love, Sexuality, and Matriarchy: about Gender, Edited and with An Introduction by Rainer Funk, New York: Fromm International Pub. , 1997.

15. Erich Fromm, The Crisis of Psychoanalysis, Greenwich, Conn. : Fawcett Pub. , Inc. , 1970.

16. Erich Fromm, Sigmund Freud's Mission, Gloucester, Mass. : Peter Smith, 1959.

17. Erich Fromm, The Anatomy of Human Destructiveness, New York: Penguin Books, 1982.

18. Erich Fromm, The Heart of Man: Its Genius for Good and Evil, New York: Harper Colophon Books, 2nd ed. 1980.

19. Erich Fromm, To Have or to Be? New York: Harper & Row, Pub. , 1976.

20. Erich Fromm, Marx's Concept of Man, New York: Frederick

Ungar Pub. Co. ,1966.

21. Erich Fromm, Beyond the Chains of Illusion: My Encounter with Marx and Freud, New York: Simon and Schuster, 1962.

22. Erich Fromm, May Man Prevail: An Inquiry into the Facts and Fictions of Foreign Policy, New York: Doubleday, 1961.

23. Erich Fromm, The Forgotten Language: An Introduction to the Understanding of Dreams, Fairy Tales and Myths, New York: Rinehart, 1951.

24. Erich Fromm, Socialist Humanism-An International Symposium, New York: Dobleday and Company, 1965.

25. Erich Fromm, Greatness and Limitation of Freud's Thought, New York: Nal Penguin, Inc, 1988.

26. Halle, Randall, Queer social philosophy: Critical Readings from Kant to Adorno, Urbana: University of Illinois Press, 2004.

27. John H. Schoaar, Escape Fromm Authority: The Perspectives of Erich Fromm, New York: The Basic Books, Inc. , 1961.

28. John Dewey, Freedom and Culture. New York: Capricorn Books Edition, 1963.

29. Rainer Funk, Erich Fromm: The Courage To Be Human, Translated by Michael Shaw, New York: The Continnum Publishing Company, 1982.

30. Rainer Funk, Erich Fromm: His Life and Ideas: an illustrated biography; translated by Ian Portman and Manuela Kunkel, New York: Continuum, 2000.

31. Richard I. Evans, Dialogue with Erich Fromm, New York: Harper & Raw, Pub. , 1966.

32. Roazen, Paul. , Political Theory and the Psychology of the Unconscious: Freud, J. S. Mill, Nietzsche, Dostoevsky, Fromm, Bettelheim and Erikson, London: Open Gate Press, 2000.

33. Wilde, Lawrence: Erich Fromm and the Quest for Solidarity, New York: Palgrave Macmillan, 2004.

三、学位论文

1. 陈质颖:《马克思〈资本论〉中的人性思想述评》,湖南师范大学博士论文 1998 年。

2. 孔文清:《弗洛姆自律道德及其对中国转型时期道德建设的启示》,华东师范大学博士论文 2007 年。

3. 吴畛:《人道主义与人的自我拯救》,吉林大学博士论文 2006 年。

4. 薛蓉:《弗洛姆与马克思的批判理论》,中山大学博士论文 2005 年。

5. Joan Always, To Interpret and to Change the World: Critical Theory with Cractical Intent, Dissertation Abstracts International, Volume: 53 – 05, Section: A. Proquest 学位论文检索。

6. J. Stanley Glen, Erich Fromm: A Protestant Critique, Ph. D. Dissertation, University of Philadelphia, 1966.

7. Sheryl J. Denbo, Synthesis of Loberation: Marx_Freud and the New Left, An Examination of the Work of Wilhelm Reich; Erich Fromm and Herbert Marcuse, Ph. D. Dissertation, (Rutgers University, 1975).

后　记

　　本书是在我的博士论文基础上修改而成的,也是湖南省第14届优秀社会科学学术著作出版资助立项以及我主持的湖南省社会科学基金课题"弗洛姆人道主义伦理思想研究"和湖南省教育厅课题"健全社会中人的自由全面的发展"的最终研究成果。

　　选择弗洛姆的伦理思想作博士论文,对我而言完全出自兴趣。我自小便喜欢阅读,不仅为了实际的用途,或者为了消遣时光,也是为了获得精神的享受和智慧的启迪。当然,我最喜欢的还是简单易懂、语言清新的文本。因而,当接触到弗洛姆的著作时,我便有些兴奋与激动,因为它们很合我读书的旨趣。尤其是他在字里行间体现出来的对人类命运的强烈关注,对病态化的社会和文化进行的批判性考察,对人的自由、尊严和权利的呼唤,对人的全面自由的发展和健全社会的期待和规划,犹如一个永恒的灵魂在沉睡的大地上呐喊,在我的精神世界中产生着震撼和回响,萦绕心头,挥之不去。于是我便怀着遇见知己故交般的热情和兴趣与之交流,并且希望对其著作进行更全面的阅读和了解,然而,在进一步收集资料时,我却发现他的伦理思想在国内并未得到应有的重视,与他在20世纪西方伦理思想史上的地位并不相称。因此,我决定不揣浅陋斗胆涂鸦,以期抛砖引玉。为此,我与国际弗洛姆协会取得联系,不仅浏览了协会网站的文章,而且会长冯克博士给我发来了近年弗洛姆伦理思想研究的最新成果。

　　本书最终完成,断断续续、修修补补经历了六年时间,并且其中部分内容已整理成 6 篇文章分别发表在《道德与文明》、《伦理学研究》等刊物上。只是,由于笔者才疏学浅,仍然会有不少粗疏和不当之处。然而,不论好坏,我都要感谢所有真诚关心和帮助我的人。

　　首先,要感谢湖南师范大学伦理学研究所的导师们,他们以真诚的关心、呵护和提携,使我顺利地完成了学业和预定的研究工作。在此,特别感谢恩师唐凯麟先生!先生耿直坦诚的性情、磊落真挚的胸怀、深厚的学术造诣、博爱仁厚的高洁人格,始终为学生所敬仰。先生对学生的爱护和帮助,我终生难忘。同时,也感谢师母余容彬女士的关怀和照顾,在师母开朗仁爱的品格中,我领略到了什么是伟大与高尚。诚挚地感谢我的导师杨君武教授!导师科学严谨的治学态度,精益求精的工作作风,诲人不倦的高尚师德,对我影响深远。每次向他请教,他总能博古征今,融贯中西。在他出国期间,仔细帮我查阅了国外弗洛姆研究的文献目录;他对本书的指导,从标点符号到遣词用句再到文章体例,数番讨论,数次更易,让我受益良多,感动非常。同时,也感谢师母胡吟久女士,她乐观开朗、热情谦逊的品格让学生深受鼓舞。还有王泽应教授!无论在何时,王导总是那么乐观,相信和鼓励学生,他的鼓励为学生在坦途中快马加鞭的动力,也是为学生在沮丧失落时重拾信心点燃了火炬。感谢伦理所诸位教授的授业解惑及殷切关心,他们永远都是我学习的榜样:刘湘溶、张怀承、李培超、李桂梅、邓铭瑛、李伦、彭定光、向玉乔、聂文军等。感谢乐于助人、精明能干、和我情如弟妹的刘霞和谢超等老师!

　　同时,公共管理学院各位师长和众位兄弟姐妹的深厚情谊,朋友科科、乐红和海鹰的关爱有加,同班同学的情同手足,姐姐、姐夫、哥哥的养育之恩，家人阿文和崽崽的理解和支持，犹如暗夜中永不熄灭的灯，照亮我前行的路。感谢你们！

特别感谢为本书的出版给予大力支持和无私帮助的人民出版社方国根主任！

感谢辛苦一生却早早离去的父母，你们赋予女儿生命和绵绵的爱意，女儿永远思念你们！

铭记师恩、友情、亲情和爱情，却时常愧疚，忐忑不安。或许，只有我不断学习，努力创新，简单而快乐地前行，才是对恩师、亲朋、好友及家人的最好报答。

邓志伟
于岳麓山下
2010 年 12 月 2 日

责任编辑:方国根

图书在版编目(CIP)数据

弗洛姆新人道主义伦理思想研究/邓志传 著.
-北京:人民出版社,2011.7
ISBN 978-7-01-009816-6

Ⅰ.①弗…　Ⅱ.①邓…　Ⅲ.①弗洛姆-人道主义-伦理思想-研究
　Ⅳ.①B516.59

中国版本图书馆 CIP 数据核字(2011)第 060583 号

弗洛姆新人道主义伦理思想研究

FULUOMU XIN RENDAO ZHUYI LUNLI SIXIANG YANJIU

邓志传　著

人民出版社 出版发行
(100706　北京朝阳门内大街166号)

北京集惠印刷有限责任公司印刷　新华书店经销

2011年7月第1版　2011年7月北京第1次印刷
开本:880毫米×1230毫米 1/32　印张:11.25
字数:260千字　印数:0,001-3,000册

ISBN 978-7-01-009816-6　定价:32.00元

邮购地址 100706　北京朝阳门内大街166号
人民东方图书销售中心　电话 (010)65250042　65289539